“十三五”国家重点图书出版规划项目

中国北方及其毗邻地区综合科学考察

董锁成　孙九林　主编

中国北方及其毗邻地区
生物多样性科学考察报告

欧阳华　陈毅峰 等　著

科学出版社

北　京

内 容 简 介

本书以翔实的考察数据探讨了中国北方及其毗邻地区核心考察区的植物多样性、水生生物（主要是鱼类和藻类）多样性以及自然保护区的分布等，分析了森林和草地的分布特点，可为全面认识中国北方及其毗邻地区生物区系的形成、森林和草地及水生生物资源的合理可持续利用提供重要的指导。

本书可为研究东北亚地区地缘政治、地缘经济和地缘生态的学者以及高校师生提供重要的研究背景资料。

图书在版编目(CIP)数据

中国北方及其毗邻地区生物多样性科学考察报告／欧阳华，陈毅峰等著．—北京：科学出版社，2016.5

（中国北方及其毗邻地区综合科学考察）

“十三五”国家重点图书出版规划项目

ISBN 978-7-03-044935-1

Ⅰ.①中…　Ⅱ.①欧…　Ⅲ.①生物多样性-科学考察-考察报告-东亚　Ⅳ.①Q16

中国版本图书馆 CIP 数据核字（2015）第 128490 号

责任编辑：李　敏　周　杰／责任校对：张凤琴

责任印制：肖　兴／封面设计：黄华斌　陈　敬

科学出版社 出版

北京东黄城根北街 16 号

邮政编码：100717

http://www.sciencep.com

中国科学院印刷厂 印刷

科学出版社发行　各地新华书店经销

*

2016 年 5 月第　一　版　开本：787×1092　1/16

2016 年 5 月第一次印刷　印张：12 1/4

字数：300 000

定价：108.00 元

（如有印装质量问题，我社负责调换）

中国北方及其毗邻地区综合科学考察丛书编委会

项目顾问委员会

中国北方及其毗邻地区综合科学考察
丛书编委会

《中国北方及其毗邻地区生物多样性科学考察报告》

撰写委员会

主　　笔　欧阳华　陈毅峰

副 主 笔　郭　柯　刘国祥　崔永德　江　洪　葛剑平

执笔人员　赵利清　邵　彬　何德奎　徐兴良　王天明

序　一

科技部科技基础性工作专项重点项目“中国北方及其毗邻地区综合科学考察”经过中、俄、蒙三国30多家科研机构170余位科学家5年多的辛勤劳动，终于圆满完成既定的科学考察任务，形成系列科学考察报告，共10册。

中国北方及其毗邻的俄罗斯西伯利亚、远东地区及蒙古国是东北亚地区的重要组成部分。除了20世纪50年代对中苏合作的黑龙江流域综合考察外，长期以来，中国很少对该地区进行综合考察，尤其缺乏对俄蒙两国高纬度地区的考察研究。因此，该项考察成果的出版将为填补中国在该地区数据资料的空白做出重要贡献，且将为全球变化研究提供基础数据支持，对东北亚生态安全和可持续发展、“丝绸之路经济带”和“中俄蒙经济走廊”的建设具有重要的战略意义。

这次考察面积近2000万km^2，考察内容包括地理环境、土壤、植被、生物多样性、河流湖泊、人居环境、经济社会、气候变化、东北亚南北生态样带、综合科学考察技术规范等，是一项科学价值大、综合性强的跨国科学考察工作。系列科学考察报告是一套资料翔实，内容丰富，图文并茂的重要成果。

我相信，《中国北方及其毗邻地区综合科学考察》丛书的出版是一个良好的开端，这一地区还有待进一步深入全面考察研究。衷心希望项目组再接再厉，为中国的综合科学考察事业做出更大的贡献。

孙鸿烈

2014年12月

序　二

2001 年，科技部启动科技基础性工作专项，明确了科技基础性工作是指对基本科学数据、资料和相关信息进行系统的考察、采集、鉴定，并进行评价和综合分析，以加强我国基础数据资料薄弱环节，探求基本规律，推动科学基础资料信息流动与利用的工作。近年来，科技基础性工作不断加强，综合科学考察进一步规范。“中国北方及其毗邻地区综合科学考察”正是科技部科技基础性工作专项资助的重点项目。

中国北方及其毗邻的俄罗斯西伯利亚、远东地区和蒙古国在地理环境上是一个整体，是东北亚地区的重要组成部分。随着全球化和多极化趋势的加强，东北亚地区的地缘战略地位不断提升，越来越成为大国竞争的热点和焦点。东北亚地区生态环境格局复杂多样，自然过程和人类活动相互作用，对中国资源、环境与社会经济发展具有深刻的影响。长期以来，中国缺少对该地区的科学研究和数据积累，尤其缺乏对俄蒙两国高纬度地区的考察研究。因此，该项综合科学考察成果的出版将填补我国在该地区长期缺乏数据资料的空白。该项综合科学考察工作必将极大地支持中国在全球变化领域中对该地区的创新研究，支持东北亚国际生态安全、资源安全等重大战略决策的制定，对中国社会经济可持续发展特别是丝绸之路经济带和中俄蒙经济走廊的建设都具有重要的战略意义。

《中国北方及其毗邻地区综合科学考察》丛书是中俄蒙三国 170 余位科学家通过 5 年多艰苦科学考察后，用两年多时间分析样本、整理数据、编撰完成的研究成果。该项科学考察体现了以下特点：

一是国际性。该项工作联合俄罗斯科学院、蒙古国科学院及中国 30 多家科研机构，开展跨国联合科学考察，吸收俄蒙资深科学家和中青年专家参与，使中断数十年的中苏联合科学考察工作在新时期得以延续。项目考察过程中，科考队员深入俄罗斯勒拿河流域、北冰洋沿岸、贝加尔湖流域、远东及太平洋沿岸等地区，采集到大量国外动物、植物、土壤、水样等标本。该项考察工作还探索出利用国外生态观测台站和实验室观测、实验获取第一手数据资料，合作共赢的国际合作模式。如此大规模的跨国科学考察，必将有力地推进中国综合科学考察工作的国际化。

二是综合性。从考察内容看，涉及地理环境、土壤植被、生物多样性、河流湖泊、人居环境、社会经济、气候变化、东北亚南北生态样带以及国际综合科学考察技术规范等内容，是一项内容丰富、综合性强的科学考察工作。

三是创新性。该项考察范围涉及近 2000 万 km^2。项目组探索出点、线、面结合，遥感监测与实地调查相结合，利用样带开展大面积综合科学考察的创新模式，建立 E-Science 信息化数据交流和共享平台，自主研制便携式野外数据采集仪。上述创新模式和技术保障了各项考察任务的圆满完成。

考察报告资料翔实，数据丰富，观点明确，在科学分析的基础上还提出中俄蒙跨国合作的建议，有许多创新之处。当然，由于考察区广袤，环境复杂，条件艰苦，对俄罗斯和蒙古全境自然资源、地理环境、生态系统与人类活动等专题性系统深入的综合科学考察还有待下一步全面展开。我相信，《中国北方及其毗邻地区综合科学考察》丛书的面世将对中国国际科学考察事业产生里程碑式的推动作用。衷心希望项目组全体专家再接再厉，为中国的综合科学考察事业做出更大的贡献。

2014 年 12 月

序　三

进入21世纪以来，我国启动实施科技基础性工作专项，支持通过科学考察、调查等过程，对基础科学数据资料进行系统收集和综合分析，以探求基本的科学规律。科技基础性工作长期采集和积累的科学数据与资料，为我国科技创新、政府决策、经济社会发展和保障国家安全发挥了巨大的支撑作用。这是我国科技发展的重要基础，是科技进步与创新的必要条件，也是整体科技水平提高和经济社会可持续发展的基石。

2008年，科技部正式启动科技基础性工作专项重点项目“中国北方及其毗邻地区综合科学考察”，标志着我国跨国综合科学考察工作迈出了坚实的一步。这是我国首次开展对俄罗斯和蒙古国中高纬度地区的大型综合科学考察，在我国科技基础性工作史上具有划时代的意义。在该项目的推动下，以董锁成研究员为首席科学家的项目全体成员，联合国内外170余位科学家，利用5年多的时间连续对俄罗斯远东地区、西伯利亚地区、蒙古国，中国北方地区展开综合科学考察，该项目接续了中断数十年的中苏科学考察。科考队员足迹遍布俄罗斯北冰洋沿岸、东亚太平洋沿岸、贝加尔湖沿岸、勒拿河沿岸、阿穆尔河沿岸、西伯利亚铁路沿线、蒙古沙漠戈壁、中国北方等人迹罕至之处，历尽千辛万苦，成功获取考察区范围内成系列的原始森林、土壤、水、鱼类、藻类等珍贵样品和标本3000多个（号），地图和数据文献资料400多套（册），填补了我国近几十年在该地区的资料空白。同时，项目专家组在国际上首次尝试构建东北亚南北生态样带，揭示了东北亚生态、环境和经济社会样带的梯度变化规律；在国内首次制定16项综合科学考察标准规范，并自主研制了野外考察信息采集系统和分析软件；与俄蒙科研机构签署12项合作协议，创建了中俄蒙长期野外定位观测平台和E-Science数据共享与交流网络平台。项目取得的重大成果为我国今后系统研究俄蒙地区资源开发利用和区域可持续发展奠定了坚实的基础。我相信，在此项工作基础上完成的《中国北方及其毗邻地区综合科学考察》丛书，将是极富科学价值的。

中国北方及其毗邻地区在地理环境上是一个整体，它占据了全球最大的大陆——欧亚大陆东部及其腹地，其自然景观和生态格局复杂多样，自然环境和经济社会相互影响，在全球格局中，该地区具有十分重要的地缘政治、地缘经济和地缘生态环境战略地位。中俄蒙三国之间有着悠久的历史渊源、紧密联系的自然环境与社会经济活动，区内生态建设、环境保护与经济发展具有强烈的互补性和潜在的合作需求。在全球变化的背景下，该地区在自然环境和经济社会等诸多方面正发生重大变化，有许多重大科学问题亟待各国科学家共同探索，共同寻求该区域可持续发展路径。当务之急是摸清现状。例如，在当前应对气候变化的国际谈判、履约和节能减排重大决策中，迫切需要长期采集和积累的基础性、权威性全球气候环境变化基础数据资料作为支撑。在能源资源越来越短缺的今天，我国要获取和利用国内外的能源资源，首先必须有相关国家的资源环境基础资料。俄蒙等周边国家在我国全球资源战略中占有极其重要的地位。

中国科学家十分重视与俄、蒙等国科学家的学术联系，并与国外相关科研院所保持着长期良好的合作关系。1998 年、2004 年，全国人大常委会副委员长、中国科学院院长路甬祥两次访问俄罗斯，并代表中国科学院与俄罗斯科学院签署两院院际合作协议。2005 年、2006 年，中国科学院地理科学与资源研究所等单位与俄罗斯科学院、蒙古科学院中亚等国科学院相关研究所成功组织了一系列综合科学考察与合作研究。近年来，各国科学家合作交流更加频繁，合作领域更加广泛，合作研究更加深入。《中国北方及其毗邻地区综合科学考察》丛书正是基于多年跨国综合科学考察与合作研究的成果结晶。该项成果包括：《中国北方及其毗邻地区科学考察综合报告》、《中国北方及其毗邻地区土地利用/土地覆被科学考察报告》、《中国北方及其毗邻地区地理环境背景科学考察报告》、《中国北方及其毗邻地区生物多样性科学考察报告》、《中国北方及其毗邻地区大河流域及典型湖泊科学考察报告》、《中国北方及其毗邻地区经济社会科学考察报告》、《中国北方及其毗邻地区人居环境科学考察报告》、《东北亚南北综合样带的构建与梯度分析》、《中国北方及其毗邻地区综合科学考察数据集》、*Proceedings of the International Forum on Regional Sustainable Development of Northeast and Central Asia*。

2013 年 9 月，习近平主席访问哈萨克斯坦时提出“共建丝绸之路经济带”的战略构想，得到各国领导人的响应。中国与俄蒙正在建立全面战略协作伙伴关系，俄罗斯科技界和政府部门正在着手建设欧亚北部跨大陆板块的交通经济带。2014 年 9 月，习近平主席提出建设中俄蒙经济走廊的战略构想，从我国北方经西伯利亚大铁路往西到欧洲，有望成为丝绸之路经济带建设的一条重要通道。在上海合作组织的框架下，巩固中俄蒙以及中国与中亚各国之间的战略合作伙伴关系是丝绸之路经济带建设的基石。资源、环境及科技合作是中俄蒙合作的优先领域和重要切入点，迫切需要通过科技基础工作加强对俄蒙的重点考察、调查与研究。在这个重大的历史时刻，中国北方及其毗邻地区综合科学考察丛书的出版，对广大科技工作者、政府决策部门和国际同行都是一项非常及时的、极富学术价值的重大成果。

2014 年 12 月

前　言

东北亚地区在地理区域上是一个整体，主要包括俄罗斯西伯利亚和远东地区，中国东北、西北和华北地区，蒙古全部，朝鲜北部地区及日本北部地区。东北亚地区有着十分重要的地缘政治、地缘经济和地缘生态战略意义。其中，俄罗斯和蒙古是中国重要的邻国。俄罗斯西伯利亚和远东地区探明的各种矿物资源占全俄罗斯的80%以上，潜在价值约25万亿美元，石油、天然气、煤炭的储量巨大，分别占世界总储量的38%、4%、16%，黑色及有色金属、贵金属、稀有金属、非金属矿储量非常丰富。该区江河湖泊众多，拥有世界最大的淡水湖——贝加尔湖，水电资源占全俄罗斯的50%；森林覆盖面积2.75亿hm^2，占全俄罗斯的41.96%，木材蓄积量占全俄罗斯的48.8%，占世界的12%；生物资源占有重要地位，水产品的捕获量占全俄罗斯的50%以上。此外，俄罗斯和蒙古还拥有广阔的土地资源。

以中国东北和华北、俄罗斯西伯利亚和远东、蒙古为主的东北亚地区位于欧亚大陆的东端和太平洋的西岸，地理位置独特，季风活动影响强盛，地貌复杂（山地、丘陵、平原、沙地），自然地理条件区域分异规律明显，气候由东向西由湿变干，由南向北由暖变冷，相应的生态系统类型多种多样，包含苔原（冻原）、北方针叶林、落叶阔叶林、温带草原、灌丛、沼泽甚至荒漠等中、高纬度主要陆地生态系统类型，是从地理单元研究和认识生物多样性形成与生态系统演化非常理想的场所。其中，大面积的森林和草地资源及丰富的河流和湖泊孕育了该地区独特的生物多样性，在全球生物多样性组成中占有重要的位置，具有重要的研究价值。根据有关的资料和区域对比，估计整个东北亚地区仅高等植物种类就有10 000种左右（仅内蒙古地区有高等植物约2500余种）。然而，由于随着人类对自然生态系统干预能力的不断增加，近代部分生物灭绝的速率大大超过原来固有的规律，生物多样性受到前所未有的严重威胁。生物多样性丧失所产生的巨大损失已经引起全世界科学家的高度重视，生物多样性研究已经是科学研究的最重要内容之一，是开展生态系统研究的基础和不可或缺的组成部分。研究东北亚地区，有助于我们从地理单元整体认识该地区的生物区系组成与维护机制，对多国联合保护该区关键生物物种具有重要的指导意义。为此，在科技基础性工作专项重点项目“中国北方及其毗邻地区综合科学考察”的资助下，我们对该地区的植物多样性、水生生物（主要是鱼类）多样性以及自然保护区进行初步的探讨，试图为该地区生物多样性保护提供基础数据。考虑到植物区系的整体性，本书将蒙古高原作为一个整体进行论述。

东北亚地区南部的草地分布非常广阔，这里拥有地球上最丰富的草地资源。据《世界资源报告》和《中国草地资源统计》记载，1985年世界各类草地面积总计$6.72\times10^9 hm^2$。其中，永久草地面积为$3.17\times10^9 hm^2$。亚洲永久草地面积为$6.45\times10^8 hm^2$，位于蒙古的永久草地面积为$1.39\times10^8 hm^2$，位于中国境内的内蒙古、新疆、甘肃、青海和宁夏等省（自治区）的天然草地面积为$1.93\times10^8 hm^2$。两部分（北亚主要地区）合计的永久草地面积占亚洲永久草地面积的51.5%，是欧亚草原的主体。北亚草原主要分布在中国松辽平原、内蒙古高原、黄土高原等地，并通过内蒙古草原区与蒙古草原区连接在一起（Breden kamp et al.，2002）。沿110°E线自北向南跨越三个全球集水盆地（北部、大西洋区、亚洲中部封闭盆地区），因此，该区域具有显著水分区异特征的生态环境条件，草地生态系统类型有沼泽草甸、草甸、草甸草原、干草原、荒漠草原。作为亚洲北部的高纬度地区，北亚具有独特的自然环境和社会经济条件，是全球环境变化的敏感区之一。同时，北亚的东南部也是世界人口密度最大的区域之一。该区域气候和人为干扰的不同导致广泛分布的草地生态系统呈现不同的退化格局，中亚荒漠地区草地退化面积占东北亚地区总面积的27%，中国草地退化面积约占1/3，主要集中在北方草地区（内蒙古、宁夏、甘肃、新疆）。该地区集中体现了人类活动和气候变化对草地生态系统的不同影响，可为研究人类活动和气候变化对草地退化的贡献、探究草地退化进程和成因、揭示草地生态系统退化的内在机制提供理想的实验场地。生物多样性科学考察对认知该地区荒漠化进程、贝加尔湖的保护、草地资源的合理可持续利用，充分发挥草地的经济和社会效益具有重要的指导价值。

东北亚地区分布大面积森林，主要由寒温带北方森林（泰加林）、温带针阔叶混交林和暖温带落叶阔叶林及一些以偃松（*Pinus pumila*）和岳桦（*Betula ermanii*）为优势树种的山地矮曲林组成。其中，北方针叶林占绝大部分，东西向横跨整个东北亚，其树种主要为西伯利亚落叶松（*Larix sibirica*）和兴安落叶松（*Larix gmelinii*），另有部分云冷杉林，主要分布于西西伯利亚地区，主要树种是西伯利亚云杉（*Picea obovata*）、西伯利亚冷杉（*Abies sibirica*）和优势树种为欧洲赤松（*Pinus sylvestris*）的松林。东北亚地区森林总面积约为599.7万km^2，约占世界森林总面积（3879.8万km^2）的15.5%，森林覆盖率约为36.6%。其中，中国北方地区森林总面积仅为45.7万km^2，森林覆盖率仅为12.7%，不及世界森林覆盖率（26%）的一半；俄罗斯西伯利亚和远东地区森林总面积约为554 km^2，森林覆盖率高达43.4%，远高于世界森林覆盖率。东北亚地区森林蓄积总量约为636.5亿m^3，是世界森林蓄积总量（3100亿m^3）的20.5%。其中，94.4%在俄罗斯境内。东北亚森林资源的主要特点是森林面积大，森林覆盖率高，森林资源丰富，是世界最大森林地区之一。但森林资源分布极不平衡，中部多，南部少（因人类过度开发利用），且多分布于人迹罕至和人口密度极小（2人/km^2）的边远地区，极少受到人类活动的干扰，对该地区森林生态系统的考察可以深入揭示气候变化对森林生态系统的深远影响。

中国北方及其毗邻的蒙古和俄罗斯西伯利亚地区拥有丰富的淡水资源，分布有多个世界性大江大湖，如贝加尔湖、库苏古尔湖、乌布苏湖、勒拿河、叶尼塞河、鄂毕河、黄河、黑龙江（阿穆尔河）等。其中，贝加尔湖是世界最深、体积最大的淡水湖，占全球流动淡水河流、湖泊总水量的1/5，而勒拿河三角洲是全球第二大三角洲。考察区水生生物资源十分丰富，仅淡水鱼类就有153属350种，特有程度高。该地区是水鸟极为重要的繁殖地，在全球生物多样性保护中占有极为重要的地位。总体看，该地区动物区系属于古北界。除贝加尔湖外，动物区系组成差异并不明显，特别是西伯利亚地区，不同水系间物种组成极为相似。中国北方水体在鱼类区系组成方面与蒙古、俄罗斯西伯利亚地区存在广泛的联系。

水生生物专题对蒙古境内色楞格河、库苏古尔湖，俄罗斯贝加尔湖、勒拿河、阿穆尔河、阿尔泰地区，中国北方黑龙江（阿穆尔河）、绥芬河、黄河水生生物先后进行10次考察（5次国外考察），获得大量的标本和样品。在实地野外调查的基础上，对色楞格河–贝加尔湖藻类、大型底栖动物、鱼类，勒拿河藻类、鱼类，黄河大型底栖动物、鱼类以及黑龙江（阿穆尔河）和绥芬河鱼类进行了较全面的论述，并整理了相关文献资料，分析了俄罗斯西伯利亚、蒙古和中国北方22个地理单元鱼类区系的历史关联。

作　者

2014年11月

目　录

第1章　中国北方及其毗邻地区植物区系

1.1　中国北方及其毗邻地区植物多样性发育的自然地理背景

地处中国北方及其毗邻地区核心区的蒙古高原东抵大兴安岭，西及阿尔泰山脉，北至萨彦岭、肯特山、雅布洛诺夫山脉，南达阴山山脉，包括蒙古全部、俄罗斯南部和中国北部部分地区。大部为古老台地，仅西北部多山地，东南部为广阔的戈壁，中部和东部为大片丘陵。蒙古高原虽然四周高山环绕，但内部相对平缓，受古近纪、新近纪以来地质过程和季风气候的影响，成为亚洲中部地带性规律表现最明显、最突出的一个自然单元，水、热分异明显且规律性极强，由西向东水分逐渐增加，依次为极端干旱、干旱、半干旱、半湿润气候，而热量相对递减，水热的规律性分异最终使蒙古高原植物多样性中水平地理替代分布现象非常明显。古近纪、新近纪以来，蒙古高原环境在总体干旱的趋势下，冰期与间冰期气候的交替变化，使蒙古高原植物多样性与周边区域既紧密联系又独具特色。为了突出中国北方及其毗邻地区植物多样性的整体性，本书将蒙古高原作为一个独立地理单元进行论述。

1.1.1　古环境的变迁

古生代末，北亚陆间区全部隆起成陆，北亚大陆区与中轴大陆区连通，海水首先从北方退出，古亚洲大陆形成。三叠纪海水主要分布在昆仑山、秦岭以南，蒙古高原以陆地为主。早中侏罗世，蒙古高原南面分布着中国第一大湖——庆阳湖（北界达河套地区）；晚侏罗世，由于燕山运动的影响，中国东南沿海地区造山运动强烈，处于上升剥蚀状态，内侧从北向南分布着华北高原、淮北高原、江汉高地和云贵高原，它们与东南山地连成一片，形成当时中国的屋脊。庆阳湖第一次消失，上升成为陕北高地，中国的地势保持东高西低的特点。晚侏罗世蒙古高原发育着亚洲第一大河——古黑龙江，发源于蒙古西部哈腊乌斯湖附近，上游在古阿尔泰山和杭爱山系之间，从西北方向流入中国境内。入境后由于地势突然变得平坦，在北山地区形成湖泊群。尔后，从玉门赤金堡附近转向东流，到巴丹吉林再折向东北，在潮格旗以北返回蒙古，呈S形弯曲，再度进入中国境内，到固阳后迅即向东北转折，经四王子旗、镶黄旗，进入下游大兴安岭火山湖沼地带。再向北，越过漠河、呼玛一线，从阿尔贡湾流入鄂霍次克海，全长5000km以上。古黑龙江流域湖沼广布，虽有火山活动，但林木丰茂，常造成很大的煤田。

早白垩世古黑龙江消失，庆阳湖再次出现，晚白垩世就世界范围来说是一次广泛的海进期，古地中海进入喀什，达到和田。西藏南部和喜马拉雅地区，中生代海水一直没有退去，蒙古高原北部主要受北部海水（北冰洋）海侵影响，但范围不大，主要是西伯利亚平原受影响。高原南部早白垩世末期，陕北高原再次抬升，庆阳湖从此消逝不见，古黑龙江第二次出现，相对它第一次出现的位置有所移动，也与现代的黑龙江有很大不同。它大约发源于古祁连山与北山之间，上游在甘肃和宁夏地区，于现今的吉兰泰盐池以北，虽只沉积数十米的粗碎屑物，但还发现原角龙（*Protoceratops*）和鸭嘴龙（*Hadroa auridae*），杭锦旗一带大约是另一条支流，亦有原角龙存在。古黑龙江的中游是戈壁湖平原。在现在的蒙古南部大沙漠（当年是恐龙的乐园），也产许多淡水无脊椎动物化石。它的下游汇集成松花湖，湖水不深，但面积很大（将近 24 万 km^2），有机质特别丰富，持续存在的时间长（约 3500 万 a），该区的气候可能相当温暖湿润，即使在现在的戈壁湖平原，也保存有鸭嘴龙化石。中生代，蒙古高原气候相对湿润温暖，恐龙化石群的大量发现和煤层的广泛分布都可以说明这一点。古黑龙江的东流和现代黑龙江的东流可以说明，蒙古高原的地势始终保持着西高东低的特点。

从蒙古高原发现的大量古近纪哺乳动物化石群可以推断，古近纪蒙古高原基本为干燥炎热的气候环境，这一时期东亚地区北带包括中国西北、华北及东南山地的一部分，以陆上红层膏盐沉积为特征，属干燥气候带。古近纪蒙古高原哺乳动物化石群有：蒙古的格沙特（Gashato）及奈玛盖特（Nemegt）哺乳动物群，内蒙古四子王旗脑木根动物群（古新世，以食草动物为主，其次是食虫或杂食者，气候干燥炎热）、巴彦乌兰动物群（早始新世，气候干燥炎热）、阿山头动物群（早中始新世，气候干燥炎热）、伊尔丁曼哈动物群（中始新世晚期，气候仍炎热干燥但较前期湿润，植被以疏林或高草地为主）、乌兰希热哺乳动物群（中始新世晚期，偶蹄类动物增加，并出现啮齿类、反刍类动物）、沙拉木伦（注：指今天的锡拉木伦河流域）动物群（晚始新世，气候为温暖而略干）。商都县十八倾乡孢粉化石资料表明，这一时期内蒙古中南部基本处于针阔混交林至落叶阔叶林的植被覆盖区域，既有柔荑花序为主的泛北极成分（胡桃科、桦木科等），又有少量亚热带植物如罗汉松、五加科等属种，同时还出现麻黄属和草本植物（反映的气候条件为温暖而略干）、乌兰戈楚动物群（早渐新世，气候温暖湿润），偶蹄目、啮齿目、兔形目得到发展，灌木疏林环境，植被基本达到顶级群落，成为大型草食者雷兽类、巨犀类的天然牧场。由于温度湿度的变化，形成面积广大的疏林草原区，这为新兴动物种类如啮齿类、兔形类、霹鹿类的属种提供了理想的栖息地。动物群、植物群落的分布说明当时气候温暖湿润，与早期相比（始新世）虽有逐渐变冷的趋势，但总体上仍处于温暖至亚热带的气候环境。

渐新世后期，随着喜马拉雅造山运动的进行，广大地区逐渐抬升，特提斯海从西部退出，西藏高原升起，改变了 3 亿多年以来中国南方地势东高西低、水向西流的历史。海陆对比所造成的季风环流形势逐渐取代了原来的行星风系环流形势，使亚洲中部逐渐成为北半球最干旱的区域。水分梯度呈环带状分布，发育了一批年轻、耐旱的植物区系，最终表现出现代植被水平环带状分布的格局。更新世冰川的发育和气候的寒冷，使得热带植物向南退缩。由于蒙古高原南部地处内陆，又有北部多重山脉的阻隔，所以冰川始终未能到达，故在东阿拉善-西鄂尔多斯地区保留了一批古老的古近纪、新近纪干热气候条件下发育的物种。

1.1.2 地貌条件

蒙古高原的宏观地貌格局是以山地和高平原为主体，山地除戈壁阿尔泰、杭爱、贺兰山和北山外，其他山地均为边缘山地或外围山地。蒙古高原北部外围山地有唐努山、萨彦岭、肯特山、雅布洛诺夫山脉（外贝加尔山脉）；东部、南部边缘山地有大兴安岭、阴山山脉主体部分大青山及其东部熔岩台地及其低山丘陵、乌鞘岭、走廊南山；西部有阿尔泰山；内部是广阔的波状高平原；在高原内部的西北沿着杭爱山和戈壁阿尔泰山之间形成狭长湖谷，高平原一直与西北部的大湖盆地相连。蒙古高原的地势特点是西高东低，南北高，中间低。

1.1.3 气候条件

蒙古高原群山环抱，远离海洋，成为一个强烈的大陆性气候区，最热的月份和最冷的月份平均气温相差极大。随着各地下垫面性质和地理位置的差别，太阳总辐射量和海洋气团所携带的水汽均因地而异，造成水热分配的地带性规律。热量从北向南，从东向南递增，气候带由东北的中温带向西南逐渐过渡到暖温带的北缘。水分从东北向西南也呈规律递变，由半湿润气候、半干旱气候、干旱气候过渡到极端干旱的气候。

1.1.4 土壤条件

受气候和植被地带规律的影响，蒙古高原土壤分布也呈明显的地带性，由东北部的黑钙土、栗钙土、棕钙土、灰钙土、灰漠土、灰棕漠土到灰棕漠土。在山地垂直带谱上，出现灰褐土、山地草甸土。在湖盆低地分布有盐土和碱土。风沙土的广泛分布是蒙古高原的一大特点。

1.1.5 植被地带

受地理位置和气候条件的影响，蒙古高原植被地带性表现得较为突出：在径向地带上从东至西依次分布有草甸草原、典型草原、荒漠草原、草原化荒漠、典型荒漠、极端干旱荒漠；在纬向地带上表现得远不如径向地带上的典型，但在荒漠草原区和荒漠区也表现得较为明显。荒漠草原区的南部主要是以短花针茅为主的暖温型荒漠草原类型，北部以小针茅和沙生针茅草原为主。在荒漠区南部以红砂荒漠最具代表性，而北部荒漠以短叶假木贼最具代表性。由于蒙古高原外围被山地环抱，内部有杭爱山、戈壁阿尔泰山、狼山、贺兰山等山地，所以，植被的垂直带谱也有不同的表现，如贺兰山，基带的草原化荒漠随海拔的升高，依次出现的植被有荒漠化草原、典型草原、山地灌丛、山地森林、亚高山灌丛、亚高山草甸类型。

1.2 中国北方及其毗邻地区植物多样性组成的基本特征

物种多样性是生物多样性研究的基础和核心内容，它既能体现出区域多样性演化的轮廓，又能反映出多样性本身的区域特征。

我们通过实地采集、考察结合已有的标本、资料统计，初步确认地处中国北方及其毗邻地区核心区的蒙古高原共有维管植物3947种（其中包括56个亚种、177个变种、21个变型），隶属于741属、122科。其中，蕨类植物65种（包括种下分类群），隶属于25属、16科；裸子植物28种（包括种下分类群），隶属于7属、3科；被子植物3854种（包括种下分类群），隶属于709属、103科（表1-1）。

表1-1 蒙古高原维管植物统计

	科	比例/%	属	比例/%	种	比例/%	亚种	变种	变型
蕨类植物	16	13.1	25	3.4	61	1.7		3	1
裸子植物	3	2.5	7	0.9	26	0.7		2	
双子叶植物	87	71.3	579	78.1	2882	78.0	27	152	19
单子叶植物	16	13.1	130	17.5	724	19.6	29	20	1
总计	122	100.0	741	100.0	3693	100.0	56	177	21

蒙古高原维管植物种属见表1-2。

表1-2 蒙古高原维管植物种属

所含物种数	科（属/种）
≥100种（包括12科）	菊科 Compositae（96/554）、豆科 Leguminosae（26/388）、禾本科 Gramineae（69/357） 蔷薇科 Rosaceae（26/196）、毛茛科 Ranunculaceae（21/181）、十字花科 Cruciferae（65/169） 莎草科 Cyperaceae（12/165）、石竹科 Caryophyllaceae（20/141）、藜科 Chenopodiaceae（27/125） 玄参科 Scrophulariaceae（19/121）、唇形科 Labiatae（28/114）、百合科 Liliaceae（13/110）
50~99种（包括6科）	伞形科 Umbelliferae（35/94）、蓼科 Polygonaceae（8/91）、杨柳科 Salicaceae（2/86） 紫草科 Boraginaceae（24/74）、龙胆科 Gentianaceae（11/56）、虎耳草科 Saxifragaceae（7/51）
20~49种（包含13科）	罂粟科 Papaveraceae（7/46）、报春花科 Primulaceae（7/40）、灯心草科 Juncaceae（2/36） 桔梗科 Campanulaceae（5/33）、兰科 Orchidaceae（18/33）、景天科 Crassulaceae（6/31） 堇菜科 Violaceae（1/28）、柽柳科 Tamaricaceae（3/27）、蒺藜科 Zygophyllaceae（6/27） 茜草科 Rubiaceae（4/25）、眼子菜科 Potamogetonaceae（3/24）、大戟科 Euphorbiaceae（4/22） 桦木科 Betulaceae（3/20）
10~19种（包含17科）	白花丹科 Plumbaginaceae（4/19）、茄科 Solanaceae（8/19）、忍冬科 Caprifoliaceae（4/19） 旋花科 Convolvulaceae（4/19）、鸢尾科 Iridaceae（1/19）、牻牛儿苗科 Geraniaceae（2/18） 杜鹃花科 Ericaceae（5/16）、列当科 Orobanchaceae（3/14）、败酱科 Valerianaceae（2/12） 蹄盖蕨科 Athyriaceae（5/12）、柳叶菜科 Onagraceae（3/11）、萝藦科 Asclepiadaceae（3/11） 松科 Pinaceae（3/11）、麻黄科 Ephedraceae（1/10）、车前科 Plantaginaceae（1/10） 鹿蹄草科 Pyrolaceae（5/10）、木贼科 Equisetaceae（1/10）
6~9种（包括14科）	鼠李科 Rhamnaceae（2/9）、小檗科 Berberidaceae（2/9）、柏科 Cupressaceae（3/7） 川续断科 Dipsacaceae（2/7）、卷柏科 Selaginellaceae（1/7）、荨麻科 Urticaceae（2/7） 铁角蕨科 Aspleniaceae（2/7）、苋科 Amaranthaceae（1/7）、岩蕨科 Woodsiaceae（1/7） 锦葵科 Malvaceae（3/6）、水龙骨科 Polypodiaceae（3/6）、檀香科 Santalaceae（1/6） 榆科 Ulmaceae（2/6）、胡颓子科 Elaeagnaceae（2/6）

续表

所含物种数	科（属/种）
2～5种（包括37科）	浮萍科 Lemnaceae（2/5）、黑三棱科 Sparganiaceae（1/5）、花荵科 Polemoniaceae（2/5） 槭树科 Aceraceae（1/5）、芍药科 Paeoniaceae（1/5）、亚麻科 Linaceae（1/5） 泽泻科 Alismataceae（2/5）、鳞毛蕨科 Dryopteridaceae（2/4）、菱科 Trapaceae（1/4） 卫矛科 Celastraceae（1/4）、香蒲科 Typhaceae（1/4）、紫葳科 Bignoniaceae（1/4） 茨藻科 Najadaceae（1/3）、夹竹桃科 Apocynaceae（2/3）、金丝桃科 Hypericaceae（1/3） 狸藻科 Lentibulariaceae（1/3）、木犀科 Oleaceae（1/3）、葡萄科 Vitaceae（2/3） 瑞香科 Thymelaeaceae（3/3）、桑科 Moraceae（3/3）、水马齿科 Callitrichaceae（1/3） 睡莲科 Nymphaeaceae（2/3）、远志科 Polygalaceae（1/3）、芸香科 Rutaceae（2/3） 中国蕨科 Sinopteridaceae（2/3）、山柑科 Capparidaceae（2/2）、瓣鳞花科 Frankeniaceae（1/2） 花蔺科 Butomaceae（1/2）、马鞭草科 Verbenaceae（2/2）、马齿苋科 Portulacaceae（2/2） 千屈菜科 Lythraceae（2/2）、山茱萸科 Cornaceae（1/2）、水麦冬科 Juncaginaceae（1/2） 天南星科 Araceae（2/2）、小二仙草科 Haloragaceae（1/2）、熏倒牛科 Biebersteiniaceae（1/2） 阴地蕨科 Botrychiaceae（1/2）
1种（包括26科）	半日花科 Cistaceae（1/1）、酢浆草科 Oxalidaceae（1/1）、椴树科 Tiliaceae（1/1） 防己科 Menispermaceae（1/1）、凤仙花科 Balsaminaceae（1/1）、葫芦科 Cucurbitaceae（1/1） 槲蕨科 Drynariaceae（1/1）、金星蕨科 Thelypteridaceae（1/1）、金鱼藻科 Ceratophyllaceae（1/1） 蕨科 Pteridiaceae（1/1）、壳斗科 Fagaceae（1/1）、苦木科 Simaroubaceae（1/1） 马钱科 Loganiaceae（1/1）、木兰科 Magnoliaceae（1/1）、球子蕨科 Onocleaceae（1/1） 桑寄生科 Loranthaceae（1/1）、杉叶藻科 Hippuridaceae（1/1）、石松科 Lycopodiaceae（1/1） 薯蓣科 Dioscoreaceae（1/1）、粟米草科 Molluginaceae（1/1）、锁阳科 Cynomoriaceae（1/1） 铁线蕨科 Adiantaceae（1/1）、无患子科 Sapindaceae（1/1）、五福花科 Adoxaceae（1/1） 岩高兰科 Empetraceae（1/1）、珠蕨科 Cryptogrammaceae（1/1）

该区物种类最多的是菊科（96/554），其他依次为豆科（26/388）、禾本科（69/357）、蔷薇科（26/196）、毛茛科（21/181）、十字花科（65/169）、莎草科（12/165）、石竹科（20/141）、藜科（27/125）、玄参科（19/121）、唇形科（28/114）、百合科（13/110）、伞形科（35/94）、蓼科（8/91）、杨柳科（2/86），紫草科（24/74）、龙胆科（11/56）、虎耳草科（7/51）。以上18科所含属数占该地区总属数的68.7%，所含物种数占该地区物种总数的77.9%（表1-3）。在蒙古高原的植物区系种，单属科以及在该地区仅含有一种或数种的科所占比例较大，这反映出中国北方及其毗邻地区植物区系特征具有亚洲中部草原和荒漠植物区系的重要特征。

表1-3　蒙古高原维管植物所含物种数超过50种以上的科

科名	所含属数	占总属数/%	所含种数	占总种数/%
菊科 Compositae	96	13.0	554	14.0
豆科 Leguminosae	26	3.5	388	9.8
禾本科 Gramineae	69	9.3	357	9.0
蔷薇科 Rosaceae	26	3.5	196	5
毛茛科 Ranunculaceae	21	2.8	181	4.6

续表

科名	所含属数	占总属数/%	所含种数	占总种数/%
十字花科 Cruciferae	65	8.8	169	4.3
莎草科 Cyperaceae	12	1.6	165	4.2
石竹科 Caryophyllaceae	20	2.7	141	3.6
藜科 Chenopodiaceae	27	3.6	125	3.2
玄参科 Scrophulariaceae	19	2.6	121	3.1
唇形科 Labiatae	28	3.8	114	2.9
百合科 Liliaceae	13	1.8	110	2.8
伞形科 Umbelliferae	35	4.7	94	2.4
蓼科 Polygonaceae	8	1.1	91	2.3
杨柳科 Salicaceae	2	0.3	86	2.2
紫草科 Boraginaceae	24	3.2	74	1.9
龙胆科 Gentianaceae	11	1.5	56	1.4
虎耳草科 Saxifragaceae	7	0.9	51	1.3
合计	509	68.7	3073	77.9

在蒙古高原，所含种类最多的属为黄芪属，其他依次是蒿属、苔草属、棘豆属、风毛菊属、委陵菜属、柳属、葱属、马先蒿属、早熟禾属、蓼属、蒲公英属、披碱草属、繁缕属、锦鸡儿属，上述15属所含物种数为1051种（表1-4），占整个蒙古高原维管植物总数的26.6%，充分体现了中国北方及其毗邻地区植物区系多样性的区域特征。

表1-4　蒙古高原含物种数较多的大属统计

属名	种数	占该地区物种数的比例/%
黄芪属（*Astragalus* L.）	136	3.4
蒿属（*Artemisia* L.）	120	3.0
苔草属（*Carex* L.）	110	2.8
棘豆属（*Oxytropis* DC.）	106	2.7
风毛菊属（*Saussurea* DC.）	77	2.0
委陵菜属（*Potentilla* L.）	73	1.8
柳属（*Salix* L.）	69	1.7
葱属（*Allium* L.）	65	1.6
马先蒿属（*Pedicularis* L.）	56	1.4
早熟禾属（*Poa* L.）	46	1.2
蓼属（*Polygonum* L.）	45	1.1
蒲公英属（*Taraxacum* Weber）	43	1.1
披碱草属*（*Elymus* L.）	38	1.0
繁缕属（*Stellaria* L.）	36	0.9
锦鸡儿属（*Caragana* Fabr.）	31	0.8
合计	1051	26.6

＊包括鹅观草属植物。

1.3　中国北方及其毗邻地区植物区系分区特征

中国北方及其毗邻地区草地隶属于泛北极植物区的两个地理区域，即欧亚草原植物区和亚非荒漠植物区的一部分。为了保持植物区系研究的完整性，本节以蒙古高原为整体，其北部边界基本采用 Grubov 提出的内容，增加的杭爱山地区和蒙古-俄罗斯达乌里地区是采用其在《蒙古人民共和国维管植物检索表》中提出的内容，蒙古-俄罗斯达乌里地区边界是参考雍世鹏等提出的内容。

北界西起蒙古阿尔泰最高峰达拜博克多，向东沿赛柳格姆岭达唐努乌拉山、萨彦岭（库苏古尔山脉）、肯特山、雅布洛诺夫山脉（外贝加尔山脉）止于额尔古纳河与俄罗斯石勒喀河交汇处，向南折向大兴安岭西坡；南界为走廊南山；东界及东南界北起额尔古纳河与俄罗斯石勒喀河交汇处，向西南沿大兴安岭西坡至其南端黄岗梁向南穿过浑善达克沙地至滦河分水岭（多伦、太仆寺旗北部）到达阴山山脉东端，沿北坡至大青山西端折向南，沿昆都仑河从包头昆区过黄河至达拉特旗树林召，沿东胜梁地西北坡至杭锦旗锡尼镇向西南经鄂托克旗木凯淖尔镇、乌兰镇、包勒浩晓、查布苏木南，至鄂托克前旗敖勒召其镇北梁地，至宁夏盐池县西北高沙窝镇，沿西南至宁夏中卫、中宁，沿黄河谷地至甘肃白银北，沿乌鞘岭北坡至南界走廊南山；西界北起蒙古阿尔泰山最高峰达拜博克多，沿西南麓至阿哲博克多山脉，向南过诺敏戈壁西段，沿卡尔雷克塔格（托木尔提）北麓，到达北山西端，沿北山西端止于疏勒河谷。

在此基础上，根据各地区的主导植物科属组成、优势植物分布型、生活型和生态类型等因素的相似性与相异性，按植物区、植物地区、植物州三级进行划分论述。

1.3.1　欧亚草原植物区

1.3.1.1　科布多地区

科布多地区为山地草原、荒漠化草原植物地区，包括科布多河流域的蒙古阿尔泰北部和乌越淖尔湖。这里，到达永久雪线（哈尔希拉、图尔公、奥坦-胡亥）的高山与强烈荒漠化的深邃盆地相间分布。

优势植被类型为不同变型的山地干草原和小杂类草草原，这些类型是因海拔高度、坡向和土壤类型变化而定。山间盆地以 *Stipa glareosa*、*Stipa orientalis*、*Anabasis brevifolia* 和 *Chenopodium frutescens* 的藜类-针茅荒漠草原为主。这些草原常分布于山坡上部直达冰川终碛物。在高山垂直带上，山地草原逐渐过渡到干旱的嵩草（*Kobresia* spp.）和苔草（*Carex* spp.）-嵩草草甸，这里通常没有高山灌丛分布，西伯利亚落叶松（Larix sibirica）林仅分布于哈尔希拉和图尔公的东北坡。阿尔泰地区的适冰雪旱生植物在该地区直接与荒漠草原和荒漠物种相连接。这里出现许多准噶尔-吐兰的代表植物，如绒藜（*Carex soongorica*、*Londesia eriantha*）、硬萼软紫草（*Arnebia decumbens*）、沙穗（*Eremostachys moluccelloides Bunge*）、*Galium humifusa*（*Asperula humifusa*）、*Serratula alatavica*。*Chenopodium frutescens* 群落最具准噶尔-吐兰特征。

1.3.1.2 蒙古阿尔泰地区

蒙古阿尔泰地区为山地草原植物地区，包括泰西里山和阿哲博格多在内的全部蒙古阿尔泰山系，从达板博格多山山结向东南深入戈壁止于吉奇吉奈山脉东段，呈一狭长的山地。在这个山地草原区域，山地上部逐渐由草原过渡到干旱的嵩草和苔草-嵩草草甸，在组成高山草甸的种类中，邻近的阿尔泰植物区系的作用明显增加，如穗发草（*Deschampsia koelerioides*）、阿尔泰金莲花（*Trollius altaicus*）、*Aconitum glandulosum*（*Aconitum altaicum*）、*Draba artaica*、*Sanguisorba alpina*、*Astragalus altaicus*、卡通黄芪（*Astragalus schanginianus*）、球囊黄芪（*Astragalus sphaerocystis*）、*Oxytropis altaica*、拉德京棘豆（*Oxytropis ladyginii*）、*Oxytropis martjanovii*、北高山大戟（*Euphorbia alpina*）、阿尔泰马先蒿（*Pedicularis altaica*）、*Campanula altaica*、*Artemisia altaiensis* 等。这些植物在蒙古阿尔泰地区的西北地段（与俄罗斯交界地段）最为丰富，而向东南随着山势降低，变得很贫乏并发生变化，在区系中，邻近的准噶尔-吐兰植物区系的影响逐渐增强，可以见到天山高山和山地草原的种类，如大苞石竹（*Dianthus hoeltzeri*）、高山离子芥（*Chorispora bungeana*）、覆瓦委陵菜（*Potentilla imbricata*）、高山熏倒牛（*Biebersteinia odora*）、丝叶芹（*Scaligeria setacea*）、臭阿魏（*Ferula teterrima*）、*Gentiana turkestanorum*、山地糙苏（*Phlomis oreophila*）、新疆匹菊（*Pyrethrum alatavicum*）、突厥多榔菊（*Doronicum turkestanicum*）、全缘叶蓝刺头（*Echinops integrifolius*）。

森林植被只限于科布多河上游的一些地段，为西伯利亚红松+西伯利亚落叶松群落（Form. *Pinus sibirica* + *Larix sibirica*），以及分布于乌伦古河内部峡谷和蒙古阿尔泰中部的小片落叶松-草类群落。山地外部的下部分布着干草原和荒漠草原，在内部山间盆地也发生了强烈的荒漠化（如通希里淖尔等地）。蒙古阿尔泰东端的情况也是如此，这里蒙古戈壁的植物种类占优势，如 *Stipa* spp.、*Allium* spp.、*Artemisia* spp.、*Anabasis brevifolia* 等，而阿吉博格多以西的南坡，已经属于准噶尔-吐兰省，其区系植物为荒漠和荒漠草原的代表。

1.3.1.3 杭爱山地区

杭爱山地区为山地森林草原植物地区，包括整个杭爱山脉。西北包括伸入大湖盆地的汗呼赫山脉，北部包括库苏古尔湖南部的德利格尔河和色楞格河河谷。杭爱山为一个不对称山体，南坡相对较陡，海拔急剧下降，西部及南部分别与大湖盆地、湖谷接壤，北坡相对平缓，逐渐过渡到色楞格河谷。

杭爱山脉是分布于蒙古高原草原区最北的一个山脉，越过色楞格河谷已进入北方山地泰加林带（萨彦山地泰加林）。杭爱山植被具有明显的过渡特征，即位于西伯利亚典型泰加林带与欧亚草原带的过渡区。杭爱山虽然分布着面积较大的森林，但是，大部分地区为山地草原覆盖。此外，高山草甸和开阔的山间谷地的干草原也较发达。杭爱山只有主峰奥特洪-腾格里（3905m）具有永久积雪，其他山峰偶见零散积雪片段，其下是裸露的高山碎石堆或生有低矮匍匐灌丛［*Betula* spp.、*Sabina vulgaris*、*Salix berberifolia*、*Grossularia acicularis*（*Ribes aciculare*）、*Berberis sibirica* 等］的碎石堆。碎石堆下部的高山植被主要是嵩草（*Kobresia wiud*）草甸和苔草+嵩草草甸（*Carex* spp. + *Kobresia* spp.），西部汗呼赫山还分布有 *Dryas* spp. + *Kobresia* spp. 草甸。山地森林主要是西伯利亚落叶松林（Form. *Larix sibirica*）和较少的西伯利亚落叶松+西伯利亚红松群落（Form. *Larix sibirica* + *Pinus sibirica*），且主要分布于山体北坡；山地下部和山间谷地、平原广泛分布着森林草原群落，优势禾草有 *Stipa* spp.、*Koeleria macrantha*、*Festuca ovina*、*Agropyron cristatum*、*Poa botryoides*、*Leymus chinensis* 等，在南坡山体下部接近大湖盆地和湖谷区，甚至有荒漠草原成分侵入山体；山体北部河谷和高原内部湖沼周围盐碱地上，分布有芨芨草盐化草甸（Form. *Achnatherum splendens*）、马蔺盐化草甸（Form. *Iris lactea*）和其他盐生植被。此外，北部河谷沼泽湿地上分布有柳灌丛、桦木灌丛和苔草、禾草沼泽。

1.3.1.4　蒙古–俄罗斯达乌里地区

蒙古–俄罗斯达乌里地区为低山–丘陵–草甸–草原植物地区。这一区域包括围绕在蒙古高原北部和东部的低山和山前丘陵区，即杭爱山东部丘陵区、肯特山山前丘陵区，以及俄罗斯雅布洛诺夫山南部丘陵、平原区至石勒喀河与额尔古纳河汇流处折向南包括大兴安岭西麓低山、丘陵区，南端至赤峰市克什克腾旗黄岗梁。这一地区优势植被为贝加尔针茅草原（Form. *Stipa baicalensis*）、羊草草原（Form. *Leymus chinensis*）和线叶菊草原（Form. *Filifolium sibiricum*）以及在低山区也可以见到羊茅草原（Form. *Festuca ovina*），森林主要分布于沟谷阴坡，北部可以见到西伯利亚落叶松群落（Form. *Larix sibirica*）。此外，普遍可以见到的是白桦林（Form. *Betula platyphylla*）和白桦+欧洲山杨混交林（Form. *Betula platyphylla* + *Populus tremula*），在大兴安岭西麓常常可以见到的森林群落是白桦林或白桦+山杨林（Form. *Betula platyphylla* + *Populus davidiana*）。在这一区域的沙质地上常常可以见到欧洲赤松（*Pinus sylvestris*）及其变种樟子松（*Pinus sylvestris* var. *mongolica*）形成的森林群落。河流两岸常分布有柳灌丛（Form. *Salix* spp.）和苔草、禾草草甸，以及分布于林缘的中生草甸。其中，分布较为广泛的种类有无芒雀麦、草地早熟禾、短穗看麦娘、老芒麦等，杂类草有地榆、毛节缬草、伪泥胡菜、野火球、红茎委陵菜等。

该植物地区受东亚以及东北植物区系影响较大，如分布有乌苏里鼠李（*Rhamnus ussuriensis*）、知母（*Anemarrhena asphodeloides*）、小黄花菜（*Hemerocallis minor*）、野鸢尾（*Iris dichotoma*）、芍药（*Paeonia lactiflora*）、黄花乌头（*Aconitum coreanum*）、黄花龙芽（*Patrinia scabiosaefolia*）、桔梗（*Platycodon grandiflorus*）、绒背蓟（*Cirsium vlassovianum*）、山牛蒡（*Synurus deltoides*）等。

1.3.1.5　中恰尔恰地区

中恰尔恰地区为干草原植物地区。这是蒙古北缘中部的（乌兰巴托以南）一些具有花岗岩残丘和小岗的丘陵起伏的区域，南部至曼德拉戈壁，北界至西向东沿土拉河谷、克鲁伦河左岸分水岭一线为界，东至乔巴山西部、西乌尔特东部的丘陵区边缘，西至杭爱山地东部山前丘陵区，即鄂尔浑河右岸分水岭，西南以翁金河左岸分水岭与湖谷地区分开。

该地区常见的群落是克氏针茅–糙隐子草–克氏冷蒿草原。干旱、石质的针茅草原

(*Form. Stipa krylovii*)、糙隐子草-克氏针茅草原 (Form. *Cleistogenes squarrosa*-*Stipa krylovii*)、冷蒿-克氏针茅草原 (Form. *Artemisia frigida*-*Stipa krylovii*) 在高地居为优势，低洼地分布有丝裂蒿-针茅草原 (Form. *Artemisia adamsii*-*Stipa* spp.)；在东部洼地上，分布有寸草苔-针茅草原 (Form. *Carex duriuscula*-*Stipa* spp.)、羊草-针茅草原 (Form. *Leymus chinensis*-*Stipa* spp.) 和葱类-克氏针茅草原 (Form. *Allium* spp. -*Stipa krylovii*)。这里大面积分布有锦鸡儿 (*Caragana microphylla*，在南部较干旱区域是 *Caragana pygmaea*)、灌丛化的沙生小禾草 (*Agropyron cristatum*、*Cleistogenes squarrose*、*Festuca dahurica*、*Koeleria macrantha*) 草原和锦鸡儿灌丛化的沙生小禾草-冷蒿草原。在低地、环湖和河谷的盐碱地上，广泛分布着芨芨草、羊草、赖草、苔草、马蔺盐化草甸，其中伴有一年生的藜科植物碱蓬 (*Suaeda* spp.)、滨藜 (*Atriplex* spp.)。该地区的东面和南面已经见到在盐土和盐土低地上由典型戈壁成分组成的群落，如 *Kalidium gracile*、*Reaumuria soongorica*、*Salsola passerina*、*Anabasis brevifolia*；在砾质洪积扇上则分布有针茅、葱类-针茅、猪毛菜类-针茅荒漠草原。该地区植被和植物区系中，达乌里草原植物区系和典型蒙古荒漠、荒漠草原植物区系具有同等的意义。在巨大的花岗岩残丘和小岗上，还保存有中生植物 *Lilium pumilum*、*Scutellaria scordifolia*。

1.3.1.6 东蒙古地区

在蒙古高原，这是一个最平坦的干草原植物地区，具有无边无际、十分单调、组成贫乏的以多年生禾草为主的草原，优势种有 *Stipa grandis*、*Stipa krylovii*、*Leymus chinensis*、*Agropyron cristatum*、*Koeleria macrantha*、*Cleistogenes squarrosa*、*Festuca ovina*、*Festuca dahurica*、*Poa sphondylodes*、*Poa attenuata* 等。该地区地形相对平坦，植被带状分布规律极为明显：东部地区分布有含丰富杂类草的大针茅草原和羊草草原；中部地区为含杂类草较少的大针茅、克氏针茅、丛生小禾草草原；西部地区随着水分的减少，大针茅草原逐渐被克氏针茅草原代替，形成克氏针茅-冷蒿草原或克氏针茅-丛生小禾草草原。该地区湖盆洼地和河流两岸发育着芨芨草盐化草甸，局部地段分布有马蔺盐化草甸、碱茅盐化草甸 (Form. *Puccinellia* spp.)、短芒大麦草盐化草甸 (Form. *Hordeum brevisubulatum*)。在盐湿低地上，荒漠成分红砂 (*Reaumuria soongorica*)、盐爪爪 (*Kalidium gracile*、*Kalidium foliatum*、*Kalidium cuspidatum*)、驼绒藜 (*Krascheninnikovia ceratoides*) 以及荒漠草原成分小针茅 (*Stipa klemenzii*)、蓍状亚菊 (*Ajania achilloides*)、多根葱 (*Allium polyrhizum*)、蒙古葱 (*Allium mongolicum*)、蛛丝蓬 (*Micropeplis arachnoidea*) 等可以向东分布到呼伦贝尔达赉湖 (呼伦湖) 附近，并形成一定面积的群落片段。在盐化程度较低的河流中上游和沙地湖泊周围，分布着禾草、莎草科植物组成的草甸、沼泽，如巨序翦股颖草甸 (Form. *Agrostis gigantea*)、拂子茅草甸 (Form. *Calamagrostis epigejos*)、寸草苔草甸 (Form. *Carex duriuscula*)、菵草沼泽 (Form. *Beckmannia erucaeformis*)、荸荠沼泽 (Form. *Eleocharis* spp.)、水葱沼泽 (Form. *Scirpus tabernaemontani*)、芦苇沼泽 (Form. *Phragmites australis*)、灰脉苔草沼泽 (Form. *Carex appendiculata*)、水甜茅沼泽 (Form. *Glyceria triflora*) 等。水生植被主要是沉水植物眼子菜 (*Potamogeton* spp.)、狐尾藻 (*Myriophyllum spicatum*)；浮水植物主要是荇菜 (*Nymphoides peltata*)、两栖蓼 (*Polygonum amphibium*)；挺水植物主要是香蒲 (*Typha* spp.)、芦苇等。

东蒙古地区的另一个显著特点是南部分布着面积较大的固定、半固定沙地，由东至西依次有呼伦贝尔沙地、乌珠穆沁沙地、浑善达克沙地。沙地的存在极大地丰富了东蒙古地区单调的草原景观，同时也丰富了该地区系组成。沙地植被的建群种主要是半灌木沙蒿（*Artemisia halodendron*、*Artemisia intramongolica*）、沙生小禾草（*Agropyron cristatum*、*Cleistogenes squarrosa*、*Festuca dahurica*、*Koeleria macrantha*）、根茎型禾草假苇拂子茅（*Calagrostis pseudophragmites*），一年生植物有沙米（*Agriophyllum squarrosum*）、虫实（*Corispermum* spp.）、狗尾草（*Setaria* spp.）等。此外，该地区沙地上，乔木、灌木种类也较为丰富，在沙地上形成疏林和灌丛植被。在呼伦贝尔沙地上最具特点的是沙地樟子松林（Form. *Pinus sylvestris* var. *mongolica*），也可以见到小片的山杨+白桦林（Form. *Populus davidiana* + *Betula platyphylla*）和榆树疏林（Form. *Ulmus pumila*），灌丛有小叶锦鸡儿灌丛（Form. *Caragana microphylla*）、黄柳灌丛（Form. *Salix gordejevi*）、小穗柳灌丛（Form. *Salix microstachya*）、半灌木群落有山竹岩黄芪群落（*Hedysarum fruticosum*）；乌珠穆沁沙地和浑善达克沙地乔木、灌木群落组成是相似的，乔木林组主要是榆树疏林（Form. *Ulmus pumila*），以及面积不大的山杨+白桦林，灌木群落有绣线菊灌丛（Form. *Spiraea* spp.）、黄柳灌丛、小叶锦鸡儿灌丛。此外，沙地上还可以见到稠李（*Prunus padus*）、山楂（*Crataegus* spp.）、华北卫矛（*Euonymus maackiii*）、山刺玫（*Rosa davurica*）、鼠李（*Rhamnus davurica*）、细叶小檗（*Berberis poiretii*）等乔木和灌木。该地区的南部与华北地区接壤，华北区系对该地区也有一定的影响，如华北区系的特征种油松（*Pinus tabulaeformis*）、虎榛子（*Ostryopsis davidiana*）可以分布到浑善达克沙地，甚至形成群落片段。此外，还有华北驼绒藜（*Krascheninnikovia arborescens*）等。

东蒙古地区西界和北界依次从蒙古乔巴山、西乌尔特一线向南进入中国境内沿内蒙古苏尼特左旗满都拉图镇东石质丘陵区向南过镶黄旗新宝拉格镇、苏尼特右旗新民镇、四子王旗供济堂镇、乌兰花镇、武川的西乌兰不浪镇、固阳金山镇至昆都仑河右岸分水岭。南界以阴山山脉分水岭为界，东界与蒙古-俄罗斯达乌里地区相邻。

1.3.1.7 东戈壁地区

东戈壁地区为荒漠草原植物地区，地形主要是具有散布小岗的岗陇起伏平原。这里的优势植被是由羽针组的小针茅类（*Stipa klemenzii*、*Stipa glareosa*、*Stipa gobica*）和主要分布于该地区南部须芒组的短花针茅建群构成的，其他优势植物有 *Cleistogenes songorica*、*Cleistogenes squarrosa*、*Artemisia frigida*、*Ajania achilloides*、*Hippolytia trifida*、*Allium polyrrhizum*、*Allium mongolicum*、*Lagochilus ilicifolius*、*Jurinea mongolica*、*Astragalus efoliolatus*、*Caragana stenophylla*、*Caragana pygmaea*、*Caragana intermedia*。在黏质盐化盆地和洪积扇、北部有短叶假木贼群落（Form. *Anabasis brevifolia*）、珍珠猪毛菜群落（Form. *Salsola passerina*）的分布，南部有红砂群落（Form. *Reaumuria soongorica*）和珍珠猪毛菜群落（Form. *Salsola passerina*）的分布，甚至在内蒙古四子王旗北部脑木更苏木的哈沙图查干淖尔有胡杨群落片段分布（Form. *Populus euphratica*）。

该植物地区东部边界与东蒙古地区西界相吻合，只是从昆都仑河经包头昆区西，过黄河，沿库布齐沙漠的毛布拉格孔兑右岸分水岭至杭锦旗锡尼镇，向西南经木凯淖尔镇到达鄂托克旗乌兰镇、包勒浩晓、查布苏木南至鄂托克前旗敖勒召其镇北梁地-宁夏盐池县西北高沙窝镇，至贺兰山南端东麓。西界北段以翁金河为界，到达戈壁阿尔泰山麓，沿戈壁阿尔泰麓折向东南，过蒙古达兰扎德嘎德西南、汗博格多、东戈壁省哈腾布拉格折向西南到国界线进入中国内蒙古乌拉特中旗西北沿图古日格南部丘陵区西北端进入乌拉特后旗，沿巴音查干、宝音图、乌力吉南部丘陵区，向南穿过狼山西部，进入杭锦后旗陕坝，经临河市双河镇过黄河达杭锦旗呼和木都东北，沿摩林河穿过库布旗沙漠至伊和乌素镇西，进入鄂托克旗公其日嘎西的深井、阿尔塞石窟、阿尔巴斯苏木东部三眼井，向南至查布苏木向西南，沿都斯图河左岸丘陵区，向西南至宁夏陶乐，过黄河至贺兰山东麓。

1.3.1.8 大湖盆地区

大湖盆地区基本上为平原荒漠草原州，是处于蒙古阿尔泰、唐努乌拉山和杭爱山之间形状复杂的巨大洼地，具有许多大湖（乌布苏淖尔、西尔吉斯淖尔、艾里克湖、哈尔乌逊淖尔、哈尔淖尔、都尔盖淖尔、沙尔加音湖），地势自南向北倾斜（1800～734m）。从行政区划上讲，大湖盆地区包括俄罗斯境内唐努乌拉山南部图瓦自治省的部分，南界至荒漠盆地沙尔加音戈壁。

大湖盆地可以分为3个在水文地理上是闭塞的、在山文上则是通过谷形低地联系的大湖盆。杭爱山原西北部的支脉汗呼赫山脉深深嵌入大湖盆地，使乌布苏湖盆水系与中央大湖盆地（包括西尔吉斯淖尔、艾里克湖、哈尔乌逊淖尔、哈尔淖尔、都尔盖淖尔）水系隔开，中央大湖盆地与南部沙尔加音（盆地）戈壁水系被不高的达尔壁山隔开。

这些洼地的中央平原和洪积扇下部，主要是荒漠植物群落，而洪积扇和山前区域则为荒漠草原。环湖地区通常为裸盐土或盐爪爪群落（Form. *Kalidium* spp.）和一年生猪毛菜类（*Salsola* spp.），有时有微药獐毛（*Aeluropus micrantherus*）沼泽盐化草甸、白刺堆（*Nitraria* spp.）、芨芨草（*Achnatherum splendens*）和芦苇（*Phragmites australis*）盐化草甸。流入盆地的河流谷地同样分布着芨芨草盐化草甸，或伴有柳灌丛和谷缘的多刺锦鸡儿（*Caragana spinosa*）和本氏锦鸡儿（*Caragana bungei*）灌丛。

乌布苏湖的东南纳林河谷及札布汗河、坤桂河下游、都尔盖湖附近附近的巨大沙地，主要为丘状新月形的半固定沙地，分布的主要植物有沙蒿和蒙古岩黄芪（*Hedysarum mongolicum*），在南部沙地偶尔分布有沙鞭（*Psammochloa villosa*）先锋群聚，聚居中还伴生有大赖草（*Leymus racemosus*）、冰草（*Agropyron cristatum*）、骆驼蓬（*Peganum* spp.）及一年生草本沙米（*Agriophyllum squarrosum*）、翅果沙芥（*Pugionium pterocarpum*）等。

上述大湖盆的三个相对对立的湖盆，在物种、植被组成上也具有一定的差别。在北部最低的乌布苏湖盆地的环湖洪积扇上，荒漠草原和小蓬（*Nanophyton erinaceum*）荒漠占优势，这是准噶尔-吐兰省的特征植物和群落。在乌布苏湖盆地植被组成中，大体上属于戈壁性质，但还分布有典型的准噶尔-吐兰省的特征植物及群落。这一事实证明，过去植物区系和植被的形成是直接与邻近的准噶尔相接触的，从而也证明现在分隔这些区域不可逾越的蒙古阿尔泰西北部分是新近（第四纪）隆升的。对于唐努乌拉的西部，也可以得出同样的结论，因为在图瓦西部也分布有 *Nanophyton erinaceum*、角果藜（*Cer-*

atocarpus arenarius）等准噶尔－吐兰省特征植物及其组成的荒漠群落。*Nanophyton erinaceum* 经常与 *Salsola passerina*、*Stipa* spp、形成复合荒漠－草原群落，但在盆地的西部和南部，有大面积的纯小蓬荒漠，洪积扇和山前上部分布有 *Stipa glareosa*、*Artemisia xerophytica*、*Caragana bungei* 组成的典型的蒙古高原荒漠草原类型，在盆地的北部和西南部尤为明显。在山前河流的石质河床上，可以见到乔木柔毛杨（*Populus pilosa*）和苦杨（*Populus laurifolia*），而在西北部一些河流下游的沼泽河谷出口，分布有稀疏的、具有禾草－苔草草甸化的 *Betula microphylla* 和 *Larix sibirica* 小片森林群落。

中央大湖盆地乃是一个疏布小岗和低山的碎石质平原。大部分被荒漠草原植被覆盖，主要为猪毛菜类－针茅草原（*Anabasis brevifolia*、*Reaumuria soongorica*、*Chenopodium frutescens*），通常有短叶假木贼和蒿类－针茅草原（*Artemisia frigida*、*Ajania achilloides*），但也分布有葱类－针茅草原（*Allium polyrrhizum*、*Allium mongolicum*）、蒿类、猪毛菜－针茅草原（*Anabasis brevifolia*、*Reaumuria soogorica*、*Artemisia maritima*、*Artemisia caespitosa*），而在低山丘陵区分布有隐子草－针茅草原（*Cleistogenes squarrosa*）和针茅草原。盆地中部的环湖地区生长着真正的猪毛菜类荒漠，如短叶假木贼、红砂－猪毛菜类（*Anabasis brevifolia*、*Reaumuria soongorica*、*Chenopodium frutescens*、*Salsola abrotanoides*、*Krascheninnikovia ceratoides*），黏质盐土上生有 *Kalidium gracile*、*Chenopodium frutescens*、*Reaumuria soongoria* 的盐生植被。梭梭荒漠在欧亚大陆最北的分布点是在这个盆地中哈拉乌逊湖以北哈拉阿尔加令图山的南、北砾质洪积扇和台林河下游右岸，可以见到有矮锦鸡儿、驼绒藜、短叶假木贼伴生的梭梭荒漠。仅在山前和内部山脉才有面积不大的克氏针茅－蒿类、锦鸡儿灌丛化的克氏针茅－隐子草干草原。

位于大湖盆南部的最小但很深的沙尔加音盆地荒漠化程度严重。这里，荒漠草原葱类－针茅和部分短叶假木贼－针茅草原仅占据洪积扇的上半部，下半部是典型的短叶假木贼荒漠。在盐土低地边缘分布有小型的梭梭或红砂与短叶假木贼相混合。盆地中部为广阔的黏质盐土，有些地方为龟裂土低地。低洼地上有蒙古分布面积最大、发育良好的梭梭荒漠群落，株高可达 4m，梭梭林下分布有 *Nitraria sibirica*、*Caragana leucophloea*、*Asterothamnus* spp.、*Kalidium gracile*、*Reaumuria soongorica*。在洼地边缘通常分布有 *Caragana spinosa*、盐豆木（*Halimodendron halodendron*）、*Lycium ruthenicum* 灌丛和生长有白刺、芨芨草的小沙堆。在覆有薄沙层的砾质洪积扇上可以见到 *Caragana leucophloea* 灌丛。

1.3.1.9 湖谷地区

湖谷地区几为平原的荒漠草原地区，占有长超过 500km，宽 150km 的巨大谷地，其中有许多大湖，如贝格尔泊、邦察干泊、阿达金察干泊、鄂罗克泊、塔察音泊、乌兰泊。这个谷地分割了杭爱山系和较南的蒙古阿尔泰和戈壁阿尔泰山系。谷地剖面不对称，其北缘形成于杭爱山逐渐降低的前山和洪积扇，而南缘则形成于突然降落的阿尔泰北麓洪积扇，很短促；谷地西界以蒙古阿尔泰向北的突出部分哈萨克图、泰西里山与邻近大湖盆地相连，东部则以翁金河与东戈壁平原接壤。

该地区大部分为砾质荒漠草原所覆盖，常见的群落类型有葱类－小针茅类、隐子草－小针茅类、短叶假木贼－葱类－小针茅类、短叶假木贼－小针茅类、亚菊－葱类－针茅和锦鸡儿灌丛化的小针茅类荒漠草原；建群种有 *Stipa klemenzii*、*Stipa glareosa*、*Stipa gobica*、*Allium polyrrhizum*、*Cleistogenes songorica*、*Cleistogenes squarrosa*、*Anabasis brevifolia*、*Ajania achilleoides*、*Caragana pygmaea* 等。但在洪积扇和诸湖盆的低洼部分，已分布有荒漠群落，如短叶假木贼群落（Form. *Anabasis brevifolia*）、短叶假木贼+珍珠猪毛菜群落（Form. *Anabasis brevifolia* + *Salsola passerina*）；在湖盆底部盐土上则分布有珍珠猪毛菜群落（Form. *Salsola passerine*）、细枝盐爪爪群落（Form. *Kalidium gracile*）、珍珠猪毛菜+细枝盐爪爪群落（Form. *Salsola passerine* + *Kalidium gracile*）、红砂群落（Form. *Reaumuria soongorica*）等，间或伴有稀疏的梭梭群落（Form. *Haloxylon ammodendron*）。在湖滨的卵石平原，可以见到由 *Caragana pygmaea*、*Caragana bungei*、*Krascheninnikovia ceratoides*、*Salsola arbuscula*、*Artemisia* sp. 构成的稀疏的灌木群落。反之，杭爱前山具有过渡性质的植被，出现稀疏的干草原，主要是克氏针茅群落（Form. *Stipa krylovii*）、隐子草–克氏针茅群落（Form. *Cleistogenes* spp. +*Stipa krylovii*）及冷蒿–克氏针茅群落（Form. *Artemisia frigida* + *Stipa krylovii*），群落中有时会出现 *Caragana pygmaea*。

在该地区东部面积不大的丘状沙地和湖盆堆积物上，有稀疏的梭梭群落（Form. *Haloxylon ammodendron*）分布，其中伴生有 *Caragana bungei*、*Hedysarum mongolicum*、*Artemisia* sp.、*Psammochloa villosa*。芨芨草群落（Form. *Achnatherum splendens*）和白刺堆（Form. *Nitraria sibirica*）通常生长在盐土低地上。

1.3.1.10 戈壁阿尔泰地区

戈壁阿尔泰地区为山地荒漠草原地区，包括平行山脉的山系及与其相交替分布的宽阔山间谷地、盆地、平原及岗陇，从蒙古阿尔泰东部（吉奇吉奈山脉）末端起，自西北向东南，向蒙古南缘中部逐渐斜倾。只有最北山链的最西两个不大的山，伊赫博克多（3957m）和巴加博克多（3596m）达到永久雪线，而其余的山体一般不超过 2800m，并向东南降低到 1700m。这些山全部坐落在高而广阔、由坡积–洪积物形成的平垂形基盘上。因此，山间谷地和盆地形成很小的谷底，而其余表面部分则形成碎石质的、为干沟强烈切割的“贝尔”——洪积扇。地形的复杂性和广袤的面积，决定了本地区南北植被的多样性和植物的丰富性。荒漠草原植被占优势，占据所有的小陇岗间、低山、洪积扇和中山的下带以及该地区南部的所有山地。这种植被主要是猪毛菜类–葱类–针茅荒漠草原（*Stipa glareosa*、*Stipa klemenzii*、*Stipa gobica*、*Anabasis brevifolia*、*Allium polyrrhizum*、*Allium mongolicum*、*Salsola passerina*）和洪积扇与平原上的短叶假木贼荒漠群落（Form. *Anabasis brevifolia*），以及低地和盆地底部的短叶假木贼荒漠、红砂+珍珠猪毛菜荒漠（Form. *Reaumuria soongorica* + *Salsola passerina*）、短叶假木贼+珍珠猪毛菜荒漠（Form. *Anabasis brevifolia* +*Salsola passerina*）和驼绒藜荒漠（Form. *Krascheninnikovia ceratoides*）。本地区的北部还有短叶假木贼–针茅荒漠草原（Form. *Anabasis brevifolia*–*Stipa* spp.）、猫头刺+短叶假木贼–针茅荒漠草原（Form. *Oxytropis aciphylla* + *Anabasis brevifolia*–*Stipa* spp.）、葱类–针茅荒漠草原和针茅荒漠草原，在平原上有驼绒藜–木地肤荒漠（Form. *Krascheninnikovia ceratoides*–*Kochia* prostrata）；在南部山地的碎石质洪积扇有红砂荒漠（Form. *Reaumuria soongorica*）、绵刺荒漠（Form. *Potaninia mongolica*）、霸王荒漠（*Form. Sarcozygium xanthoxylon*）和矮型梭梭荒漠（Form. *Haloxylon ammodendron*）；在该地区东南部的砂砾质平原上，分布有泡泡刺荒漠（Form. *Nitraria sphaerocarpa*）。在沙化的碎石质洪积扇和山坡上，广泛分布着灌木荒漠驼绒藜-针茅荒漠（Form. *Krascheninnikovia ceratoides* – *Stipa* spp.）和霸王-针茅荒漠（*Sarcozygium xanthoxylon* – *Stipa* spp.）以及 *Caragana leucophloea*、*Prunus pedunculata*、*Salsola arbuscula*、*Ephedra przewalskii*、*Krascheninnikovia ceratoides* 荒漠。生有 *Kalidium gracile*、*Reaumuria soongorica*、*Salsola passerina* 群落，或有 *Reaumiria soongorica*、*Salsola abrotanoides*、*Salsola passerina*、*Kalidium gracile* 混生群落的黏质盐土，伴生有红砂和盐爪爪的疏生梭梭群落，生有 *Kalidium foliatum* 的疏松盐土以及完全光裸的龟裂地布满湖盆的低部和谷地。在一些山间谷地底部分布有面积不大的沙地，通常有一些沙生植物：*Artemisia* spp.、*Artemisia xerophytica*、*Caragana bungei*、*Psammochloa villosa*、*Hedysarum mongolicum*、*Krascheninnikovia ceratoides*，有时或为稀疏的梭梭群落所半固定起来。该地区的重要特征“松多克”，即在低洼地的巨大干沟出口的末端有一些不大的沙堆，通常盐化并有柽柳丛（*Tamarix* spp.）、巨大的梭梭丛、胡杨（*Populus euphratica*）的孤立木、白刺丛、铁线莲（*Clematis* spp.）、木本牛皮消、中亚紫菀木（*Asterothamnus centraliasiaticus*）灌丛以及芦苇、芨芨草等丰富的群落类型。这里通常有泉水或地下水为接近地表，这些“松多克”是独特的绿洲，为游牧者喜爱的驻地。

只是两座最大的北部山岳，即伊赫博克多和巴加博克多在地形和植被上近于蒙古阿尔泰，并具有明显的典型山地草原带和苔草+嵩草草甸高山带，以及沼泽化的阿尔卑斯石质冻原。在该地区东南部的古尔班赛汗山脉高山链也有山地草原的片段。这些山地中山带的北坡山谷和峡谷，出现杨树（*Populus pilosa*、*Populus talassica*、*Populus laurifolia*）和桦树（*Betula microphylla*）以及中生灌丛（*Betula gmelinii*、*Salix* spp.、*Spiraea* spp.、*Cotoneaster melanocarpus*、*Cotoneaster mongolicus*、*Cotoneaster uniflorus*、*Grossularia acicularis*、*Ribes rubrum*、*Rosa acicularis*、*Lonicera microphylla*、*Lonicera Caerulea* var. *altaica*）。

在其余山脉中山带的上部，仅发育由 *Stipa krylovii*、*Artemisia frigida* 和 *Agropyron cristatum* 组成的禾草-蒿类石质干草原，也会出现叉枝圆柏（*Sabina vulgaris*）灌丛的斑块和旱生灌丛 *Prunus pedunculata*、*Prunus mongolica*、*Clematis fruticosa*、*Clematis tangutica*、*Caragana bungei*、*Caragana leucophloea*。总之，该地区植物区系为典型的戈壁性质，但高山还保存数量巨大的阿尔泰-萨彦岭及西藏的种类，如 *Carex pseudofoetida*、*Artemisia disjuncta*、*Artemisia pamirica*，组成山地草原的大部分是贝加尔-达乌里种类。这些种类证实了该地区在冰期时的联系。

1.3.2　亚非荒漠植物区

1.3.2.1　阿拉善戈壁地区

阿拉善戈壁地区分布于亚非荒漠区的最东段，北界为戈壁阿尔泰山脉南缘，南界自东至西由腾格里沙漠南缘丘陵区（金昌市金川区）、北山（龙首山、合藜山）北麓向西过黑河沿金塔县北部丘陵南缘至桥湾等地疏勒河谷，东界与东戈壁地区西界吻合，西界北起奈墨格图山和托斯图山西端向马鬃山东端，自嘎顺淖尔（西居延海）东南折向沙质平原，沿额济纳河上游，经马鬃山东南端，折向西北，沿马鬃山南坡经桥湾折向北。

阿拉善戈壁地区的地貌以沙漠、戈壁与剥蚀残丘、低山相间排列为特点，境内著名的大沙漠从东至西有巴音戈壁沙漠（狼山北部）、库布齐沙漠（西段）、乌兰布和沙漠、亚玛雷克沙漠、腾格里沙漠、巴丹吉林沙漠，主要为流动和半流动沙丘和沙山组成，沙漠中有许多湖泊与干湖盆分布。这些沙漠之间被破碎的剥蚀低山残丘（如沙尔扎山、巴彦诺尔公梁、巴音乌拉、雅不赖山、桌子山）分隔，否则会连成一片。

阿拉善戈壁地区是亚洲中部荒漠区植物种类相对较为丰富的地区，平原戈壁植物以戈壁成分占主导地位，特有现象明显，如特有种绵刺（*Potaninia mongolica*）、沙冬青（*Ammopiptanthus mongolicus*）、四合木（*Tetraena mongolica*）、蒙古扁桃（*Prunus mongolicus*）、阿拉善单刺蓬（*Cornulaca alaschanica*）、茄叶碱蓬（*Suaeda przewalskii*）、百花蒿（*Stilpnolepis centiflora*）、紊蒿（*Elachanthemum intricatum*）等。

阿拉善戈壁地区小半灌木、半灌木、小灌木、灌木、小半乔木是构成荒漠植被的主要生活型。阿拉善戈壁地区的植被分布格局受地表物质组成影响较大，通常在覆沙或沙质戈壁上分布有绵刺荒漠（Form. *Potaninia mongolica*）、球果白刺荒漠（Form. *Nitraria sphaerocarpa*）、沙冬青荒漠（Form. *Ammopiptanthus mongolicus*）、霸王荒漠（Form. *Sarcozygium xanthoxylon*）、四合木荒漠（Form. *Tetraena mongolica*）、梭梭荒漠（Form. *Haloxylon ammodendron*）、戈壁短舌菊（Form. *Brachanthemum gobicum*）、星毛短舌菊（Form. *Brachanthemum pulvinatum*）、沙拐枣（*Calligonum mongolicum*）；在新月形沙丘上分布有半荒木蒿类（*Artemisia sphaerocephala*、*Artemisia ordosica*）群落、半灌木细枝岩黄芪（Form. *Hedysarum scoparium*）、多年生草本沙鞭（*Psammochloa villosa*）、一二年生草本沙芥（*Pugionium cornutum*、*Pugionium dolabratum*）及柠条锦鸡儿（*Caragana korshinskii*）、本氏锦鸡儿（*Caragana bungei*）、沙木蓼（Form. *Atraphaxis bracteata*）灌丛、沙拐枣（*Calligonum mongolicum*）、阿拉善沙拐枣（*Calligonum alaschanicum*）；在碎石黏质洪积扇上分布有短叶假木贼荒漠（Form. *Anabasis brevifolia*）（北部）和珍珠猪毛菜荒漠（Form. *Salsola passerina*）以及南部地区的红砂荒漠（Form. *Reaumuria soongorica*）；在石质山坡、丘陵分布有合头草（*Sympegma regelii*）、霸王（*Sarcozygium xanthoxylon*）；南部有短叶假木贼（*Anabasis brevifolia*）、松叶猪毛菜（*Salsola laricifolia*）、蒙古扁桃（*Prunus mongolica*）、裸果木（*Gymnocarpos przewalskii*）等。

1.3.2.2 西鄂尔多斯-东阿拉善州

西鄂尔多斯-东阿拉善州是一个草原化特征明显的平原荒漠植物州：东界与东戈壁西界吻合；西界北起蒙古博尔仲戈壁南面的左赫山岭；过布尔干山向南进入中国阿拉善左旗北部的北银根；向南过乌力吉，沿沙尔扎山向南至雅布赖山；向西南至腾格里沙漠南缘为界（景泰西北白墩子、大靖土门、石羊河支流红水河右岸丘陵区）；北界至戈壁阿尔泰山南麓。

境内一些中、低残山，如狼山西部、桌子山、蒙古左赫山脉、呼尔赫山链，是许多古地中海残遗植物的避难所，如沙冬青、绵刺、四合木（*Tetraena mongolica*）、内蒙古野丁香（*Leptodermis ordosica*）等。特有植物有四合木、内蒙古亚菊、荒漠风毛菊、阿尔巴斯葱等，是亚洲中部荒漠区植物多样性最高的一个区域。

在石质残丘普遍分布着松叶猪毛菜（*Salsola laricifolia*）、刺旋花（*Convolvulus tragacanthoides*）、合头草（*Sympegma regelii*）、内蒙古野丁香（*Leptodermis ordosica*），以及仅分布于西鄂尔多斯砾石质丘陵区的半日花群落（Form. *Helianthemum soongoricum*）等；砂质戈壁上分布有绵刺、霸王、沙冬青等群落；沙地上分布有沙蒿（*Artemisia ordosica*、*Artemisia sphaerocephala*）、柠条锦鸡儿（*Caragana korshinskii*）、梭梭（*Haloxyron ammodendron*）、白刺（*Nitraria tangutorum*）；典型黏土戈壁分布有红砂、珍珠猪毛菜、短叶假木贼（北部）。

1. 3. 2. 3　西阿拉善州

西阿拉善州东界与西鄂尔多斯–东阿拉善州西界吻合，西界与阿拉善戈壁西界相吻合，北界达戈壁阿尔泰山南麓，南界达北山北麓，位于阿拉善戈壁地区的西半部，北部是浩瀚的戈壁，南部是茫茫的巴丹吉林沙漠。

在戈壁滩上分布着由红砂、珍珠猪毛菜、球果白刺、短叶假木贼（北部）形成的典型荒漠群落，多年生草本数量极少；巴丹吉林沙漠的流动沙丘上几乎无植物生长，只有在其北部和西北部生长着稀疏的沙拐枣、梭梭，东部边缘半流东沙丘上分布着白沙蒿群落；石质残丘上生长着稀疏的合头草。本州特有植物少，常见的是亚洲中部荒漠中的广布种，球果白刺、霸王、沙拐枣、膜果麻黄、红砂等。

1. 3. 2. 4　贺兰山

贺兰山位于阿拉善高原的东缘和银川平原的西侧，北起阿拉善左旗的楚鲁温其格，南至宁夏中卫县的照壁山，最高峰海拔 3556m。作为荒漠和草原的分界线，贺兰山独特的地理位置为不同区系的渗透、迁移、共存提供了有利的条件。其山地植被以青海云杉为主，但在低山带华北成分油松、虎榛子、酸枣等在植被种具有重要作用，而高山、亚高山带又明显与青藏高原植物区系有一定的联系。

1. 3. 2. 5　河西地区

河西地区东南以乌鞘岭分水岭为界，南以祁连山北坡为界，北部自东至西由腾格里沙漠南缘丘陵区（金昌市金川区）、北山（龙首山、合藜山）北麓向西过黑河沿金塔县北部丘陵南缘至桥湾等地疏勒河谷。该地区最突出的一个景观特征是山地–绿洲耦合系统。

1. 3. 2. 6　西戈壁地区

西戈壁地区为亚洲中部极旱荒漠的一部分。东界与阿拉善戈壁相吻合，西界北起阿哲博克多山脉，向南过诺敏戈壁西段，沿卡尔雷克塔格（托木尔提）北麓，到达北山西端，沿北山西端止于疏勒河谷，北界至蒙古阿尔泰山东段吉奇吉奈山脉南麓和戈壁阿尔泰主峰南麓，南界止于疏勒河河谷。

1. 4　中国北方及其毗邻地区植物多样性研究中的新发现

地处中国北方及其毗邻地区核心区的蒙古高原在行政区划上主要归属于蒙古和中

国，此外也包括俄罗斯贝加尔地区的一部分。但由于历史原因，研究者不能很好地把其作为一个完整的地理单元来进行研究，致使在研究蒙古高原植物区系、多样性保护、植被动态、生态恢复等一系列问题中出现诸多混乱。中国北方及其毗邻地区综合科学考察项目为该区的整体性研究提供了可能性。

1.4.1 同物异名现象

在物种命名上，同物异名现象较为普遍，如已知的了墩黄芪 *Astragalus pavlovii* B. Fedtsch. et N. Basil.（1929）[= *A. lioui* Tsai et Yu（1936）]、新巴黄芪 *Astragalus grubovii* Sancz.（1974）[= *A. hsinbaticus* P. Y. Fu et Y. A. Chen（1976）]、单叶棘豆 *Oxytropis monophylla* Grub.（1976）[= *O. neimonggolica* C. W. Chang et Y. Z. Zhao（1981）]、异叶棘豆 *Oxytropis diversifolia* Pet. – Stib.（1937）[= *O. junatovii* Sancz.（1985）]、短果小柱芥 *Microstigma brachycarpum* Botsch.（1959）[= M. junatovii Grub.（1972）] 等。此外，在北方生态恢复、植被建植、水土保持工程中被广泛利用的中间锦鸡儿，目前在中国至少有 3 个学名被使用，分别是 *Caragana intermedia* Kuang et H. C. Fu、*Caragana davazamcii* Sancz.、*Caragana liouana* Zhao Y. Chang & Yakovlev。这极不利于学术研究和交流，更不利于生产示范、推广。

1.4.2 植物区系采集研究

国境线周边的植物区系采集研究仍不够清楚。关于这一点，俄罗斯植物学家 V. I. Grubov 在《评〈内蒙古植物志〉》一文中早已明确指出，如 *Oxytropis oxyphylla*（Pall.）DC. 已被证实与中国记载的 *Oxytropis hailaensis* Kitag. 为同一个种，后者为晚出异名；另外提到的 *Incarvillea potaninii* Bat. 至今中国仍未采集到，《内蒙古植物志》、*Flora of China*（18：221–222，1998）中的记载仍是根据 V. I. Grubov 的意见。

近年来，我们在蒙古高原调查、采集植物时发现，在中国、蒙古均存在同类问题。“国界线附近分布的一些植物，蒙古记载有，而中国没有记载，或者是，中国、内蒙古记载有，而蒙古国无记载。”如 2009 年在呼伦贝尔西部采集的平卧棘豆 [*Oxytropis prostrata*（Pall.）DC.]，2010 年在阿巴嘎旗采集的黄绿花棘豆（*Oxytropis viridiflava* Kom.），在中国均属于新分布记录种，而属于内蒙古新分布记录的种类就更多，如短叶黄芪（*Astragalus brevifolius* Ledeb.）、单小叶黄芪（*Astragalus vallestris* Kam.）、环荚黄芪（*Astragalus contortuplicatus* L.）、单蕊草 [*Cinna latifolia*（Trev.）Griseb.] 等；在内蒙古草原区和荒漠区山地分布较广的无刺刺藜 [*Chenopodium minimum* Wang–Wei et Fub（= *Ch. aristatum* L. var. *inerme* W. Z. Di）] 在蒙古没有记载，但 2008 年我们在温都尔汗、乔巴山等地均采集到该植物。

1.4.3 对植被动态的新发现

在近年来的野外调查中，我们发现在内蒙古草原区，多根葱草原（Form. *Allium polyrhizum*，图 1-1）面积、分布区域均有所扩展。对于该群系，虽然在《中国植被》中提及，但相对简略，且主要集中在呼伦贝尔西部的新巴尔虎右旗的局部地段。目前我们在典型草原区的东乌珠穆沁旗、锡林浩特市、阿巴嘎旗以及荒漠草原区的苏尼特地区、镶黄旗均发现有较大面积的分布。

图 1-1　多根葱（*Allium polyrhizum*）草原

在考察区，我们发现一个新物种——阿尔巴斯针茅（*Stipa albasiensis*）（图 1-2）和一些地理新分布记录种如平卧棘豆（*Oxytropis prostrata*）（图 1-3）。同时，我们在中国内蒙古荒漠区发现分布的星毛短舌菊荒漠群落（Form. *Brachanthemum pulvinatum*）和鹰爪柴荒漠群落（Form. *Convolvulus gortschakovii*）（图 1-4）、阿尔巴斯针茅草原（Form. *Stipa albasiensis*）群落，在以往的资料中均未有详细的描述，是否与近几十年来的气候变化或者人类活动相关，还需要对其进一步的分析和野外调查进行验证。

图 1-2　阿尔巴斯针茅（*Stipa albasiensis*）

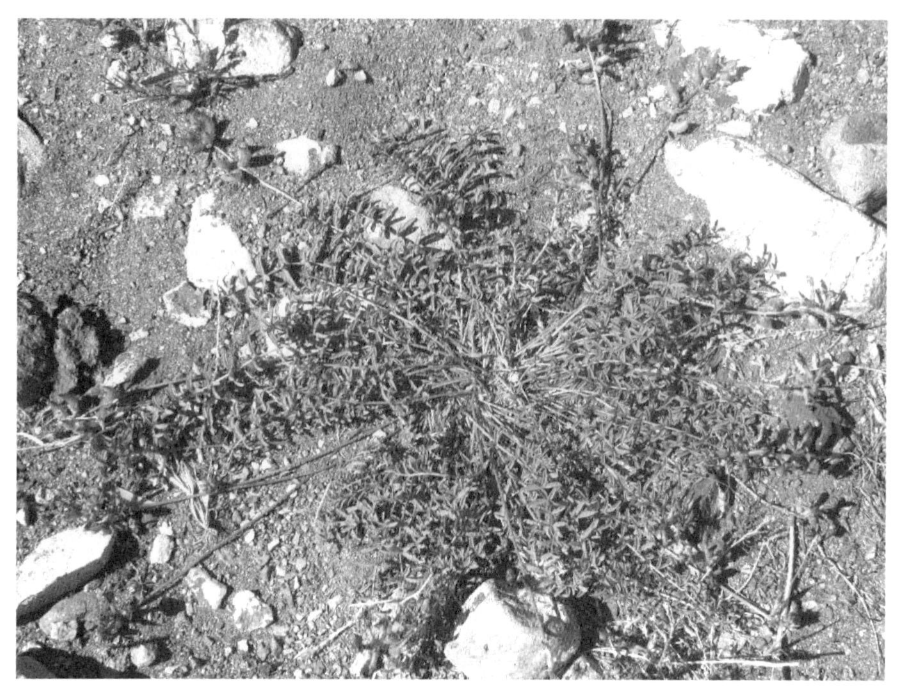

图 1-3　平卧棘豆（*Oxytropis prostrata*）

图 1-4　鹰爪柴（*Convolvulus gortschakovii*）

第2章　贝加尔湖地区森林

2.1　主要森林植被类型与分布

作为贝加尔湖地区的地带性植被，樟子松林占据绝大部分地区。在我们的考察活动中记录的群落类型主要有3类。

1）欧洲赤松、杂草类常绿针叶林。主要分布在贝加尔湖奥尔洪岛（Olkhon）中央等相对干燥的地段。这类森林的物种组成比较贫乏，群落结构比较简单。上层乔木层通常仅有欧洲赤松，有时也含有极少量的西伯利亚落叶松以及落叶阔叶树，郁闭度约0.4，高度18~24m，胸径22~40cm，个别植株的胸径可达50cm以上。林下通常经过反复的地面火烧，树干上一般都留有明显的过火痕迹，所以，林下的灌木极少，甚至在局部根本看不到灌木。林下草本主要为典型草原中的植物种类，在山坡上杂类草的种类比较多，重要值较大，但在平缓的地带禾草类植物种类较多，重要值较大。代表性植物群落如在奥尔洪岛中部（53°04.34′N，107°12.77′E，海拔约667m）山坡上所记录的，在20m×20m的样方中，乔木层有欧洲赤松大树15株，平均高度19.5m，最高26m，枝下高平均3.5m左右，但局部高达6m以上，似乎与局部的地面火烧有关，平均胸径28.5cm，最大45cm，林冠下幼树仅有4株，最大一株高度仅1.3m。灌木层完全缺失。草本层有19种植物，其中杂类草13种，分别为*Astragalus fruticosus*、*Trifolium* spp.、*Vicia* spp.、*Polygonum* spp.、披针叶黄华（*Thermopsis lanceolata*）、多叶棘豆（*Oxytropis myriophylla*）、繁缕、委陵菜、棱子芹、白头翁、柴胡、地榆（*Sanguisorba officinalis*）、麻花头，杂类草的总盖度约10%；禾草和莎草类植物6种，分别为苔草（*Carex* spp.）、冰草（*Agropyron cristatum*）、披碱草（*Elymus* spp.）、早熟禾（*Poa* spp.）、洽草（*Koeleria* spp.）、羽茅（*Achnatherum sibiricum*），总盖度约3%。

2）欧洲赤松-达乌里杜鹃-野豌豆常绿针叶林。主要分布在海拔略高、湿度较大的山坡。这类森林的物种组成和群落结构明显较复杂。在奥尔洪岛东南坡（53°07′34.8′N，107°15′47.0′E，海拔约781m）处记录的样地可以代表这个类型。该样地位于西南坡，坡度约3°，地面平坦。树干基部2~3m具有火烧过的痕迹，但林下灌木仍比较茂盛，估计过火时间已比较久。乔木层由欧洲赤松和西伯利亚落叶松组成，前者具明显优势，郁闭度约0.3~0.4，高度一般20~24m，胸径一般25~43cm。在20m×20m样方中记录有欧洲赤松13株，平均高度21.3m，最高24m，平均胸径36.5cm，最大46cm；西伯利亚落叶松3株，平均高度23m，最高25m，平均胸径33cm。灌木层以达乌里杜鹃（*Rhododenron dahuria*）为主，平均高度约1.7m，覆盖度约35%；越橘（*Vaccinium vitisidaea*）紧贴地面，覆盖度达25%左右；欧亚绣线菊（*Spiraea media*）高约0.7m，覆盖度约6%；另外还有零星的蔷薇。草本层记录有16种植物，覆盖度最高的为野豌豆（*Vicia sepium*），约5%；矮山黧豆（*Lathyrus humilis*）和蒿（*Artemisia tanacetifolia*），约为3%；白头翁（*Pulsatila patrens*）和狐茅（*Festuca ovina*）的覆盖度约为2%；地榆、苔草（*Carex macroura*）约为1%；乌头（*Aconitum barbatum*）、西伯利亚老鹳草（*Geranium sibiricum*）、龙胆（*Gentiana acuta*）、三叶草（*Trifolium lupinaster*）、蝇子草（*Silene repens*）、披碱草、野菊（*Dendranthema zawadskii*）、早熟禾、龙胆（*Gentiana barbata*），覆盖度不足1%。

3）欧洲赤松+越橘+苔藓常绿针叶林。分布在贝加尔湖周边海拔较高、湿度较大的山地上。这类森林是当地常绿针叶林中物种组成和群落结构最复杂的类型。在贝加尔湖东南岸山地（52°30′12.5″N，107°19′55.1″E，海拔900m以上）西南坡上的样地具有较好的代表性。该样地位于山谷侧坡下部，坡度约14°，地表湿润，土层深厚，群落中早期枯倒木很多，且多已经腐烂。在林下已经腐烂的树干上大量生长着苔藓、越橘。乔木层树种有欧洲赤松、西伯利亚落叶松、西伯利亚松（*Pinus sibirica*）、白桦（*Betula alba*）、西伯利亚冷杉（*Abies sibirica*）、西伯利亚云杉（*Picea obovata*）、西伯利亚花楸（*Sorbus sibirica*）。其中，上层以欧洲赤松占绝对优势，西伯利亚落叶松为次优势树种；乔木下层以西伯利亚冷杉占绝对优势。林冠郁闭度约0.8，高度约25m，最高达27m。在10m×10m的样方中，乔木层有欧洲赤松3株，平均高度24m，平均胸径45cm；西伯利亚落叶松3株，平均高度17m，平均胸径24cm；西伯利亚冷杉12株，平均高度4.7m，最高9m，平均胸径8cm，最大10cm；桦木2株，平均高9m，平均胸径7cm；西比利亚松2株，高度5m，胸径7cm；西伯利亚花楸2株，高3m，胸径5cm；西伯利亚云杉1株，高6m，胸径7cm。灌木层植物主要为越橘，平均高度虽然仅25cm，但覆盖度约9%，其他还有欧亚绣线菊、刺蔷薇（*Rosa acicularis*）、桦木幼树、杨树幼树、黑果栒子、忍冬、石生悬钩子等，覆盖度约4%。草本层主要为拂子茅和苔草（*Carex macroura*），覆盖度分别达33%和11%，其他还有唐松草（*Thalictrum minus*）、矮山黧豆、种阜草、舞鹤草、北方拉拉藤、老鹳草（*Geranium pseudosibiricum*）、东北羊角芹、单花堇菜、鹿蹄草、七瓣莲等。地表苔藓层发育较好，覆盖度约9%。地衣在地表也很多，覆盖度可达5%。

俄罗斯贝加尔湖地区主要由伊尔库茨克州（贝加尔湖地区的西部和北部）和布里亚特共和国（贝加尔湖地区的东部和南部）组成。因此，根据俄罗斯1：400万电子版植被图，贝加尔湖地区的森林类型共计有13个，伊尔库茨克州拥有全部类型（图2-1），布里亚特共和国只有10个森林类型（图2-2）。组成各类森林建群种有西伯利亚落叶松、欧洲赤松、西伯利亚云杉、西伯利亚冷杉、西伯利亚红松及兴安落叶松。

在伊尔库茨克州，落叶松林有4个类型，松林或欧洲赤松林有4个类型，五针松林有2个类型、云冷杉林或暗针叶林有3个类型，它们在世界植被区划中隶属北方森林。

伊尔库茨克州落叶松林的4类分别是矮灌木–苔藓或矮灌木–地衣–兴安落叶松疏林（larch thin forest with low bush-moss and low bush-lichen cover）、平原落叶松林（larch forest）、矮灌木–苔藓–地衣–落叶松林（larch forest with low bush-moss-lichen cover）、山地落叶松林（larch forest）（包括兴安落叶松林和西伯利亚落叶松林）。

松林的4类包括矮灌木–地衣–松林（pine forest with low bush-spruce and lichen cover）、草类–矮灌木–地衣–欧洲赤松林或草类–矮灌木–地衣–落叶松–欧洲赤松林［pine（*Pinus sylvestris*）and larch-pine forest with grass-spruce and low bush-lichen-spruce cover］、草类–欧洲赤松林［pine forest（*Pinus sylvestris*）with grass cover, frequently forest with pine and meadow–steppe species］、欧洲赤松林［pine forest（*Pinus sylvestris*）］。

云冷杉林或暗针叶林的 3 类有西伯利亚红松云冷杉林［cedar-spruce-fir forest（*Abies sibirica*, *Picea obovata*, *Pinus sibirica*）with mosaic short grass］、矮灌木–苔藓–地衣暗针叶林（dark coniferous forest with low bush-moss-lichen cover）、草类–矮灌木–云冷杉林或草类–矮灌木–西伯利亚红松–冷杉林（spruce-fir and cedar-fir forest with grass-low bush cover）。

五针松林 2 类：一是矮灌木–矮草–西伯利亚红松林或矮灌木–矮草–冷杉–西伯利亚红松林［cedar and fir-cedar forest（*Pinus sibirica*, *Abies sibirica*, *Larix sibirica*, *Picea obovata*）with low bush-short grass-spruce cover］，二是偃松矮曲林（communities with *Pinus pumila* in combination with larch open woodland and tundra）。

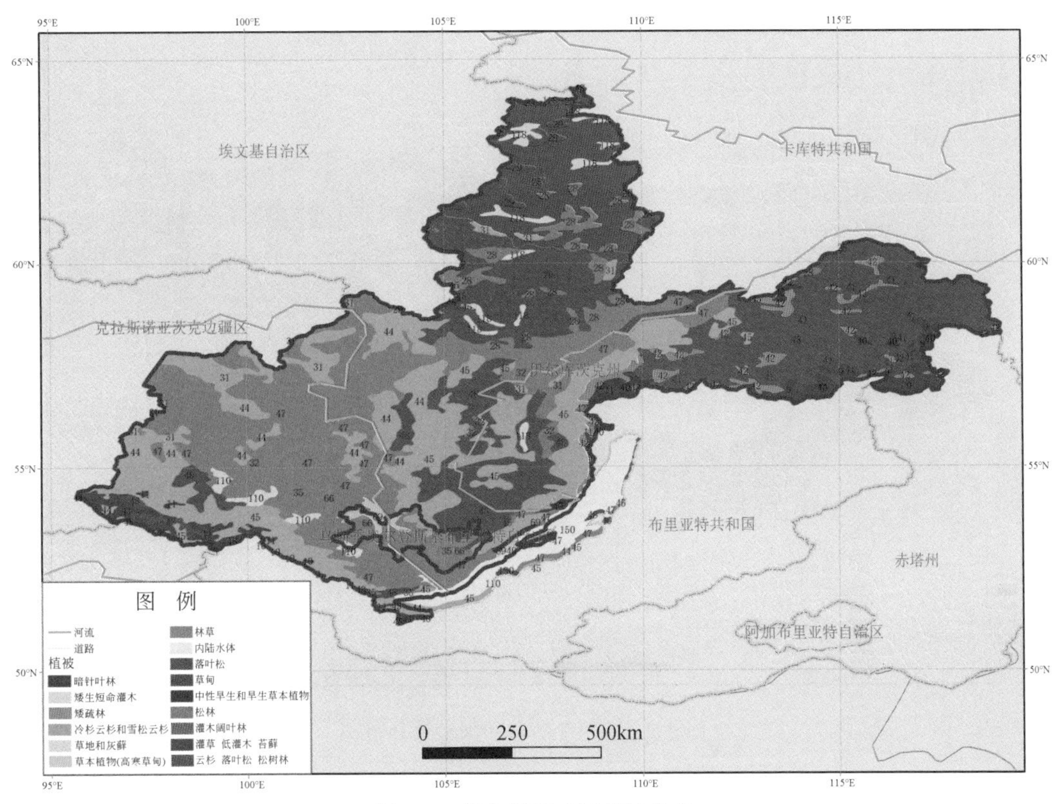

图 2-1　伊尔库茨克州植被分布

以兴安落叶松为优势树种的落叶松疏林主要分布在 60°N ~ 70°N、105°E ~ 110°E 区域。在此区域以南，分布有其他 3 类落叶松林，以及欧洲赤松林、西伯利亚云冷杉林和西伯利亚红松林。它们是纯林，或相互组成混交林。其中，西伯利亚云杉、西伯利亚冷杉与西伯利亚红松经常组成各种混交林，呈镶嵌分布状；西伯利亚落叶松、兴安落叶松和欧洲赤松则常以纯林方式出现。

伊尔库茨克州的落叶松林集中分布在该州的中北部和东北部（兴安落叶松林）。贝加尔湖西岸南部主要由欧洲赤松纯林占据，北部则由西伯利亚红松、西伯利亚冷杉组成的混交林占据，间或混有西伯利亚落叶松和西伯利亚云杉。该州西南部主要是西伯利亚云杉冷杉-红松混交林，中西部是欧洲赤松纯林，中东部是西伯利亚落叶松林和西伯利亚云冷杉-红松混交林。

由欧洲桦或欧洲山杨组成的阔叶林间或分布其间。偃松矮曲林斑块状点缀在该州东北部的兴安落叶松林区域。灌木林主要出现在该州北部的兴安落叶松疏林区域。

考察发现，该地区欧洲赤松林的更新由于其是阳性树种，主要依靠森林火来维持，但也可以通过林窗（gap）更新形成欧洲赤松的相对同龄林方式来完成更新和演替。在周边有西伯利亚红松种源的地段，没有发生森林火的欧洲赤松林下会有大量的西伯利亚红松幼苗更新，并形成西伯利亚红松和欧洲赤松的混交林。通过森林火更新的欧洲赤松林一般森林火发生 3 年以上火烧迹地才可能有幼苗出现，且形成欧洲赤松的绝对同龄林。

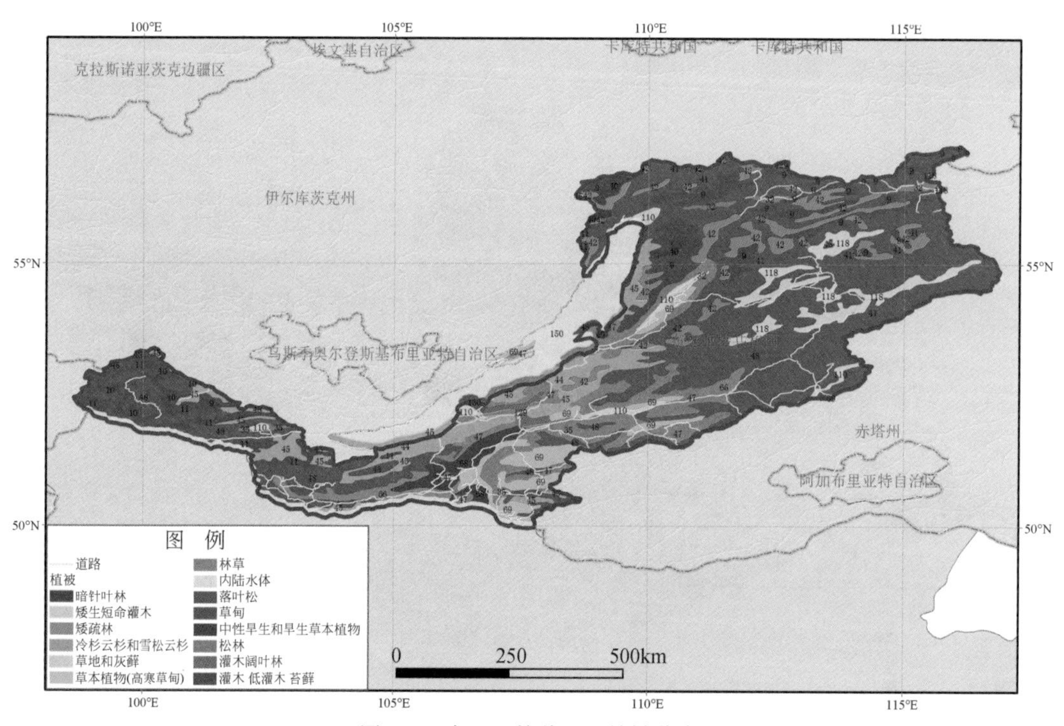

图 2-2 布里亚特共和国植被分布

在布里亚特共和国，落叶松林仅有 2 个类型、欧洲赤松林有 3 个类型、五针松林有 2 个类型、云冷杉林或暗针叶林有 3 个类型，比伊尔库茨克州的森林类型稍显单一，但落叶松林在该地区占绝对优势。

该地区落叶松林的 2 种类型分别是矮灌木-苔藓-地衣-落叶松林（larch forest with low bush-moss-lichen cover）和山地落叶松林（larch forest）。

欧洲赤松林的 3 种类型包括草类-矮灌木-地衣-欧洲赤松林或草类-矮灌木-地衣-落叶松-欧洲赤松林［pine（*Pinus sylvestris*）and larch-pine forest with grass-spruce and low bush-lichen-spruce cover]、草类–欧洲赤松林 [pine forest (*Pinus sylvestris*) with grass cover, frequently forest with pine and meadow-steppe species]、欧洲赤松林 [pine forest (*Pinus sylvestris*)]。

云冷杉林或暗针叶林的 3 种类型是矮草–西伯利亚红松–云冷杉林 [cedar-spruce–fir forest (*Abies sibirica*, *Picea obovata*, *Pinus sibirica*) with mosaic short grass]、矮灌木–苔藓–地衣–暗针叶林 (dark coniferous forest with low bush-moss-lichen cover)、草类–矮灌木–云冷杉林或草类–矮灌木–西伯利亚红松–冷杉林 (spruce-fir and cedar-fir forest with grass-low bush cover)。

同伊尔库茨克州类似，该地区的五针松林类型也是矮灌木–矮草–西伯利亚红松林或矮灌木–矮草–冷杉–西伯利亚红松林 [cedar and fir-cedar forest (*Pinus sibirica*, *Abies sibirica* , *Larix sibirica*, *Picea obovata*) with low bush-short grass-spruce cover] 和偃松矮曲林 (communities with *Pinus pumila* in combination with larch open woodland and tundra)，但后者的分布面积明显大于伊尔库茨克州。

落叶松林大面积地分布在该地区的东北部和西南部，西伯利亚冷杉、西伯利亚云杉和西伯利亚红松组成的混交林，间或有欧洲赤松林，后二者主要分布在贝加尔湖东岸附近。在布里亚特共和国西南部的奥卡地区，由于地势较高，主要由西伯利亚落叶松林和各种高山苔原植被占据，西伯利亚红松与西伯利亚冷杉、西伯利亚云杉组成的混交林主要分布在山间沟谷地带，欧洲赤松林则分布在海拔 1200m 以下的部分区域。在布里亚特共和国的东北部，有大面积的以兴安落叶松为优势树种的落叶针叶林，另有大量的偃松矮曲林和灌木林镶嵌其间。

分布在奥卡地区的西伯利亚落叶松林与欧洲赤松林类似，主要是通过森林火来完成更新与演替。由于西伯利亚落叶松自身的生物学与生态学特性，在海拔 1200m 以上，几乎到处都是它的纯林或与欧洲桦形成混交林，且树木树形优良，树干通直；在海拔 1200m 以下，很难看到西伯利亚落叶松的纯林，即使有，也主要分布在水湿地或立地条件非常差的地段，且树形很差，林相不良。

根据资料，我们 3 次 (2005 年、2006 年、2008 年) 考察的地区应该有西伯利亚红松林分布；但一路考察下来，仅在布里亚特共和国阿尔善地区发现一片西伯利亚红松林，且是与欧洲赤松形成的混交林。另外，在贝加尔湖东岸的两处地方发现零星分布的西伯利亚红松树。同主要分布在中国东北小兴安岭、长白山及朝鲜半岛的另一种红松 (Korean Pine) 类似，西伯利亚红松也是主要通过林下更新方式来完成演替的最初阶段。西伯利亚红松林下的主要草本植物组成与中国东北红松 (Korean Pine) 林下的主要草本植物组成非常接近，如单叶舞鹤草、双叶舞鹤草等，表明 2 种红松林在地质史的发生起源关系非常密切。考察发现，西伯利亚红松分布的最高海拔可达 2000m 处。分布在该海拔地带的西伯利亚红松主要生长在西伯利亚落叶松林下 (蒙古样地调查资料 LS-005)，且大部分都出现林木顶端枯死现象。

在考察中，我们没有见到成片分布的西伯利亚云冷杉林，仅在个别地区见到零星分布的西伯利亚云杉和冷杉树木。最值得一提的是，我们在布里亚特共和国阿尔善地区发现有 2 排树龄高达 200 年以上的西伯利亚云杉行道树，说明该地周边地区应该有成片的西伯利亚云杉林和冷杉林分布。

2.2 主要森林类型的积蓄量

利用俄罗斯科学家已有研究成果，借助 GIS 技术将 1∶400 万俄罗斯植被空间矢量数据库与俄罗斯行政区划及水系分布空间矢量数据库进行叠加，分别提取俄罗斯贝加尔湖地区各种植被类型数据和相关生物量、NPP 数据（表 2-1、图 2-3 和图 2-4），完成了布里亚特共和国森林草地植被图及伊尔库茨克州森林草地植被图，以及各种森林类型及草地类型森林草地植被图，同时结合俄罗斯联邦森林报告中各主要树种参数（图 2-5），成功反演了俄罗斯贝加尔湖地区主要森林类型蓄积量密度，进而掌握了该地区主要森林类型的蓄积量分布特征；利用收集的各种文献数据，分析并了解了俄罗斯贝加尔湖地区森林资源的主要特点，如主要森林类型、面积、活立木蓄积、林分生产力状况、林龄结构等。

表 2-1 俄罗斯东西伯利亚地区主要森林类型植被碳密度

林型	碳密度/（kg C/m^2）	生物量/（t /hm^2）
针叶林	5.18	103.6
松林（指欧洲赤松林）	5.39	107.8
云杉林	5.14	102.8
冷杉林	5.40	108.0
落叶松林	4.80	96.0
红松林（西伯利亚红松林）	6.10	122.0
硬阔叶林	3.32	66.4
软阔叶林	3.99	79.8
桦树林	3.68	73.6
杨树林	5.10	102.0
灌木林（主要是偃松矮曲林）	0.85	17.0
总平均	4.45	89

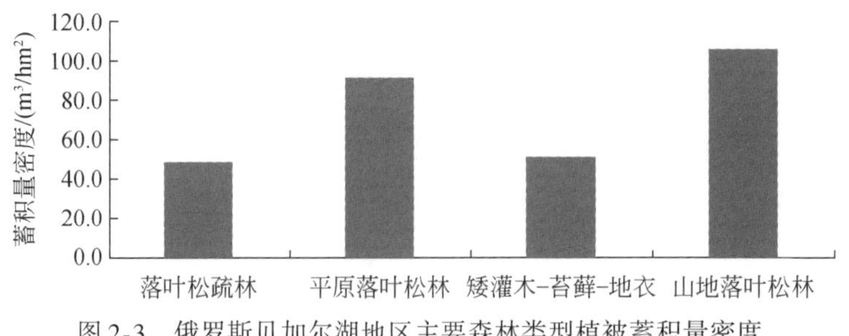

图 2-3 俄罗斯贝加尔湖地区主要森林类型植被蓄积量密度

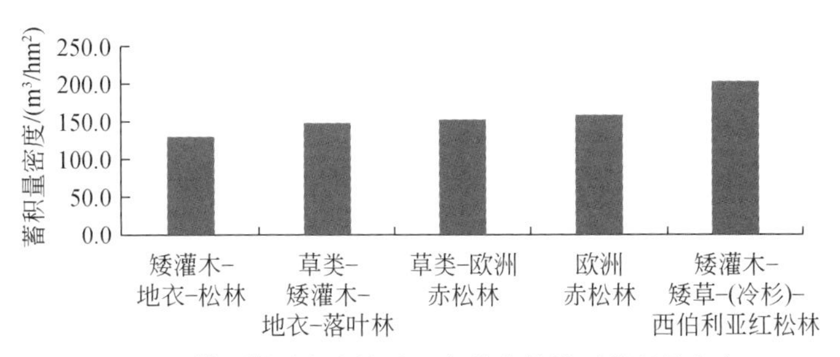

图 2-4　俄罗斯贝加尔湖地区各种森林类型蓄积量密度

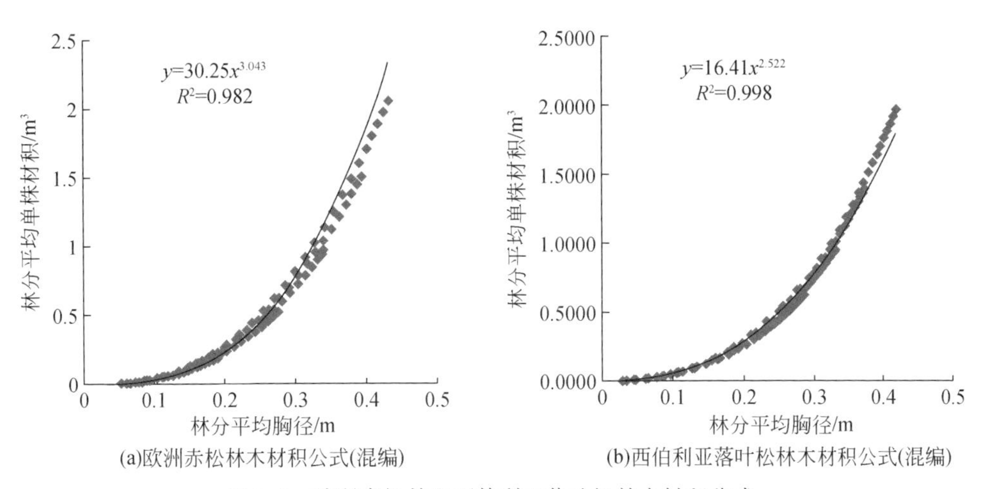

图 2-5　欧洲赤松林和西伯利亚落叶松林木材积公式

第3章　中国北方及其毗邻地区草地

3.1 草地NPP总体空间格局分析

从整体看，中国北方及其毗邻地区草地净初级生产力（NPP）空间宏观格局为东部、东南部和北部明显高于中部和西部，尤其东部地区NPP普遍较高。这主要是植被NPP分布与水分梯度一致，东部由于距离海洋比较近，降水量大，水分条件好，植被生长状况较好，而该地区的中西部草地分布有大面积的荒漠化草原、荒漠和戈壁，植被生长状况差，生产力低下，此情况与实地考察经过路线所见一致。该地区北部、东部和东南部草地年均NPP大部分在100 g C/（m^2·a）以上，说明植被覆盖状况较好。位于中国和蒙古的中西部草地植被NPP普遍在100 g C/（m^2·a）以下。

中国和蒙古部分的草地分布面积很广，但是草原状况各异，植被覆盖好的区域和差的区域差距很大，造成总体NPP平均值较低。蒙古北部草原状况很好，中南部及西部地区大部分荒漠化草原及戈壁等恶劣的生境造成NPP明显低于其他地方；在中国也是东南部及西南部NPP较高，而西部和中部的荒漠及荒漠化草原区则NPP值很低。

俄罗斯南部区域的平均NPP值明显大于蒙古和中国，原因是俄罗斯的草地大部分为生长良好的草原，而蒙古和中国部分分布有大面积的荒漠化草原，中国NPP明显大于蒙古，是因为中国纬度较低，平均温度高，太阳辐射强，生长期比较长（图3-1）。

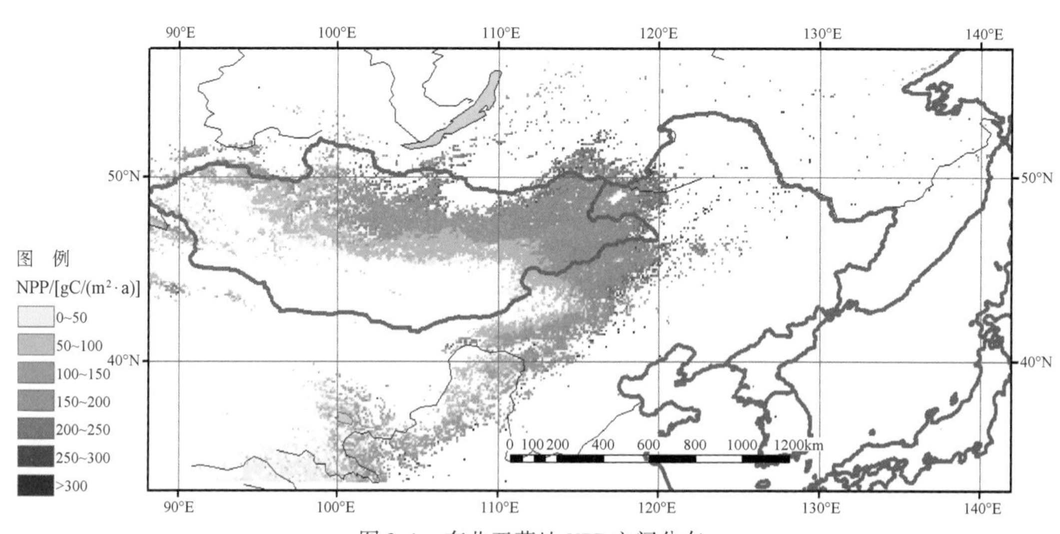

图3-1　东北亚草地NPP空间分布

草地NPP随着年内月变化存在明显的空间分布差异，生长季初期（4月、5月）NPP先从南部升高，主要为中国部分，秋末（9月、10月）NPP也在南部较高，表明南部草地在秋季NPP降低得比较慢。这主要是气温的作用，南部在春天温度升高较早，而在秋季气温降低较晚（图3-2）。

从东北亚草地春夏秋三个生长季节的NPP整体空间分布也可以看出，春季和秋季南部的中国草地的平均NPP高于北部的蒙古、俄罗斯，而在夏季蒙古北部和俄罗斯东南部草原及其毗邻草原的平均NPP则很高（图3-3）。

为了比较该地区草地NPP在23年中的变化程度，用后期（1994～2005年）的NPP与前期（1983～1994年）的差值得到了东北亚草地的整体空间变化（图3-4），发现该地区草地NPP后期与前期相比，增加的部分大于降低的部分，尤其中部和东南部增加较多，降低的部分主要分布于蒙古国北部草地和俄罗斯南部，南部也有部分呈降低趋势，东北亚草地大部分地区变化程度比较小。

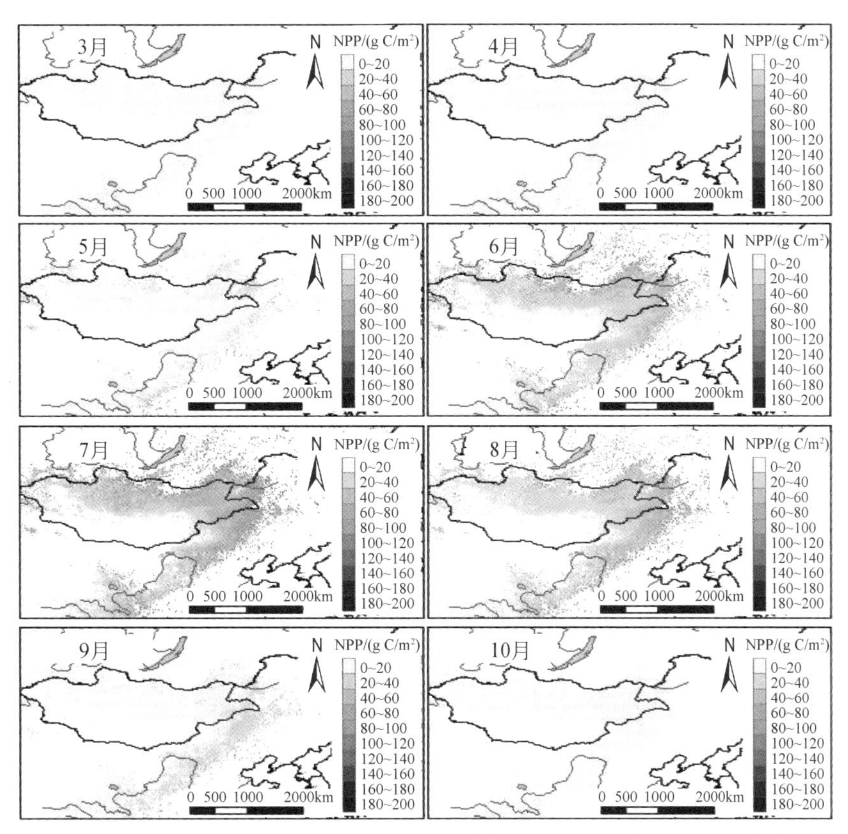

图3-2　东北亚草地1983～2005年生长季内3～10月月均NPP空间分布

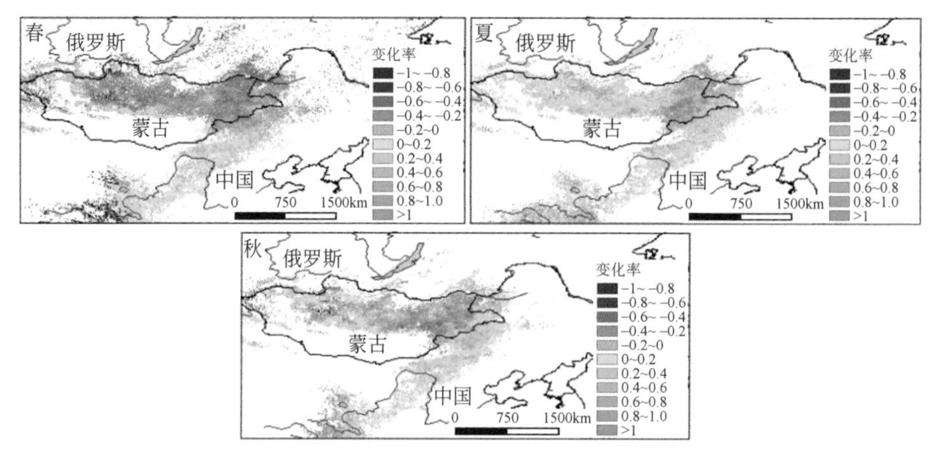

图 3-3　春夏秋三季 NPP 空间分布

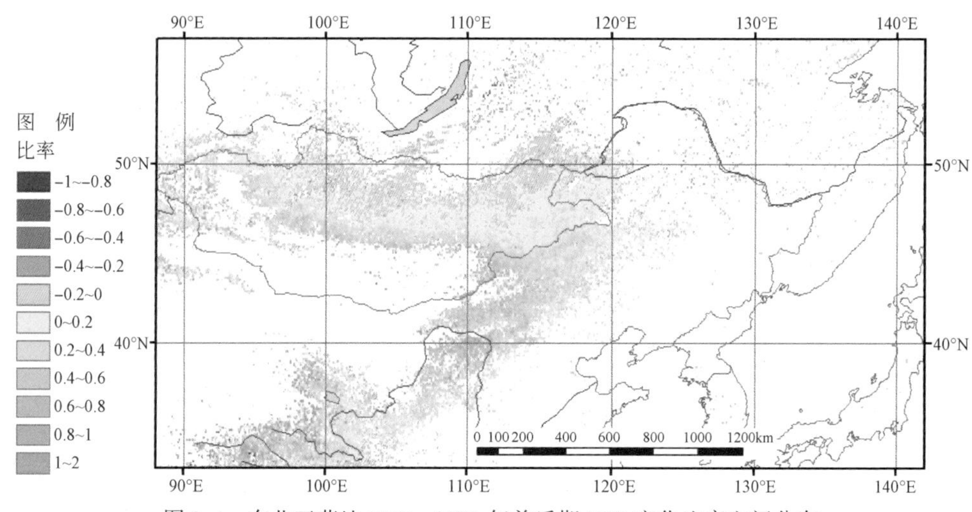

图 3-4　东北亚草地 1983 ~ 2005 年前后期 NPP 变化比率空间分布

3.2　草地 NPP 时间变化特征分析

1983 ~ 2005 年该区域草地年均 NPP 146.05 g C/ (m^2 · a)，呈现波浪状起伏，峰值变化幅度较大，在 2005 年出现最高峰，1999 年出现最低峰，但总体变化趋势不显著 (r=0.096，P=0.662)。东北亚草地年均 NPP 在 100 g C/ (m^2 · a) 以上，大部分为 100 ~ 200 g C/ (m^2 · a) (图 3-5)。

草地植被的主要生长期 5 ~ 9 月，NPP 均较大，由 1983 ~ 2005 年逐月平均 NPP 变化曲线可以看到，多年的 NPP 月度变化虽然有所差异，但东北亚草地历年逐月 NPP 均呈单峰形，NPP 均在夏季的 7 月达到最高值，且最高 NPP 峰值波动幅度较大。这与气候条件的波动较大有关。NPP 的年内月变化很好地反映年内东北亚草地植被变化状况，较好地反映草地返青期、生长期、盛草期和枯草期的植被变化特征 (图 3-6)。具体变化特征是：1 ~ 2 月，NPP 值为 0，主要因为草地植被处于冬季休眠期。3 月、4 月 NPP 开始有所增加，但数量极低，4 月还均低于 5 g C/ m^2，此时草地植被开始返青，但生长很微弱，NPP 并没有

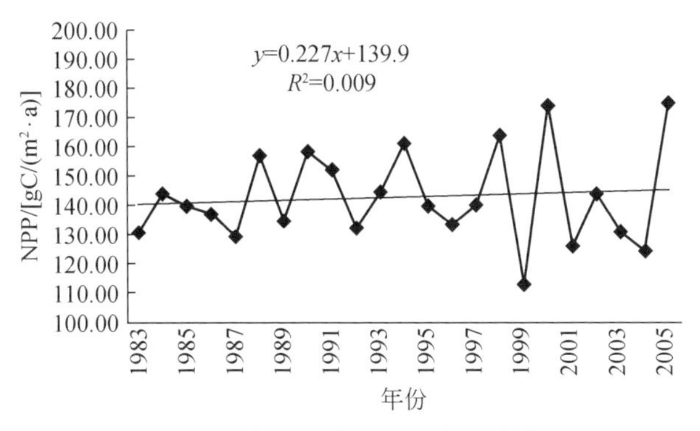

图 3-5　东北亚草地 NPP 年际变化

大的变化。至 5 ~ 6 月，NPP 值开始有明显的增长趋势；5 月达到 10 g C/m^{2}以上，6 月则大部分达到 30 g C/m^2，此时草地植被开始进入全面生长期，NPP 明显增加；至 7 月，水热条件最好，草地植被进入快速生长时期，NPP 值达到最高值，大多在 50 g C/ m^{2}以上，8 月 NPP 仅次于 7 月。至 9 月，NPP 开始明显降低，这是因为该地区草地处于较高纬度，秋季温湿度都降低较明显，NPP 形成开始变得很缓慢，此时草地处于生长季末期，虽然植被盖度还较高，但 NPP 已经变得较低，牧草开始进入枯黄期，至 10 月开始大部分枯萎；进入 11 ~ 12 月，植被进入冬季休眠期，NPP 值又降到 0 g C/m^2。

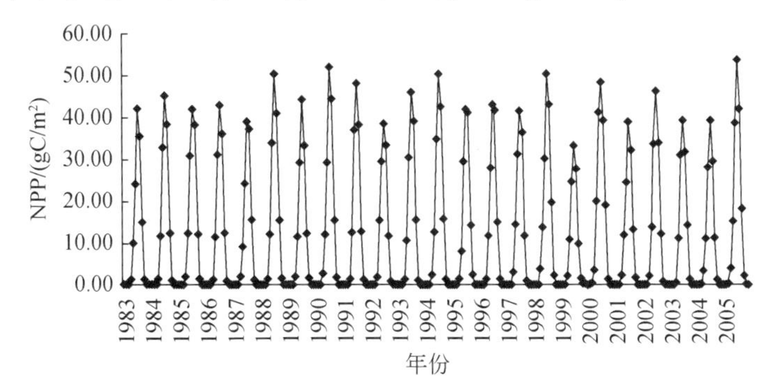

图 3-6　1983 ~ 2005 年东北亚草地 NPP 逐月变化

3 ~ 10 月为该区域草地 NPP 形成的主要月份，7 月 NPP 值达到最大，从全年来看 NPP 积累主要集中在夏季。这是因为东北亚地区位于北回归线以北，夏季的水热条件好，辐射强度高，均达到适宜植物生长的最佳状态，植物生长积累最快，7 月多年平均 NPP 达到多年平均年 NPP 积累的 31%，整个夏季（6 ~ 8 月）NPP 的积累达到全年的 79%（图 3-7）。

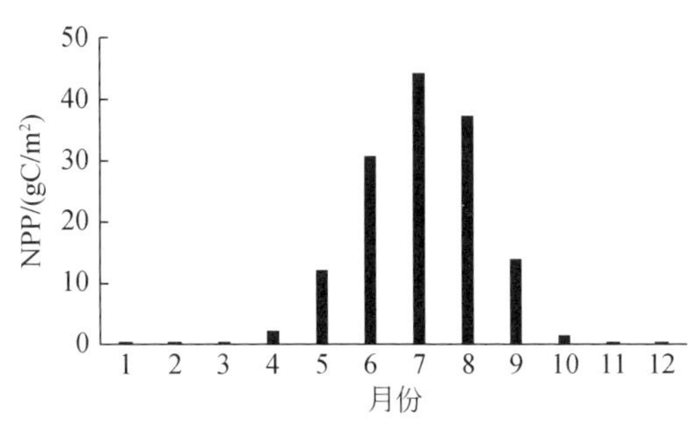

图 3-7　多年平均年内各月 NPP 对比

1983～2005 年春夏秋植被生长季节的平均 NPP 时间分布特征及变化趋势如下：春季（3～5 月平均）有显著的上升趋势，达到 0.05 显著性水平（r=0.43，P<0.05）。这与春季气温的升高趋势有关，东北亚草地大部分年份春季 NPP 基本上在 20 g C/ m^2以下。因为春季草原刚刚开始返青生长，处于生长初期，该时期温度降水都还较低，造成 NPP 也较低。从其历年变化趋势上可见，NPP 呈现微弱的上升趋势。夏季（6～8 月平均）NPP 变化趋势呈现微弱的降低趋势（r=-0.02，P=0.93），平均值为 112.68 g C /m^2，夏季的 NPP贡献率在全年大大高于其他季节，但是波动幅度较大，年平均 NPP 的波动幅度较大也主要是夏季 NPP 波动造成的。秋季（9～11 月平均）NPP 变化趋势平稳，（r=0.19，P=0.40）主要分布于 10～20 g C/ m^2（图 3-8）。

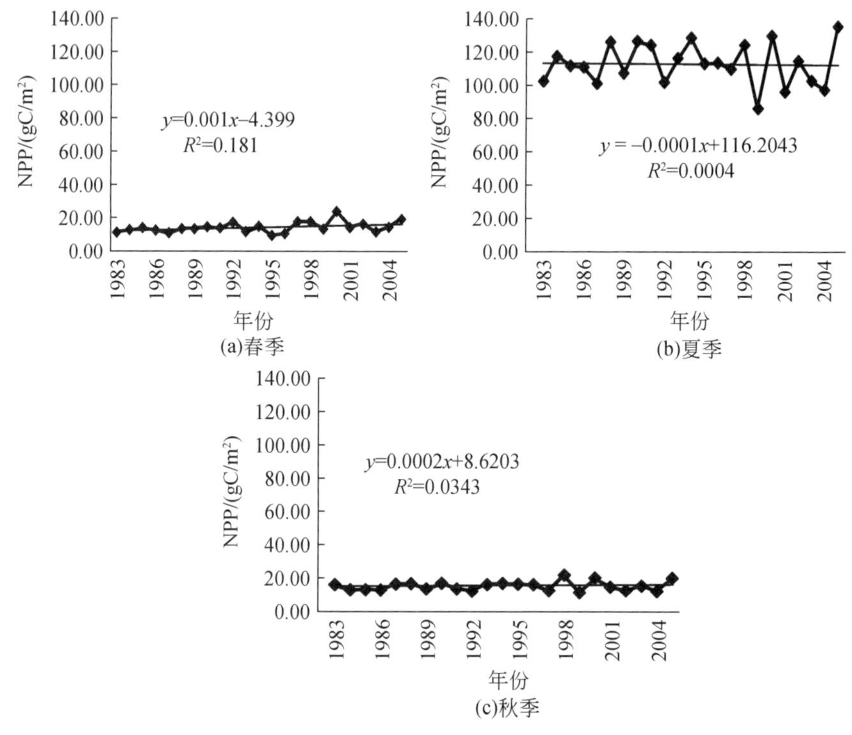

图 3-8　东北亚草地春季、夏季、秋季 NPP 逐年变化趋势

3.3　草地 NPP 变化

中国北部、蒙古、俄罗斯东南部草地 NPP 值 23 年间变化趋势均不显著（中国，r=0.40，P=0.06；蒙古，r=0.05，P=0.83；俄罗斯，r=-0.06，P=0.79），但变化幅度均较大（图 3-9）。

这 3 个草地分布国家（地区）23 年的平均 NPP 分别为 148.24 g C/（m^2·a）、127.17 g C/（m^2·a）和 179.98 g C/（m^2·a），中国北方草地在 2005 年最高，为 185.30 g C/（m^2·a），俄罗斯和蒙古 2000 年的 NPP 最高，分别为 157.34 g C/（m^2·a）和 222.51 g C/（m^2·a）。俄罗斯部分草地年平均 NPP 历年来均为考察区中最高，各年均明显大于蒙古和中国部分，中国部分 NPP 值略高于蒙古部分。这是由于俄罗斯部分的草原均是长势较好的草原，而蒙古部分长势良好的草原主要分布于东部和北部，南部和中部分布大面积的荒漠、荒漠化草原和戈壁质地的草原，造成其总体 NPP 量较低（图 3-10）。

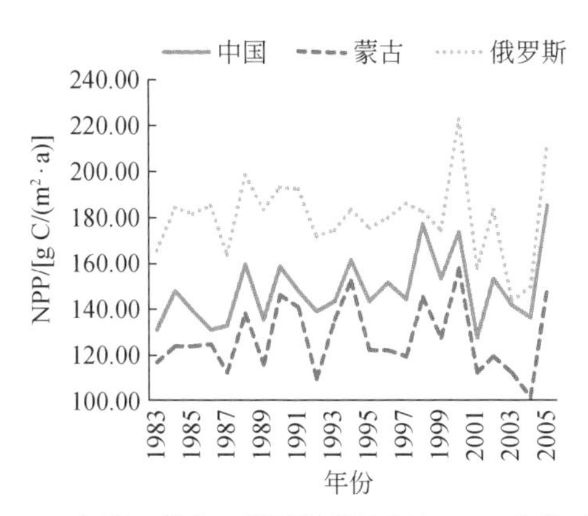

图 3-9　中国、蒙古、俄罗斯草地逐年 NPP 变化对比

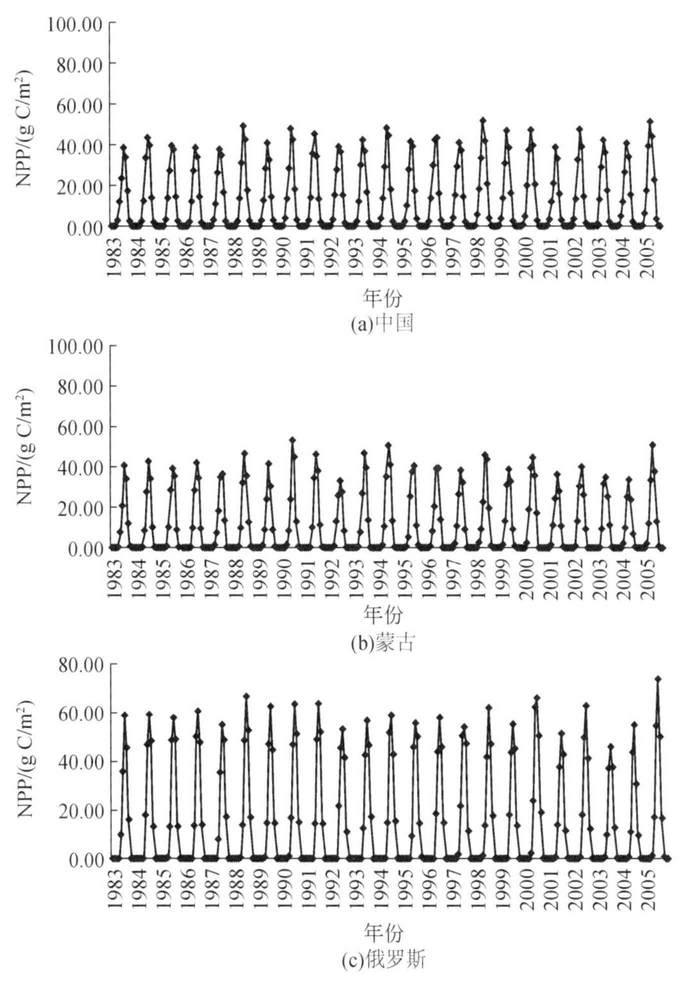

图 3-10　中国（a）、蒙古（b）、俄罗斯（c）草地逐月 NPP 变化

考察区历年来的逐月 NPP 变化趋势均为年内呈单峰状，均在 7 月达到最高，在中国、蒙古、俄罗斯，7 月 NPP 最高值分别达到 51.81 g C/ m^2（1998 年）、52.72 g C/m^2（1990 年）、73.30 g C/ m^2（2005 年）（图 3-11）。

中国北部草地春季 4 月 NPP 开始较高，而且秋季 10 月 NPP 仍较高，而这两个时段蒙古和俄罗斯的草地 NPP 还未明显升高，或者已经明显降低。也即春季中国北部草地 NPP 值在考察区中最高，而秋季中国 NPP 值降低则比俄罗斯、蒙古慢。这主要是受温度控制，因为中国的纬度较低，在春季温度率先较大幅度升高，而在秋季温度降低则较晚，因此适宜植物生长的时期比俄罗斯、蒙古要长。蒙古比俄罗斯纬度低，比中国纬度高，存在相同的规律（图 3-11）。

中国北部草地夏季 NPP 占全年 NPP 的 73.97%，蒙古和俄罗斯东南部草地夏季 NPP 则分别占全年的 79.41% 和 82.74%。这说明：在纬度越高的区域、草地生长越依赖于气候暖湿的夏季，夏季 NPP 占全年 NPP 的比例越高。

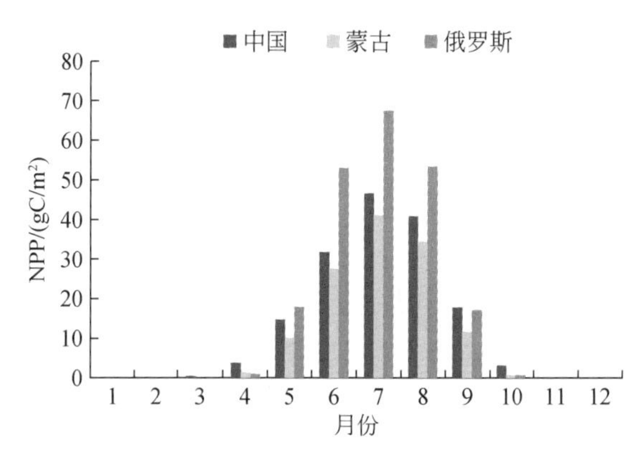

图 3-11　中国、蒙古、俄罗斯草地的多年平均年内各月 NPP 变化对比

3.4　中国内蒙古和蒙古草地利用状况——草地变化差异对比及驱动力分析

中国内蒙古和蒙古均以畜牧业为主，畜牧业在经济收入中占据重要的位置，因此对比分析两国草地利用状况，对于深入认识该区草地退化的机制具有重要意义。为此，我们选取贝加尔湖流域这两个典型国家（地区）进行对比研究，分析它们的草地利用状况。

中国内蒙古和蒙古草地 NDVI 呈清晰的时空变化，以及不同的利用程度（图 3-12、图 3-13），在不同季节显示出不同的利用趋势（图 3-14、图 3-15）。具体而言，从整个生长季变化来看，中国内蒙古和蒙古均表现为以草地植被改善为主的变化趋势。内蒙古地区草地植被改善区域达到 50% 以上。其中，明显改善区域面积约 24%（17%，$P<0.05$），主要分布在内蒙古南部鄂尔多斯地区以及东南部边界地区；退化区域不足 20%，重度退化区域面积非常小，仅 3%（$P<0.05$）；蒙古地区草地植被改善区域约 41%，其中明显改善面积约 18%（$P<0.05$），主要零散分布在蒙古西部地区；退化区域面积也较大，约 30%，但重度退化区域面积为 8%（$P<0.05$），主要分布在蒙古中南部地区（图 3-12 和图 3-13）。

从季节上来看，中国内蒙古和蒙古草地 NDVI 均呈增加趋势，但空间分布及面积情况存在一定的差异。内蒙古地区春季植被改善区域面积约 40%，显著改善区域仅为 13%（$P<0.05$），且变化幅度较小，主要分布在内蒙古南部的鄂尔多斯地区；退化面积约 21%，重度退化区域约 5%（$P<0.05$），主要分布在内蒙古东部的科尔沁沙地。蒙古大部分地区春季植被呈现出大幅度的改善趋势（71%），明显改善面积约 38%（$P<0.05$），主要分布在蒙古东部和西部大部分地区，显著退化区域面积不足 1%（图 3-12、图 3-13）。

夏季，中国内蒙古和蒙古地区草地植被变化差异仍较大，主要体现在内蒙古草地以改善为主，而蒙古地区以退化为主。具体来看，内蒙古地区约 57% 的区域 NDVI 呈增加趋势，约 35% 的区域以明显改善为主（$P<0.05$），显著改善的区域仍然主要分布在鄂尔多斯地区；退化区域面积约 22%，严重退化区域约 9%（$P<0.05$）。蒙古草地植被改善区域面积较小，约 31% 的地区 NDVI 呈增加趋势，17% 的区域明显改善（$P<0.05$），显著改善地区零星分布在东部和西部地区；蒙古草地退化面积较大，仅 50% 地区 NDVI 呈降低趋势，其中严重退化区域占到 30%（$P<0.05$），严重退化区域主要零散分布在蒙古中部地区（图 3-12、图 3-13）。

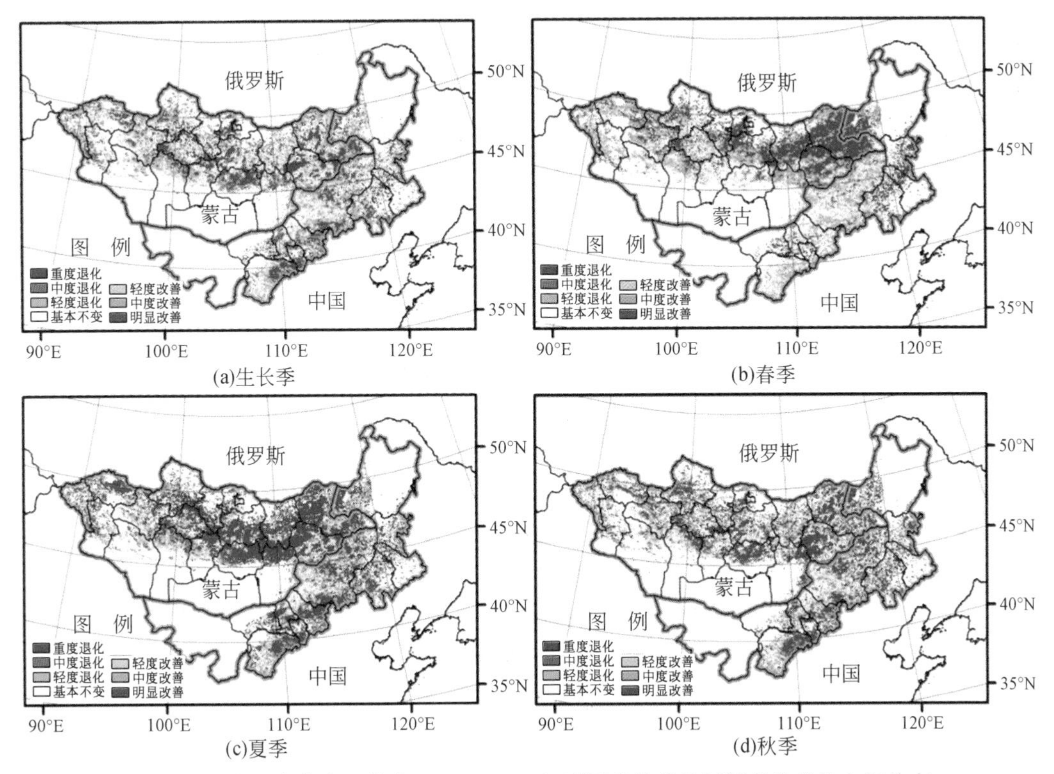

图 3-12　中国内蒙古和蒙古 1982～2006 年不同季节草地年际变化趋势空间分布

秋季，中国内蒙古和蒙古地区草地植被变化趋势较一致，均以明显改善为主，退化区域面积较小。内蒙古地区约 50% 的区域 NDVI 呈增加趋势，约 27% 的区域以明显改善为主（$P<0.05$），显著改善区域仍旧主要分布在鄂尔多斯地区；退化区域面积约 24%，严重退化区域约 8%（$P<0.05$）。蒙古地区草地植被改善区域面积约 45%，22% 的区域明显改善（$P<0.05$），显著改善区域零星分布在蒙古高原西部地区；蒙古地区草地退化面积约 28%，

重度退化面积达到10%（$P<0.05$），显著退化区域零散分布在蒙古中部地区。

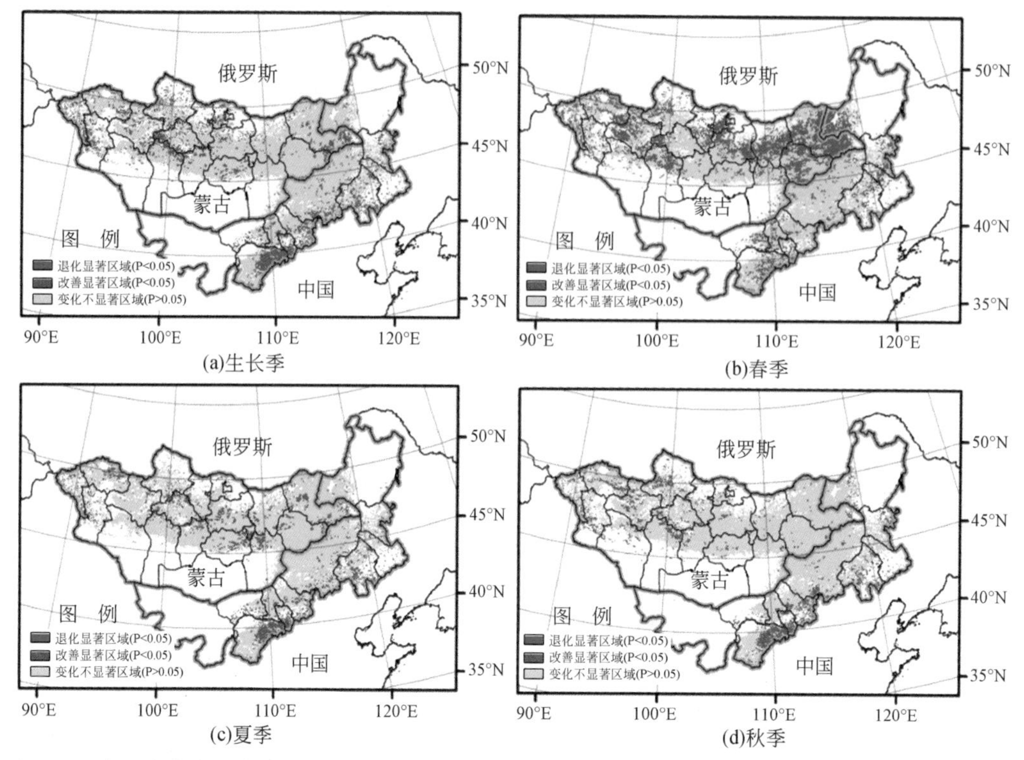

图3-13　中国内蒙古和蒙古1982～2006年不同季节草地年际变化趋势显著区域（$P<0.05$）空间分布

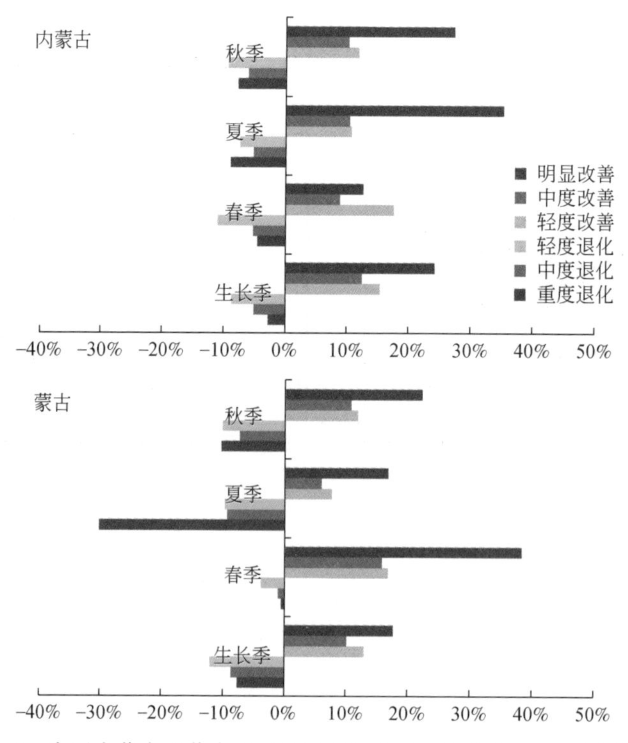

图3-14　中国内蒙古和蒙古不同季节草地在不同变化等级上的面积比例

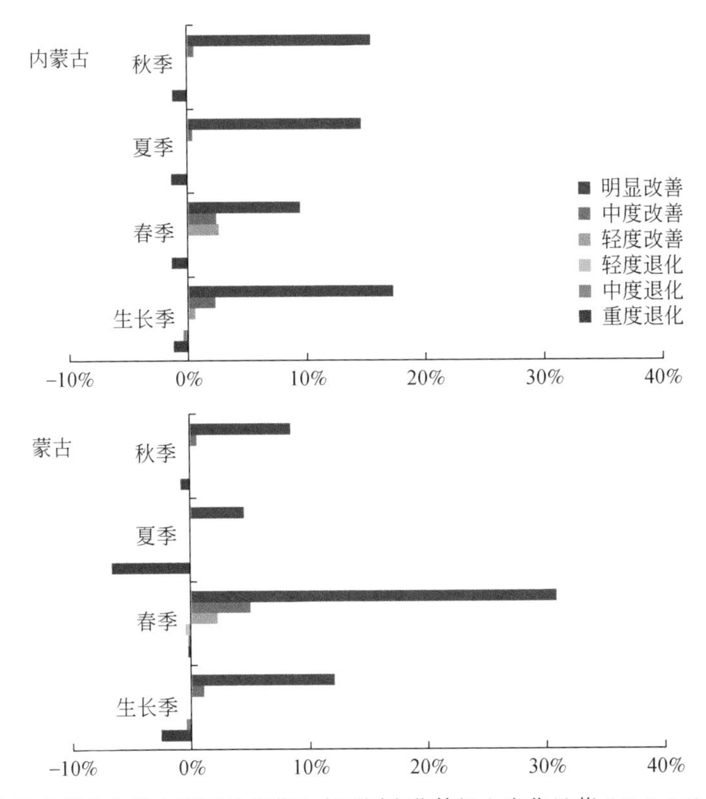

图3-15 中国内蒙古和蒙古不同季节草地在不同变化等级上变化显著（$P<0.05$）的面积比例

基于以上分析，中国内蒙古和蒙古草地植被变化具有一定的特点。内蒙古南部的鄂尔多斯地区草地植被在不同时期均表现出改善的趋势。蒙古则表现出春季大部分地区草地植被改善明显，夏季中部局部地区退化显著。基于这两个问题，本节选取内蒙古、蒙古典型区域，探讨典型区域表征植被变化的NDVI年际变化特征及其引起变化的主要原因探讨。

选取内蒙古南部鄂尔多斯草地植被改善显著的区域作为典型区域（图3-13），统计该地区不同时期NDVI年际变化（图3-16），发现生长季及不同季节该区域草地植被的NDVI呈显著增加趋势，特别以夏季和秋季增加幅度最大（夏季为$0.0029a^{-1}$，$R^2=0.4399$，$P<0.001$；秋季为$0.0027a^{-1}$，$R^2=0.5519$，$P<0.001$）。与内蒙古其他地区草地变化对比来看，该典型区表征草地植被的NDVI增加异常明显。该地区植被的显著改善主要是由对放牧活动的限制导致的。自2000年以来，鄂尔多斯在全区率先推行禁牧、休牧、划区轮牧制度，从变革生产方式上促进生态恢复。草原植被覆盖度不断提高，草群高度由平均不足15cm提高到35cm左右。

蒙古东部大部分地区春季草地NDVI呈显著增加趋势，中国内蒙古北部呼伦贝尔地区春季草地变化与蒙古东部地区变化趋势一致。呼伦贝尔草原地区与蒙古东部均处于大兴安岭西部的整个蒙古高原上，因此通过对内蒙古呼伦贝尔地区草地变化驱动因素的探讨一定程度上能够指示蒙古春季草地植被变化的原因。根据前期对内蒙古北部呼伦贝尔地区草地植被与气候要素的关系研究表明，呼伦贝尔春季草地植被生长对气温变化的敏

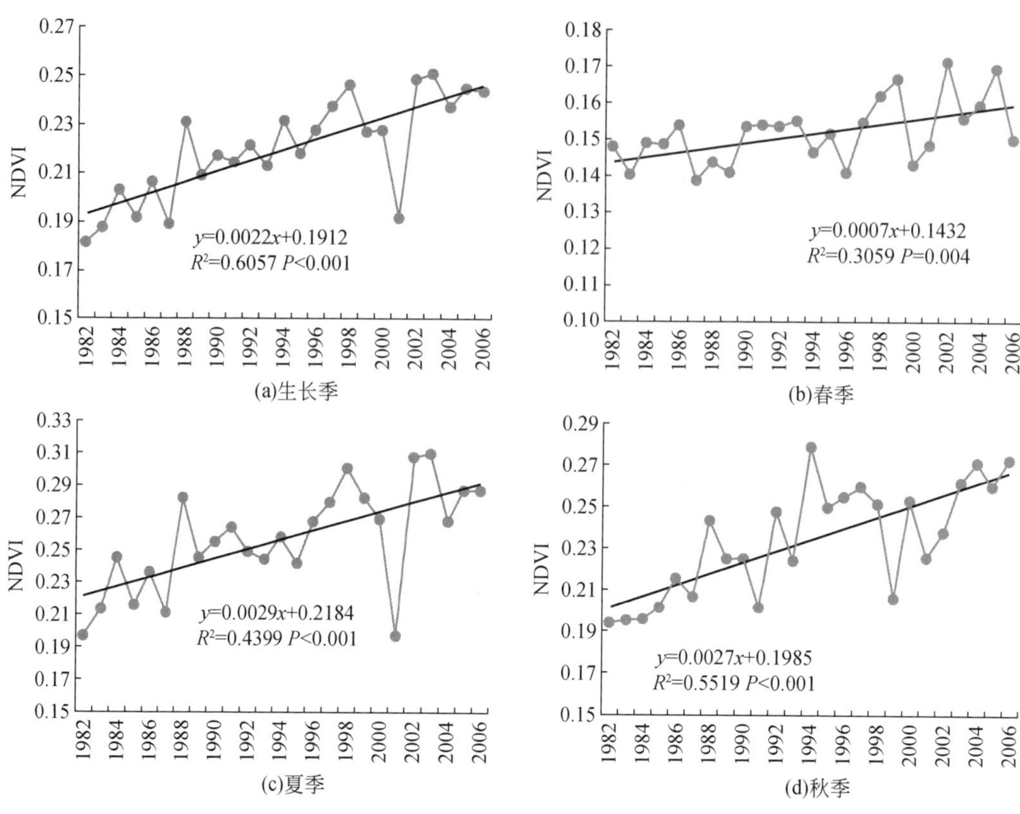

图 3-16　内蒙古南部鄂尔多斯 1982～2006 年不同时期草地 NDVI 年际变化

感性较降水变化高，而呼伦贝尔地区春季升温较明显。这在一定程度上说明蒙古东部大部分地区春季草地改善主要是由于春季升温带来的。

蒙古夏季草地植被呈严重退化区域面积较大，但达到显著的区域不大，零散分布在蒙古中部地区。蒙古草地除了受区域气候变化影响外，牲畜数量的变化对草地植被的影响也较大。蒙古以农牧业为主，其中畜牧业占农牧业总产值的 87.6%。自 1990 年蒙古实施私有化以来，牲畜数量迅速增加。有专家认为，在今天蒙古的自然条件下，按照蒙古传统的游牧生产方式，蒙古草原的载畜量最多只允许 8000 万羊单位，而 1999 年的水平就相当于 7200 万羊单位，导致沙漠化速度大大加快。因此，蒙古草地变化主要受气候变化和人类活动的共同影响。

第 4 章　考察区水生生物多样性

4.1　考察区自然地理概况

4.1.1　贝加尔湖地区

贝加尔湖（布里亚特蒙古语：Байгал нуур，俄语：О́зеро Байка́л）位于俄罗斯西伯利亚南部伊尔库茨克州及布里亚特共和国境内，距蒙古边界仅 111km。贝加尔湖拥有世界上独特动植物物种，分布在贝加尔湖的植物和动物的生物多样性高于世界其他湖泊。已知种和亚种的数量是非洲坦噶尼喀湖的 2 倍多。约 2500 种动物和 1000 余种植物以之为栖息地，其中一半以上的物种为特有种。联合国科教文组织世界遗产委员会 1996 年 12 月在墨西哥 Merida 举行的第 20 次会议上将贝加尔湖作为淡水生态系统最显著的范例列为世界自然遗产。

4.1.1.1　水文

贝加尔湖是世界上最深（1632m）、也是体积最大的淡水湖（23 015km^3），占全球流动淡水河流、湖泊总水量的 20%。湖面呈新月形，长 636km，平均宽 48km（25～80km），面积 31 494km^2，湖面海拔 454m，最深处湖床海拔-1181m。流域面积 540 000 km^2，湖岸线长 1800km，平均水深 731m，有多达 336 条河流注入，其中最大的河为色楞格河，而其外流河为叶尼塞河的支流安加拉河，其出水口位于西南侧，往北流入北极海。此外，在湖的西侧是另一条大河——勒拿河的源头，距湖仅 7km，不过被高达 1640m 的贝加尔山脉中部阻隔。湖中有 22 个岛屿，最大的奥尔洪岛，长达 72km。贝加尔湖是世界最古老的湖泊，它已经在地球上存在 2500 万～3000 万年。

4.1.1.2　地形

贝加尔湖为大陆裂谷湖，属于构造湖，位于一系列东西伯利亚贝加尔裂谷构造断裂中最大的中央凹槽，水下岩床分为 3 个盆地：南部盆地（最大深度 1432m）、中央盆地（1632m）和北部盆地（897m）。

4.1.1.3　气候

贝加尔湖位于欧亚大陆内陆，属大陆性气候，湖面 1～5 月结冰，冰层厚度为 60～80cm 至 1.2～1.5m。由于巨大的体积，贝加尔湖沿岸具有滨海气候特征，相对于东西伯利亚的其他地区，贝加尔湖附近的气候相对温和。12 月平均气温-27～-12℃，夏季

15～18℃。

4.1.1.4 水环境

湖水矿化度不超过100mg/L，钙离子含量较低，不超过15mg/L。即使在最大深度处，氧饱和度也为70%～80%。夏天水的透明度5～8m，冬季开阔地区可达到30～40m。水温度波动仅在200～250m上层水域。1年中湖泊较深部位的温度维持在3.3～3.6℃。夏季表层水温14～16℃，在浅水湾可达20～24℃。1年中存在两个水温层转变时期，即夏季的正温层和冬季的逆温层。春季（5～6月）和秋季（10～11月）两个时期存在同温层，即所有水层的温度相似，约4℃。结冰持续时间大约4个月，融冰期南部水域发生在5月1～10日，北部水域在5月25日至6月10日。

4.1.2 蒙古

蒙古面积约156.65万km^2，东西长2400km，南北宽260km，是亚洲中部的内陆国家，东、南、西三面与中国接壤，北面同俄罗斯西伯利亚为邻。

4.1.2.1 行政区划

人口268.34万，人口密度较低，约1/3的人口生活在首都乌兰巴托。大部分地区的人口密度低于1人/km^2。除首都外，全国有21个省：后杭爱省、巴彦乌勒盖省、巴彦洪格尔省、布尔干省、戈壁阿尔泰省、东戈壁省、东方省、中戈壁省、扎布汗省、前杭爱省、南戈壁省、苏赫巴托尔省、色楞格省、中央省、乌布苏省、科布多省、库苏古尔省、肯特省、鄂尔浑省、达尔汗乌拉省和戈壁苏木贝尔省。

4.1.2.2 地形

地处蒙古高原，平均海拔1580m，地势自西向东逐渐降低，西部边界地区为阿尔泰山，向东南延伸至戈壁，杭爱山脉位于蒙古中部地区，肯特山脉从首都乌兰巴托延伸至俄蒙边境。西部、北部和中部多为山地，东部为丘陵平原，南部是戈壁沙漠。

4.1.2.3 气候

蒙古属典型的温带大陆型气候。年平均气温-25～20℃，绝对年温差可达80℃（-50～30℃）。年降水量100～400mm，年平均降水量120～250mm，主要降水发生在7～9月。降水从南到北逐渐降低。季节变化明显，冬季漫长，常有大风雪；夏季较短，昼夜温差大；春、秋两季短促。每年有一半以上时间为大陆高气压笼罩，是世界上最强大的蒙古高压中心，为亚洲季风气候区冬季“寒潮”的源地之一。无霜期在6～9月，有90～110天。

4.1.2.4 主要河流与湖泊

尽管降雨稀少，但是由于高山地区增加降水，蒙古水资源丰富，山地间多河流、湖泊。河流总长约50 000km，主要河流有色楞格河水系（上游支流伊德尔河、鄂尔浑河、图勒河、额吉河）、克鲁伦河、鄂嫩河、科尔布多河、扎布汗河、特斯河等。境内湖泊，总面积约有 15 995km^2，约占蒙古总面积的 1%。大于 10hm^2 的湖泊有 3000 多个，大于 5000hm^{2}的湖泊有 27 个，面积超过 1 万 hm^2 的湖泊有 4 个。湖泊的蕴藏水量超过 500km^3，其中 380.7 km^3 的水量存储在库苏古尔湖（Hovsgol Nuur）（Tserensodnom, 1970）。最大咸水湖是乌布苏湖（面积 3350km^2），最大淡水湖是哈尔乌苏湖，还有吉尔吉斯湖、库苏古尔湖、阿奇特湖、乌布苏湖等。

（1）色楞格河水系（49°15′N ~ 50°22′N，100°43′E ~ 106°04′E）

色楞格河（俄语：Селенга́；蒙古语：Сэлэнгэгол，Сэлэнгэмрн）是一条流经蒙古和俄罗斯的河流，古名娑陵水。发源于蒙古境内库苏古尔湖以南，由伊德尔河和木伦河合成，该河流向东北，与鄂尔浑河（Orhon）汇合于苏赫巴托尔（Suhbaatar），以下才称为色楞格河，继续北流，进入俄罗斯境内转向东，到达布里亚特共和国（Buryatiya）首府乌兰乌德（Ulan-Ude）。河水从此处向北流到塔陶罗沃（Tataurovo），再向西弯转，流经一片三角洲，最后流入贝加尔湖。全长 992km，流域面积 447 000 km^2，是叶尼塞河——安加拉河的源头之一。支流有乌第河、楚库河、鄂尔浑河等。蒙古境内长 450km，流域面积 28 000 km^2。包括库苏古尔湖、鄂吉湖（Ogii）、车尔亥察干湖（Terhiyn Tsagaan），主要支流有鄂尔浑河和 Tamarin 河，鄂尔浑河发源于杭爱山，图勒河发源于肯特山西部，流经乌兰巴托。水温在 8 月可达 17 ~ 18℃。这一地区的河流具有较低的电导率［图勒河 Lun 点（47°54′N、105°00′E）夏季电导率 100 mS/cm，而鄂尔浑河在 Kharakhorim 点（47°11′N、102°45′E）的电导率 108 mS/cm］。

色楞格河三角洲因为有大量的水生植被，一直被人们称为“贝加尔湖的过滤器”。长期以来，由于色楞格河泥沙的不断淤积，这片湿地也在不断增大。色楞格河三角洲是一片呈扇形状的湿地。30 多年前，俄罗斯科学家测量时，它的面积是 500 km^2，现在这个扇状的三角洲逐步向湖心延伸。

（2）库苏古尔湖

库苏古尔湖位于蒙古西北面，靠近蒙古和俄罗斯边界。库苏古尔湖属断裂型湖泊，湖面海拔 1645m，最大长度 136km，最大宽度 36.5km，湖面面积 2760km^2，平均水深 138m，最大水深 267m，一共有大小 96 条河流汇入湖中，储水量 380.7km^3，占蒙古淡水总量的 70%、世界淡水总量的 0.4%。该湖水经蒙古最大的河流色楞格河，汇入俄罗斯的贝加尔湖。

（3）克鲁伦河（48°10′N ~ 48°30′N，108°50′E ~ 115°30′E）

克鲁伦河发源于肯特山东部，源头海拔 1675m，蒙古境内长约 700km。克鲁伦河向南流经乌兰巴托东南 150km 后，向东流入中国境内呼伦湖，最终汇入黑龙江。

（4）鄂嫩河（48°20′N ~ 49°30′N，110°20′E ~ 112°30′E）

鄂嫩河发源于肯特山东部的 Hentiyn Nuruu 山，海拔 1200m，进入俄罗斯（海拔 900 m），在蒙古境内约 250km。

（5）乌尔兹河（48°30′N ~ 49°54′N，111°30′E ~ 115°43′E）

乌尔兹河（Uldze）发源于肯特山东部，蒙古境内约400km，源头海拔1500m汇入位于鄂嫩河南部俄罗斯 Barun Torey 湖。虽然 Barun Torey 湖为内陆湖，但历史时期与鄂嫩河相连，鱼类区系组成与克鲁伦河和鄂嫩河相似。

4.1.2.5 水域区划

蒙古水体可以分为3个区域，即位于蒙古北部和西北部的外流向北冰洋的河流湖泊，位于蒙古东部的外流太平洋水域以及位于西部和南部的内流区。

外流北冰洋水体集水区占蒙古面积的20.6%（323 000km^2），占全国水资源的52.1%，包括色楞格河 Shishhid 河、Bulga Gol（河）以及与这些河流相联系的湖泊和位于 Darhat 山谷中的湖泊。色楞格河流域面积占近90%的蒙古北冰洋水系流域面积，包含位于杭爱山脉的湖泊群，如大型湖泊库苏古尔湖、Dood Tsagaan 和 Terhiyn Tsagaan。这些湖泊中浮游动物以桡足类和枝角类为主，浮游植物以硅藻和蓝藻为主。夏季浮游动物的生物量在0.3 ~ 33.8g/m^3的范围内，冬季0.2 ~ 1.52g/m^3。主要水生植物有眼子菜、蓼、耆草和浮萍等。

外流太平洋水系包括阿穆尔河（黑龙江）及其支流以及东部平原的内流湖泊。该区占蒙古总面积的13.5%，占水域面积的15.9%。东部区域拥有900多个湖泊，72%以上的湖泊位于鄂嫩河、乌勒兹河（Ulz Gol）和 Halhin Gol 流域。这一地区超过85%的湖泊都小于100hm^2。最大的湖泊为位于中蒙边境的吞吐性湖泊贝尔湖（Buyr）（615km^2），贝尔湖是蒙古所有湖泊中鱼产量最高的湖泊。内流咸水湖（Hul）（52.4km^2）位于蒙古海拔最低区域（560m）。这一区域浮游生物以桡足类、枝角类和蓝藻占为主，水生植物主要是芦苇和眼子菜。

内流区是三个区中最大的区，占蒙古国土面积的65%，占水域面积的32%，包括位于阿尔泰山脉的高山湖泊、戈壁谷地的内流水体以及杭爱山高原的部分湖泊。蒙古最大的湖泊坐落在戈壁山谷中，这一地区为干旱荒漠区，年降水量约100mm，蒸发量高达900 ~ 1000mm。内流区分为4个亚区：阿尔泰高山湖泊亚区、杭爱高原湖泊亚区、大湖亚区、戈壁盆地亚区。

阿尔泰高山湖泊亚区位于蒙古西部的阿尔泰山区、唐努乌拉山（俄蒙界山）和杭爱山脉之间。大型湖泊有 Hoton、Horgon、Dayan、Uureg、Achit、Tolbo、Uvs、Hongor-Ulen，除了 Uvs（深20m）和 Uureg（深27m）属于咸水湖外，其他湖泊属于吞吐性（过流性）淡水湖。这些湖泊中鱼类资源丰富。

杭爱高原湖泊亚区位于杭爱高原的西北部，海拔1700 ~ 2000m。较大的湖泊有 Hangayn-Har、Ulaagchnyi-Har、Heh、Oigon、Telmen、Sangiyn Dalai。前4个湖为淡水湖，最大深度超过50m。浮游动物以轮虫和桡足类为主，年均生物量32.8g/m^3。Ulaagchnyi-Har 浮游生物丰富，但缺少土著鱼类。3种白鲑被引入并已建立足够种群以支持渔业。其他湖泊属于咸水湖，由于适应不同的盐浓度，每一个湖泊都有其独特的浮游生物。

大湖亚区包括 Hyargas、Ayrag、Har、Har Us 和 Durgunnuur。Har 和 Har Us 属于吞

吐性湖泊，平均水深2～6m。Hyargas、Durgun、Uureg和其他一些小型湖泊属于终端湖，为咸水湖泊，最大深度达80m。无论是淡水还是咸水湖泊，所有湖泊中水生生物都非常相似。浮游动物中以轮虫和桡足类为主，其生物量范围夏季0.31～0.98 g/m^3，冬季0.13～0.32 g/m^3。浮游植物中以蓝绿色藻类为主。水生植物以眼子菜、黄睡莲和金鱼藻为主。鱼类组成简单，仅有几种冷水性鱼类，如*Oreoleuciscus*和*Thymallus*属。

戈壁盆地亚区位于杭爱高原和戈壁阿尔泰之间，有20多个湖泊，面积较小，大部分为季节性湖泊。较大的湖泊有Boon Tsagaan、Orog Nuur、Ulaan湖等，均为浅水性湖泊，水深3～5m。浮游动物的最高密度在7～8月，以轮虫为主。浮游动物的平均生物量1.3～2.1g/m^3。底栖无脊椎动物以*Phasganophora brevipennis*，*Diura nanseni*，*Aeschna affinis*，*Sympetrum flaveolum*，*Limnophilus abstrusus*和*Oecetis ochracea*为主。无论是贫营养或中营养湖泊，这些浅水湖泊水温较高，水生植物较为丰富。

4.1.3　勒拿河

勒拿河（俄语：Лéна；雅库特语：Өлүөнэ），全长4400km，流域面积2 490 000km^2，是俄罗斯最长的河流，是世界第十长河。勒拿河起源于中西伯利亚高原以南的贝加尔山脉西坡，源头海拔1640m，距离贝加尔湖仅12km。勒拿河有超过2500条支流注入。西侧最大的支流是Aldan（2273km）、Vitim（1837km）和Olekma（1436km）河；东侧主要的支流有Vilui（2650km）、Linde（804km）和Nyuja（798km）河。流域南部主要是由降雨和地下水汇入，而流域北部主要是雪水注入。由于河流接近北极，地下水在河流供应方面的作用显得不那么重要。河流水位的特点是高春汛，夏、秋季降雨充沛，而冬季低水位。

勒拿河的河口注入西伯利亚北面的拉普捷夫海（Laptev Sea）和北冰洋。在新西伯利亚群岛西南方形成面积达32 000km^{2}的巨大三角洲，是北极地区最大的三角洲，也是世界第二大三角洲，面积仅次于美洲的密西西比河三角洲。勒拿河三角洲是俄罗斯联邦最广阔的荒原保护地区。勒拿河平均每年流入拉普捷夫海约540km^{3}的水量，注入约12万t冲积物和41万t溶解物质。

三角洲湿地冻源是鸟类迁徙和繁殖的重要地区，同时还拥有丰富的水生生物资源：92种浮游生物、57种底栖动物和38种鱼类。鲟鱼（*Acipenser baerii*），江鳕（*Lota lota*），大麻哈鱼（*Oncorhynchus keta*），秋白鲑（*Coregonus autumnalis*），长颌北鲑（*Stenodus leucychthis*）和欧白鲑（*Coregonus albula*）是最重要的商业鱼类。勒拿河和其三角洲拥有许多自然保护区，包括Lena Pillars、Beloozersky、Belyanka、Muna、Ust-Viluisky、勒拿河三角洲自然保护区（Lena Delta）和乌斯季伦斯基（Ust-Lensky）自然保护区等，还有一个位于Bykovskaya航道的国际生物站（Lena-Nordenskjold）。

勒拿河上游冰封开始于10月中旬，下游于11月初结冰。秋天流冰持续20多天；在北方（下游），最大冰厚度可达3m。勒拿河上游冰厚达到50cm。春天，勒拿河上游凌汛开始于4月底，直到6月上旬，凌汛到达拉普捷夫海才结束。无冰期平均约130d。春季伴随冰的断裂，壅塞河道，造成水位急剧上升。2001年5月，曾发生最具破坏性的洪水（水位上升超过19m），洪水冲走部分连斯克市城镇以及基廉斯克和雅库茨克，约20个村庄被淹没。Vilui河口的冰塞使上游水位上升河段长达950～1000km。河道中的冰塞，使部分地区水位日上升达10m。

勒拿河的北极地区，主要土著人是雅库特人。由探险家 Ignatiy Huneptek 和 Matwei Parfent'ev 率领的欧洲人，于1625年第一次进入勒拿河流域。1631年，哥萨克头目伊万加尔金（Ivan Galkin）在勒拿河地区建立第一个居住区 Ust-Kutsky 城堡。1634年，哥萨克人 Ill'ya Perfiriev 和 Ivan Rebrov 发现勒拿河口。雅库茨克——勒拿流域最大的城市由彼得别克托夫成立于1632年9月25日。勒拿河及其支流在哥萨克人开发东西伯利亚地区发挥了重要的作用。1862年7月，伊尔库茨克的商人 Ivan Khaminov 乘坐蒸汽船完成其从 Verkhoyansk 上行到雅库茨克的第一次旅行后，形成勒拿河航线。

4.1.4 绥芬河

绥芬河位于黑龙江省东南部，是中国注入日本海的第二大水系，位于43°20′N～44°40′N、130°20′E～132°30′E，发源于吉林省长白山老爷岭，流经黑龙江省东北部的东宁县境内（258km），在俄罗斯（185km）的符拉迪沃斯托克（海参崴）注入日本海。绥芬河为中俄界河，河长443km，流域面积17 326km^2，支流有160余条，其中大绥芬河（100km）、小绥芬河（133km）和瑚布图河（114km）为三大支流（陆九韶等，2004）。

绥芬河属山区河流，具有地理纬度高、水温低、水质澄清、水流湍急、石砾底质等山区河流型的特点。流域内山峦起伏，沟壑纵横，河网密布，格局复杂。西北面太平岭呈东北、西南展布，为绥芬河和穆棱河分水岭；南部有老松岭、通肯山东西衔接，与图们江分界；中部为绥芬河河谷地带，其分水岭高程1000m左右。地形向流域中部逐渐递降，整体形成上游流经崇山峻岭，河道曲折蜿蜒，地表切割破碎，中下游趋于平坦的地貌。

绥芬河虽然位于中纬度寒温带大陆性季风气候区，但由于周围群山环抱，西北有太平岭做天然屏障，东南距日本海较近，经常受海上气候的调节，使其大陆性气候特点减弱。绥芬河流域夏季炎热多雨，冬季寒冷干燥，年平均气温4.9 ℃，7月平均气温21.7 ℃，1月平均气温-14.6 ℃，10℃以上积温2750 ℃；日照2621 h，无霜期130d；河水温度0.2 ～22.7 ℃，水位平均111.8m，流量38.9 m^3/s，年输沙量1234.6t，含沙量24.8 g/m^3。冰封期为11月5日至次年4月15日，计162d，冰厚0.56～1.19m。pH 6.5～7.5，溶解氧7 mg/L（陆九韶等，2004）。

绥芬河的径流主要来源于降雨，水量丰富。多年（1859～1988年）平均降水量516.4mm，降水量随地形从南、西、北向中东部倾斜而递减，高值区在大绥芬河与瑚布图河上游区，多年平均值611.8mm；低值区在中东部河一带，多年平均值在500mm左右，与高值区相差100mm（刘伟等，2001）。年径流量1414.8m^3，年径流深158.7mm。径流年内分配不均匀，多集中在6～9月，占全年的64%，11月至次年3月降水量仅占全年总降水量的8%，且年际变化大，最大值为最小值的7倍（黄国标，1999）。

4.1.5 黑龙江（阿穆尔河）

黑龙江（阿穆尔河）为中国第三大河，流经中国东北边陲，为中俄、中蒙界河。

黑龙江（阿穆尔河）有南北两源：南源为额尔古纳河，发源于大兴安岭西坡，长1542km；北源为石勒喀河，发源于蒙古北部肯特山东麓，长1660km。两源在黑龙江省漠河县以西的洛古河村附近汇合，蜿蜒东流，称黑龙江（阿穆尔河）干流；经漠河、塔河、呼玛等县至黑河市附近接纳左岸最长支流结雅河；南折，东经孙吴、逊克、嘉阴、萝北、绥滨等县（市），至同江市三江口接纳右岸最大支流松花江；再折向东北，流经抚远县至俄罗斯哈巴罗夫斯克市，与南来的支流乌苏里江汇合后进入俄罗斯境内，在克拉耶夫附近注入鄂霍次克海的鞑靼海峡。

以额尔古纳河为正源，黑龙江（阿穆尔河）从源头算起全长4370km，在中国境内（界河）长2965km，占全长的67.9%。中国境内流域面积为89万km^2，占流域面积的48%，年径流量$2720\times10^8m^3$。

依据河谷特征和水流条件，黑龙江（阿穆尔河）干流分上游、中游、下游三段。上游、中游江段位于中国东北边陲，下游全程在俄罗斯境内。

额尔古纳河与石勒喀河交汇处（黑龙江省漠河县以西的洛古河村）至结雅河口（黑龙江省黑河市）为上游。长905km，江面宽400～1000m，水深2m以上。这段河道多处在大兴安岭北麓、外兴安岭南麓的深山林区，两岸森林覆盖率70%以上，河岸峡谷、盆地相间，河床多滩石，江中岛屿较多。常年最高水温不超过20℃，封冰期长达181d，属典型山区性冷水水域。额尔古纳河为黑龙江正源河流。发源于中国大兴安岭西坡，流至黑龙江省漠河县以西的洛古河村，与黑龙江另一源河——石勒喀河（发源于蒙古北部肯特山东麓）汇合，长1542km。从中国满洲里附近的海拉尔河汇入口向下到与石勒喀河汇合处之间的额尔古纳河为中俄界河。

额尔古纳河的上源是哈拉哈河。源头起自中国大兴安岭西坡的达尔滨湖（内蒙古兴安盟境内），向下流至努木尔根河汇入口的135km上游河段，先后接纳苏呼河、古尔班河、阿尔善高勒河、阿尔山河等支流，并与努木尔根河汇合。两岸系山地、丘陵或草地，大部河段两岸有树木遮掩，不少河段有冷水泉眼，夏季河水温度12.9～16.0℃，为典型冷水河流。自努木尔根河口至贝尔湖的哈拉哈河中下游长185km，流经中蒙边境的丘陵草原。贝尔湖为中蒙界湖，面积约600km^2，系草原湖泊。贝尔湖向下通过乌尔逊河汇入达赉湖，再由新开河连通海拉尔河汇入额尔古纳河。主要支流有额木尔河、呼玛河（长524km，流域面积3.1万km^2）、法别拉河等。

中游自结雅河口（黑河市）至乌苏里江汇入处，长982km。河道穿行于山地、平原之中，在中国这一侧为小兴安岭山地和三江平原。河宽1500～2000m，水深2.5m以上。黑河市至嘉荫江段为平原、山区过渡性河道，流长399km，左岸是大片平原，河道弯曲多岛屿，河面宽800～1000m；嘉荫保兴山至兴东镇为峡谷段，河谷狭至600～700m，两岸陡峻，无滩地岛屿，水深流急；兴东镇至哈巴洛夫斯科河段，流长434km，基本流入三江平原，河谷宽广，水流平稳，松花江汇入后，河谷宽至10～11km，两岸低平，河道分叉呈网状交织，罗列着许多长满柳丛的沙滩和小岛。中游常年最高水温不超过22℃，封冰期达171d。主要支流有公别拉河、逊别拉河、库尔滨河、松花江、牡丹江、乌苏里江等。

松花江是黑龙江（阿穆尔河）最大的一级支流。目前，松花江的河源没有确定，这里采用“两源”说（梁贞堂，韩梅，2000）——北源嫩江和南源松花江。嫩江发源于大兴安岭北麓伊勒呼里山，由镇赉县丹岔乡进入吉林省；西流松花江发源于长白山主峰白头山，流至扶余县三岔河两源汇合。三岔河以下到汇入黑龙江（阿穆尔河）的河口为松花江干流。以北源计，松花江全长2317km，流域面积为5518万km^2，跨吉林省、黑龙江省和内蒙古自治区。上游流经地区多为山区、丘陵，中下游为丘陵和广阔平原。

松花江的主要支流有多布库尔河（长320km），甘河（长446km）、诺敏河（长466km）、阿伦河（长318km）、雅鲁河（长398km）、绰尔河（长573km）、洮北河、科洛河（长322km）、讷谟尔河（长569km）、呼兰河（长523km）、汤旺河（长590km）、蚂蚁河（长339km）、牡丹江（长725km）、倭肯河（长450km）。

乌苏里江是黑龙江（阿穆尔河）一级支流，有东西两源。东源发源于俄罗斯境内锡霍特山西侧，西源松阿察河发源于兴凯湖，两源汇合后，由南向北流，流经密山、虎林、饶河、抚远等县，至哈巴罗夫斯克从黑龙江（阿穆尔河）右岸汇入。从松阿察河口以下至黑龙江口长492km，为中俄两国边境河流。流域总面积19万km^2，其中在中国黑龙江省境内5.67万km^2。

乌苏里江在中国一侧（黑龙江省）境内流域面积大于或等于50km^2的河流有169条，其中面积50～300km^2的有133条，面积300～1000km^2的有24条，面积1000～5000 km^2的有8条，面积5000～10 000 km^2的有1条，面积大于10 000 km^2的有3条（包括乌苏里江干流）。主要支流有挠力河、穆棱河、七虎林河、独木河等。乌苏里江河口至入海口为下游，长934km，全程在俄罗斯境内。

黑龙江（阿穆尔河）及其数量众多的支流形成黑龙江、吉林两省大部分地区纵横交错的水网，造就星罗棋布的湖泊、水库群。主要湖泊有达赉湖（又称呼伦池、呼伦湖，面积约2100 km^2）、五大连池、镜泊湖（面积约100 km^2）、连环湖、茂兴湖及石人沟放养场、松花湖（又称丰满水库，面积约412.5 km^2）、大兴凯湖（中国一侧面积1080 km^2）、小兴凯湖等。

4.1.6 黄河

黄河全长约5464km，干流长度4675km，平均流量1774.57m^3/s，流域面积约79.5万km^2，是中国境内长度仅次于长江的河流，它发源于青海省巴颜喀拉山脉北麓的卡日曲。黄河流经青海、四川、甘肃、宁夏、内蒙古、山西、陕西、河南及山东9个省（自治区），最后流入渤海。

黄河流域界于32°N～42°N，96°E～119°E，南北相差10个纬度，东西跨越23个经度，集水面积79.5万多km^2。河源至河口落差4830m。黄河年径流量574亿m^3，平均径流深度77mm。汇集有35条主要支流，较大的支流在上游，有湟水、洮河；在中游有清水河、汾河、渭河、沁河；下游有伊河、洛河。下游两岸缺乏湖泊且河床较高，流入黄河的河流很少，因此黄河下游流域面积很小。渭河为黄河的最大支流。主要湖泊有扎陵湖、鄂陵湖、乌梁素海、东平湖。

内蒙古托克托县河口镇以上的黄河河段为黄河上游。上游河段全长3472km，流域面积38.6万km^2，流域面积占全流域面积的51.3%；上游河段总落差3496m，平均比降为1‰；河段汇入的较大支流（流域面积1000 km^2以上）43条，径流量占全河的54%；上游河段年来沙量只占全河年来沙量的8%，水多沙少，是黄河的清水来源。

内蒙古托克托县河口镇至河南孟津的黄河河段为黄河中游，河长1206km，流域面积34.4万km^2，占全流域面积的45.7%；中游河段总落差890m，平均比降0.74‰；河段内汇入较大支流30条；区间增加的水量占黄河水量的42.5%，增加沙量占全黄河沙量的92%，为黄河泥沙的主要来源。

河南孟津以下的黄河河段为黄河下游，河长786km，流域面积仅2.2万km^2，占全流域面积的3%；下游河段总落差93.6m，平均比降0.12‰；区间增加的水量占黄河水量的3.5%。由于黄河泥沙量大，下游河段长期淤积形成举世闻名的“地上悬河”，黄河约束在大堤内成为海河流域与淮河流域的分水岭。除大汶河由东平湖汇入外，该河段无较大支流汇入。

刘家峡水库位于甘肃省永靖县境内，平均海拔2000m，属大陆性干旱半干旱气候，多年平均降水量187.3mm，年均气温10.3℃，全年无霜期179d。水库1974年全部建成，平均深度26.00m，最大深度78.00m，蓄水容量57亿m^3，水域面积130多平方千米。

兰州市平均海拔1520m，属中温带大陆性气候，冬无严寒、夏无酷暑，气候温和，多年平均降水量327mm，年均气温11.2℃，无霜期180d以上。

下河沿位于宁夏中卫市境内，境内海拔1100~2955m。中卫市靠近沙漠，属半干旱气候，具有典型的大陆性季风气候和沙漠气候的特点。年均气温8.8℃，多年平均降水量179.6mm，年蒸发量1829.6mm，为降水量的10.2倍。降水量主要集中在6~8月，占全年降水量的60%。全年无霜期平均167d。

青铜峡水库位于宁夏回族自治区青铜峡市。境内平均海拔1140m。地处东部季风区与西部干旱区的交汇地带，属中温带大陆性气候，冬无严寒，夏无酷暑，四季分明，昼夜温差大。多年平均降水量260.7mm，年均气温9.2℃，全年无霜期平均176d。水库1968年建成，水库正常蓄水位1156m，相应设计库容6.06亿m^3，水库面积113 km^2。

石嘴山位于宁夏回族自治区北部，平均海拔1080m。属大陆性气候，多年平均降水量193mm，年平均蒸发量2100mm左右，年均气温8℃。

巴彦高勒水文站位于内蒙古自治区巴彦淖尔盟磴口县，磴口县地貌明显分为3个部分，东北部为河套平原，地势平坦，海拔1950m左右；西北部为狼山山地，最高海拔2046m；其余地区是沙漠、半沙漠。属中温带大陆性季风气候。年降水量148.6mm，年平均气温7.4℃，无霜期130d。

三湖河口水文站位于内蒙古乌拉特前旗，属典型的温带大陆性气候，冬长夏短，四季分明，雨热同季，光热资源丰富，昼夜温差大。年降水量200~250mm，年平均气温6~7℃，无霜期100~145d。

头道拐水文站位于内蒙古呼和浩特市托克托县，属半干旱大陆季风气候，四季分明，日照充足，年降水量362mm，年均气温7.3℃。

府谷县位于陕西省最北端，属中温带半干旱大陆性季风气候。年降水量439.5mm，年均气温9.1℃，无霜期170d左右。

吴堡县位于陕西省东北部，榆林市东南部，黄河中游之西滨，与山西省隔河相望。属大陆性气候，气候寒冷，年降水量475mm，多集中在夏秋季，干旱频繁，春旱严重。年均气温11.3℃，无霜期170~190d。

龙门水文站位于陕西省韩城市，属暖温带半干旱大陆性季风气候，四季分明，光照充足，年降水量559.7mm，年平均气温在13.5℃以上，极端最高气温42.6℃，最低气温-14.8℃。

三门峡水库位于河南三门峡市。三门峡市四季分明，年降水量550～800mm，坝区平均气温13.9℃，春秋短而冬夏长，春季干燥多风，夏季炎热多雨水，秋季温和湿润，冬季雨雪少且冷，光、热和水量集中。三门峡水库是黄河上第一个大型水利枢纽工程，1960年9月建成蓄水。

小浪底水库位于河南省孟津县，地处豫西丘陵地区，属亚热带和温带的过渡地带，季风环流影响明显，春季多风常干旱，夏季炎热雨充沛，秋高气爽日照长，冬季寒冷雨雪稀。年降水量650.2mm。平均气温13.7℃，1月最冷，平均气温-0.5℃，7月最热，平均气温26.2℃。小浪底水库总库容126.5亿m^3，长期有效库容51亿m^3，防洪库容40.5亿m^3，坝281m，正常蓄水位275m，坝顶长1667m，最大坝高154m，坝型为黏土斜心墙堆石坝。按小浪底水库泥沙运用的设计思想，小浪底水库泥沙运用遵循的主要原则是：①拦粗排细，且初期以拦沙运用为主；②采用蓄清排浑运用方式，利用水库75.5亿m^3的拦沙库容和10.5亿m^3的调水调沙库容，在50年运用期内相当于约25年内下游河床不再抬升。主要效益为：防洪——下游防洪标准由60年一遇提高到千年一遇；防凌——基本解除黄河下游凌汛威胁；减淤——水库调沙库容75.5亿m^3，可保证黄河下游河床20年不淤积；供水——每年可增加20亿m^3供水量；发电——装机6台180万KW，年平均发电量51亿KW·h。

花园口水文站位于河南省郑州市，属暖温带大陆性气候，四季分明。年降水量640.9mm，无霜期220d。年平均气温14.4℃，7月最热，平均气温27.3℃；1月最冷，平均气温0.2℃。

高村水文站位于山东省东明县，属北温带季风性大陆气候，一年四季气温差别明显。春天温和干燥，风多雨少；夏季炎热潮湿，雨多温高；秋季天高气爽，昼热夜凉；冬季寒冷多风，时降瑞雪。年降水量630mm左右，年平均气温13.7℃。

艾山水文站位于山东省东阿县，属温带季风大陆性气候，四季分明，年平均气温和降水量适中，无霜期较长，日照充足。年降水量563.3mm，年平均气温14.4℃，无霜期236d。

利津县属山东省东营市，地处温带季风气候区，虽临渤海，但大陆性强，属暖温带半湿润季风气候，四季分明，雨热同季，光照充足，气候温和。年均降水量544mm，年均气温12.4℃。

黄河河口区隶属于山东省东营市，位于山东省北部，渤海南岸，黄河入海口北侧。河口区气候属于暖温带半湿润季风气候区，年降水量554.60mm，年平均气温13.2℃，多年平均径流深57.2mm。

4.2 野外实地考察与样本采集

4.2.1 考察时间、考察范围

2006～2012年，水生生物专题共进行5次国外野外考察和5次中国北方野外考察，具体考察信息如下：

2006年7月22日～8月2日考察了俄罗斯境内色楞格河段（从俄蒙边境的纳乌斯

金附近到河口三角洲）和贝加尔湖东岸的 Chivirkyi 湾（53°39′N～53°45′N、109°00′E～109°01′E）（表 4-1）鱼类资源。色楞格河河口三角洲和 Chivirkyi 湾为重点采样区，大部分采样工作都在这两个地点进行。

表 4-1　2006 年色楞格河中下游与贝加尔湖考察路线

日期	采样点
7 月 22～25 日	色楞格河三角洲
7 月 26～27 日	色楞格河纳乌斯金附近
7 月 28 日	古稀湖和色楞格河甘祖列那附近
7 月 29 日	色楞格河乌兰乌德附近
7 月 30 日至 8 月 1 日	贝加尔湖 Chivirkyi 湾南部的曼那哈瓦（Monahov）
8 月 2 日	贝加尔湖 Chivirkyi 湾中北部的 Golyi 岛湖区

2008 年 7～8 月参加了俄罗斯-蒙古联合考察，考察重点为俄罗斯境内贝加尔湖、蒙古境内色楞格河和库苏古尔湖（图 4-1）。考察于 2008 年 7 月 28 日从伊尔库斯克出发，于 2008 年 8 月 19 日到达乌兰巴托结束考察，考察行程见表 4-2。

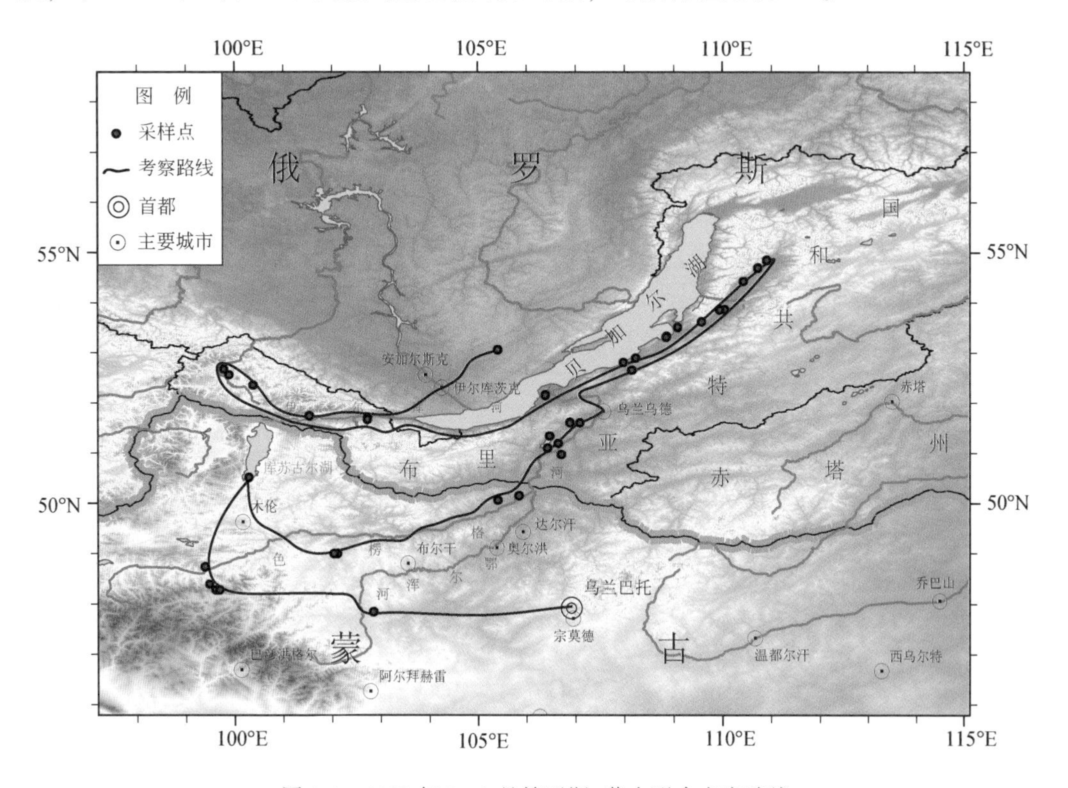

图 4-1　2008 年 7～8 月俄罗斯-蒙古联合考察路线

表 4-2　俄罗斯蒙古联合考察行程路线

时间	路线	地名	纬度	经度	高程/m
2008-07-29	通津地区阿尔善	某小河	51°40′2.9″N	102°34′59.7″E	904
		伊尔库特河	51°43′2.10″N	102°34′59.8″E	729
2008-07-30	通津地区阿尔善-奥卡地区奥利克	伊尔库特河上游	51°38′40.4″N	101°25′41.9″E	916
		伊尔库特河上游	51°38′40.4″N	101°25′41.9″E	1317
		Urunge-nur（湖）	51°40′2.13″N	102°34′59.11″E	1885
2008-07-31	奥卡地区奥利克	伊尔库特河	52°31′13.0″N	99°49′24.2″E	1366
		伊尔库特河	52°32′48.7″N	99°44′17.5″E	1374
2008-08-01	奥利克－伊斯托米诺	山脚处的小水塘	52°16′29.2″N	100°14′54.1″E	1520
2008-08-02	卡班斯克地区伊斯托米诺	贝加尔湖（近岸浅水处）	52°8′9.4″N	106°17′38.8″E	564
		离岸约 200m 处	52°8′9.4″N	106°17′38.8″E	564
2008-08-03	卡班斯克地区伊斯托米诺-巴尔古津地区马克西米哈	Irrilik（河）	52°8′8.2″N	106°17′39.6″E	605
		Khaim（河）	52°36′17.7″N	108°5′28.6″E	591
		贝加尔湖	52°53′2.8″N	108°6′48.5″E	561
2008-08-04	巴尔古津地区马克西米-巴尔古津地区乌伦奇克	流入贝加尔湖的小溪	53°17′13.4″N	108°48′22.3″E	527
		贝加尔湖边的沼泽			
		贝加尔湖	53°16′14.9″N	108°42′55.6″E	454
		Ust-Barguzin（河）	53°25′30.1″N	109°1′25.5″E	456
		Ust-Barguzin（河）	53°32′29.3″N	109°25′59.3″E	471
2008-08-05	巴尔古津地区巴尔古津-库鲁姆坎地区界内（乌伦奇克周边）	Ust-Barguzin（河）	53°49′13.7″N	109°55′49.5″E	501
		Ust-Barguzin（河）	53°32′30.3″N	109°25′59.9″E	501
		山间小溪	53°50′8.3″N	109°54′20.4″E	537
2008-08-06	巴尔古津地区乌伦奇克-库鲁姆坎地区乌伦汉	Barguzin 边的小池塘	54°19′36.9″N	110°20′39.6″E	491
		小溪	53°50′3.4″N	109°54′20.2″E	533
2008-08-07	库鲁姆坎地区乌伦汉－巴尔古津地区乌伦奇克	河流	54°36′32.2″N	110°41′17.4″E	571
		沼泽	54°43′46.7″N	110°54′4.7″E	565
2008-08-08	巴尔古津－乌兰乌德	小湖	52°47′8.1″N	107°59′2.4″E	462
2008-08-10	乌兰乌德－古西诺奥焦尔斯克	Orongoi（湖）	51°32′27.2″N	107°2′26″E	543
		Sagan-Nur（湖）	51°28′53″N	106°45′52.3″E	615
		Gusinoe（湖）	51°28′52.3″N	106°45′52.1″E	652
		流出 Gusinoe 的小河	51°16′23.8″N	106°22′39.5″E	562
2008-08-11	古西诺奥焦尔斯克-恰赫图	Bayan-Gol（小河）	51°2′22.8″N	106°22′24.4″E	548
		色楞格河	51°5′38.4″N	106°33′40.6″E	540
		Chikoi（色楞格河支流）	50°55′18.3″N	106°37′35.4″E	557
2008-08-13	蒙古色楞格盟查干诺尔附近色楞格河边-布尔干盟布尔干	色楞格河	50°6′20.2″N	105°47′25.7″E	629
		沼泽	50°2′9.4″N	105°22′20.1″E	701
		色楞格河	53°2′9.3″N	105°22′20.5″E	750

续表

时间	路线	地名	纬度	经度	高程/m
2008-08-14	蒙古布尔干盟布尔干-库苏古尔盟木伦	Khanvi River			1252
		Sharga Lake	48°55′31.2″N	101°59′44.1″E	1284
2008-08-15	蒙古库苏古尔盟木伦-库苏古尔湖（Huvsugul-hangard）	小湖	48°55′30.9″N	101°55′44.4″E	1678
		库苏古尔湖	50°30′6.7″N	100°9′52.2″E	1638
2008-08-17	蒙古库苏古尔盟扎尔嘎朗特-后杭爱盟车车尔勒格	Ider River	48°35′55.3″N	99°20′22.3″E	1560
		小溪	48°18′30.6″N	99°23′35.8″E	2093
		Terkhiin Tsasaan（湖）	48°9′42.5″N	99°33′22.5″E	2031
		入湖河流	48°9′42.6″N	99°38′22.6″E	2202
2008-08-18	后杭爱盟车车尔勒格-后杭爱盟与布尔干盟之间的 ogi 湖	Ogii nuur（湖）	47°45′32.9″N	102°43′49″E	1378

2008 年 8 月 20 日至 9 月 3 日，对额尔古纳河流域进行了考察，范围包括伊敏河（樟子松）、乌尔逊河（乌兰诺尔）、乌兰泡（湖泊）（乌兰诺尔）、呼伦湖（拴马桩、扎赉诺尔）、新开河（扎赉诺尔）、二卡湿地、根河（额尔古纳市）、哈乌尔河（恩和），调查样点见图 4-2。

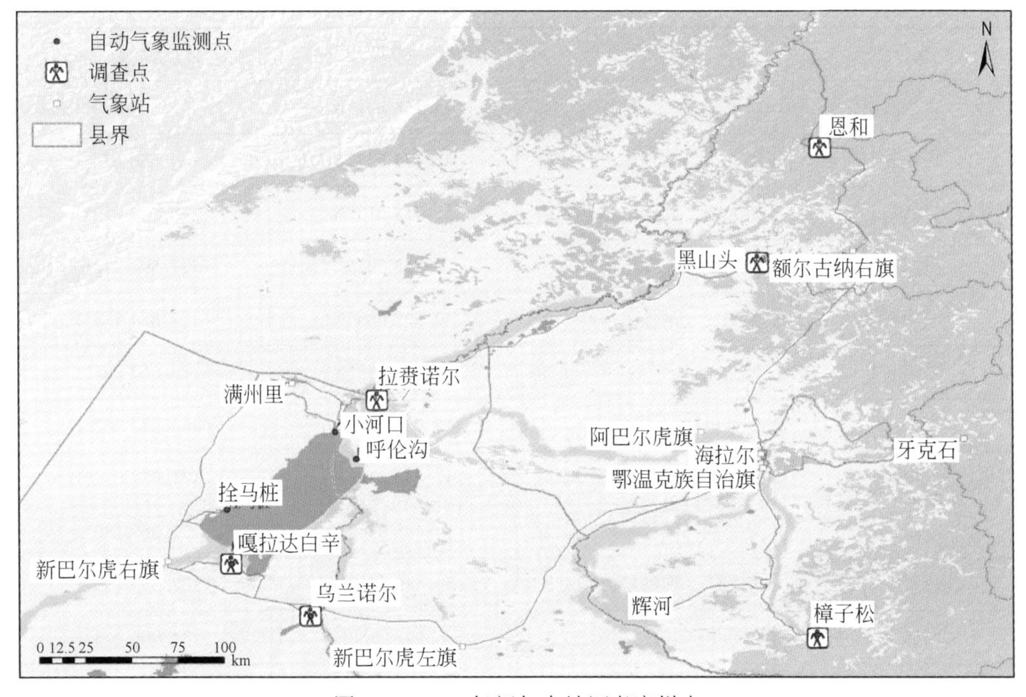

图 4-2　2008 年额尔古纳河考察样点

2009 年 7 月 31 日至 8 月 16 日考察了俄罗斯勒拿河流域水生生物，重点考察了勒拿河三角洲、日甘斯克和雅库茨克。总计在俄罗斯境内考察 17 天。

2009 年 9～10 月及 2010 年 5～6 月调查了中国境内绥芬河鱼类资源。在绥芬河干、支流共设 7 个采样点（表 4-3）。

表 4-3 绥芬河流域采样点的生境特点

采样点	生境描述		海拔/m	名称
干流采样点	东宁	河谷平原带，泥石底质，附近有小型拦河坝，且有采石挖沙现象	100	绥芬河
支流采样点	罗子沟	山区溪流，泥土底质，污浊	400	大绥芬河
	老黑山	山区溪流，泥石底质，水流急	800	大绥芬河
	双桥子	山区溪流，保护区内，卵石底质，水清澈见底	950	小绥芬河
	绥阳	山区溪流，河道穿过城镇，岸边有生活垃圾，污浊	750	小绥芬河
	新立	山区溪流，河岸草木茂盛，泥石底质	250	瑚布图河
	亮子川	山区溪流，河岸草木茂盛，卵石底质	650	瑚布图河

2010 年 8 月 2 ~ 25 日，考察了俄罗斯阿穆尔河流域底栖动物，共采集大型无脊椎动物 37 种，其中环节动物 6 种、软体动物 8 种、节肢动物 23 种，采集或保存标本 12 瓶，个体数 3400 头。

2011 年 6 月 13 日至 7 月 13 日对黑龙江流域鱼类进行调查，范围覆盖黑龙江（阿穆尔河）干流及其较大支流和湖泊。在不同流段选取 13 个样点，样点信息见表 4-4。

表 4-4 各采样点地理位置

采样点	所属水系	纬度	经度
大兴凯湖	乌苏里江	45. 268 601°N	132. 127 932°E
抚远县	黑龙江（阿穆尔河）中游	48. 174 527°N	134. 656 673°E
根河	黑龙江（阿穆尔河）上游	50. 318 613°N	119. 429 053°E
黑河	黑龙江（阿穆尔河）上游	50. 213 597°N	127. 591 212°E
黑山头镇	黑龙江（阿穆尔河）上游	49. 507 066°N	117. 854 133°E
呼玛县	黑龙江（阿穆尔河）上游	51. 726 552°N	126. 667 994°E
虎头村	乌苏里江	45. 986 037°N	133. 673 157°E
名山村	黑龙江（阿穆尔河）中游	47. 682 036°N	131. 077 077°E
漠河乡	黑龙江（阿穆尔河）上游	53. 485 636°N	122. 359 180°E
漠河乡	黑龙江（阿穆尔河）上游	53. 485 636°N	122. 359 180°E
西林子乡	乌苏里江	46. 947 018°N	134. 066 948°E
抓吉村	乌苏里江	48. 373 330°N	134. 349 842°E

2009 年 4 ~ 6 月和 9 ~ 10 月对黄河干流水生生物进行了调查。春季调查的有刘家峡水库、兰州、青铜峡水库、青铜峡水库坝下、石嘴山、蹬口、三湖河口、头道拐、吴堡、三门峡水库、三门峡水库坝下、花园口、高村和利津等 14 个河段（包括 3 个水库）。秋季在春季调查的基础上增加了下河沿、府谷、龙门、小浪底水库、小浪底水库

坝下、艾山和黄河口等 7 个河段（包括 1 个水库）（图 4-3、图 4-4）。

两次合计调查了 17 个干流河段和 4 个水库，调查河流跨度全长约 3800km。考虑到采集的生物数据将来要和水文条件进行耦合，所以采样河段的设置基本上是按照水文站的分布设置的。

在每个采样河段（水文站）的上中下游分别设置 3 个断面，每个断面均采集水样，

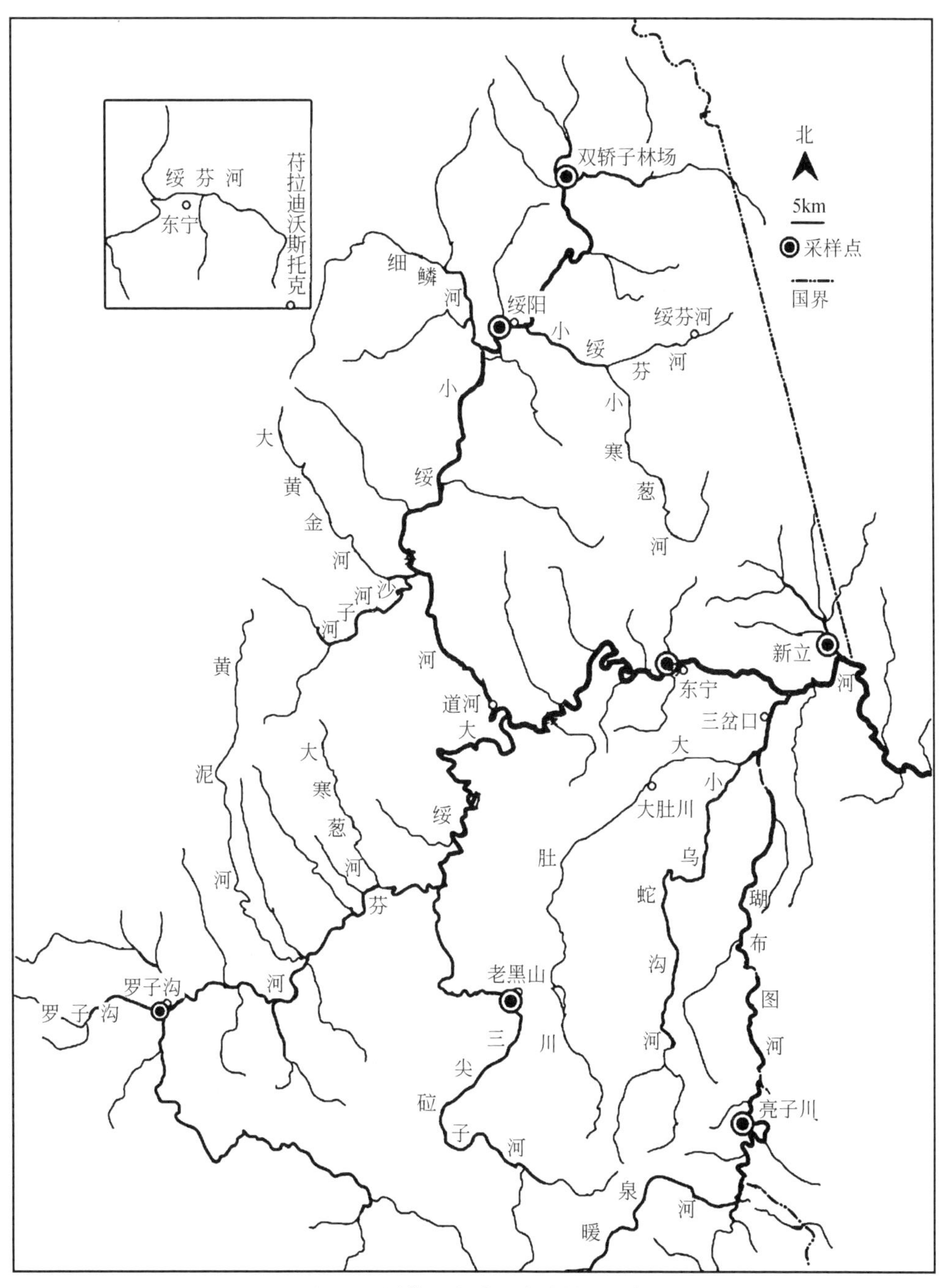

图 4-3　绥芬河流域鱼类采样点分布

进行水质分析；底栖动物每个断面设定量采样点2～3个；高等植物调查根据实际情况而定，一般每个断面设置1～9个定量样区；鱼类每个河段设点1～3个。在定量采集的同时，选择不同生境类型采集各生物类群定性样品。

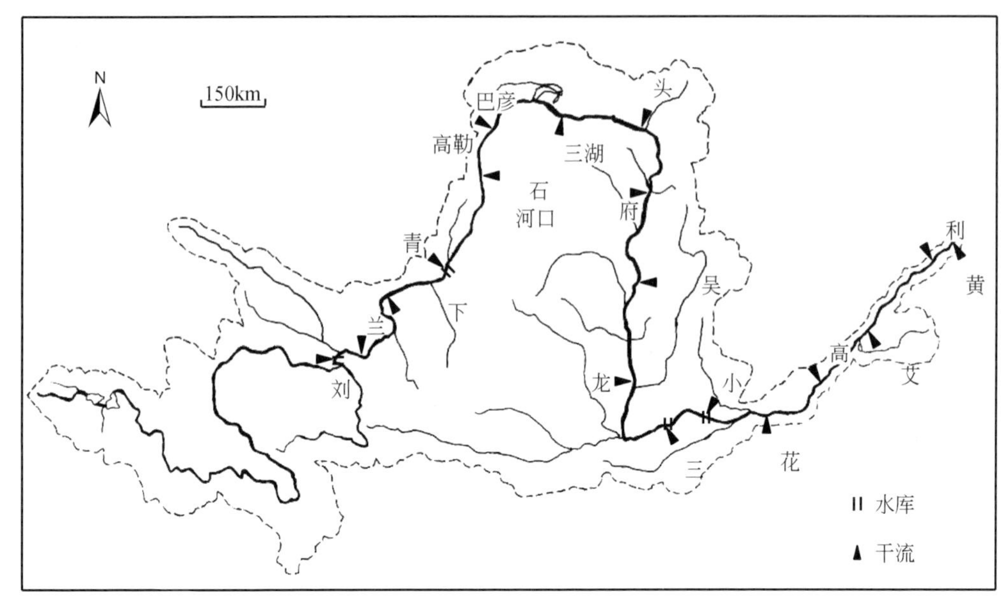

图4-4　黄河干流样点分布

2011年8～9月对黄河小浪底至利津河段大型无脊椎动物野外调查，采样区域包括黄河干流、小浪底水库以及东平湖三个区域，采样点共设置42个。

2012年8月3～20日对俄罗斯贝加尔湖地区及阿尔泰地区鱼类进行了野外考察。本次考察共设置样点6个（表4-5）。其中，贝加尔湖地区设置样点4个，阿尔泰地区设置样点2个。采样工具主要为抄网、地笼及撒网。

Istomino工作站和Dukhovoe湖采集生境为湖泊静水区域，近岸水草茂密。巴尔古金河口采集生境为河流近岸区域，水草较多。Maksimikha、Katun河和Cema河采样点为河流流水生境，沉水植物较少。

此外，水鸟专题2009～2011年对中国北方重要湿地青海湖、陕西黄河湿地、内蒙古辉河保护区、内蒙古达赉湖、辽宁丹东水鸟的分布进行了实际调查和观鸟记录。

表4-5　2012年俄罗斯贝加尔湖、阿尔泰考察样点

地区	采样点	纬度	经度	海拔/m
贝加尔湖地区	Istomino工作站	52°08′01″N	106°18′58″E	497
	巴尔古金河口	53°25′30″N	109°01′24″E	461
	Dukhovoe湖	53°16′49″N	108°50′37″E	530
	Maksimikha	53°15.709′N	108°44.457′E	463
阿尔泰地区	Katun河	51°13′17″N	86°05′27″E	450
	Cema河	51°13′17″N	86°05′27″E	380

4.2.2　考察内容

考察包括样点地理信息和水体环境数据采集，鱼类标本、DNA 样品和生物学样品采集，浮游植物采集，大型底栖动物采集和生物量分析等。

4.2.3　考察方法

4.2.3.1　水体理化参数

调查项目包括水深、透明度、水温、气温、pH、电导率、溶解氧、底质类型。采集地用 GPS 测定经纬度和高程。河道宽度用 ELITE 1500 激光测距仪测定，深度用 DW2004-3 型超声波测深仪测定。透明度的测量工具为 Secchi 盘；流速用 LS 1206B 型旋桨式流速仪测定。水质分析采用便携式水质分析仪（HACH-HQ30d）。TN 的测定用碱性过硫酸钾消解紫外分光光度法（GB11894-89）。TP 的测定用钼酸铵分光光度计法（GB11893–89）。浮游藻类 Chla 的测定用丙酮萃取分光光度法。其中，分光光度计用尤尼科 WFZ UV-2000 型紫外可见分光光度计。

4.2.3.2　浮游植物

浮游藻类的定性样品用 10μm 孔径浮游生物网；定量样品为 2L 的采水器，1L 过滤测定叶绿素 a、1L 鲁哥氏固定液固定，沉淀浓缩计数；底栖藻类的定性样品直接用镊子和小刀刮取，定量样品在单位面积硬基质上用硬毛刷刷取。

4.2.3.3　大型底栖动物

用采泥器、抄网、水生昆虫网等工具在所选站点及江岸边定性、定量采集标本。定量样品用加重的彼得生采泥器（采集面积 $1/16m^2$）和横式采样器（采集体积 1L）采集。采集的沉积物样品经孔径为 420μm 的铜筛筛洗后，置于解剖盘中将动物捡出，个体较小的底栖动物用湿漏斗法分离。捡出的动物用 10% 的福尔马林固定，然后进行种类鉴定、计数，部分样品现场用解剖镜及显微镜进行活体观察。湿重的测定方法是：先用滤纸吸干水分，然后在电子天平（量程 220g，精度 0.0001g）上称重。定性样品用采泥器、抄网、手捡等方法采集。标本鉴定时寡毛类和软体动物一般到种，水生昆虫一般到属或科。

4.2.3.4　鱼类调查与生物学分析

鱼类的调查以野外实地调查为主，结合资料收集和访问。在野外实地调查时，采用刺网、撒网、抄网对不同生境进行渔获捕捞；调查走访当地渔民、垂钓者；从渔民、垂钓者或鱼市上购买鱼类标本；同时收集当地水产、渔政部门逐年统计的渔业捕捞数据和放养数量及种类。渔获物进行分类和鉴定物种。标本进行常规生物学测量，包括体长（精确到 0.1mm）、体重、性别和性腺发育情况。对每尾鱼类标本取少量鳍条或肌肉保存于无水乙醇中作为 DNA 样品，标本用 10% 的福尔马林固定保存于中国科学院水生生物研究所淡水鱼类博物馆。

4.2.4 样本与数据收获

4.2.4.1 贝加尔湖-色楞格河

(1) 基本环境参数

贝加尔湖-色楞格河流域总计测量水体环境和样点信息数据44组，包括水温、电导率、溶解氧、经纬度及海拔（附表1）。

2006年调查期间（7月下旬），色楞格河三角洲Istomino平均水深1.28m，平均透明度0.87m，在大部分采样点透明度见底。Chivirkyi湾平均水深2.66m，平均透明度2.60m，在大部分采样点透明度见底。两个样区气温22～24℃，水温20～22℃，pH 6.0～6.4。色楞格河三角洲Istomino底质以沙泥为主，Chivirkyi湾底质以淤泥为主。绝大部分水体水质优良。

2008年俄蒙考察各样点水体环境测量值见附表1。从各样点测量的水体环境值来看，湖泊的电导率要高于河流的电导率。河流的平均电导率为185.0μS/cm（28个点），湖泊的平均电导率为709.9 μS/cm（14个点），沼泽的平均电导率是443.8 μS/cm（3个点），总的平均电导率是364.9 μS/cm（45个点）。绝大多数水体具有较高溶解氧。水中溶解氧的多少是衡量水体自净能力的一个指标，它跟空气里氧的分压、大气压、水温和水质有密切的关系。2008年样点中，除两处沼泽的溶解氧很低（沼泽的腐殖质较多，耗氧严重）、Bayan-Gol（小河）的溶解氧较低（藻类很多，富营养化）外，其余水体的溶解氧都在7 mg/L以上，最高值达14.09mg/L，平均值9.52 mg/L。即使在贝加尔湖最大深度处，氧饱和度70%～80%时的电导率也很低，反映了大部分水体水质优良。在贝加尔湖流域，色楞格河流域以及库苏古尔湖地区的人口稀少，森林、草原等植被完好。完好的植被是水流的天然过滤器，水化学数据可以反映这一情况。

(2) 浮游植物

2008年在俄罗斯采集藻类标本78号，分离活体藻种20号；蒙古采集藻类标本24号，分离活体藻种5号。全部标本以甲醛固定，保存在中国科学院水生生物研究所淡水藻类标本室。样品信息见附表2。

(3) 大型无脊椎动物

共采集到大型无脊椎动物97种。其中，环节动物17种，软体动物15种，节肢动物65种。采集或保存标本43瓶，个体数11 700头。

(4) 鱼类

贝加尔湖-色楞格河流域3次调查共采集标本551尾，DNA样品965号，各样点样品采集信息见附表3。

4.2.4.2　俄罗斯勒拿河和阿穆尔河

(1) 样品收获

勒拿河本次共采集到鱼类标本4目、5科、8种、103尾，DNA样品103号，年龄材料41份，藻类标本49份，大型底栖动物标本4份。鱼类标本由于流刺网捕获标本个体较大（体长大于300mm），考虑无法通过海关，仅保留DNA、年龄样品以及生物学数据。撒网捕获个体较小，全部用酒精或甲醛固定后带回国内，保存于中国科学院水生生物研究所水生生物博物馆。鱼类和大型底栖动物样本采集情况见表4-6，藻类标本采集信息见附表2。

表4-6　2009年勒拿河鱼类和大型底栖动物样品采集情况

日期	2009-08-05	2009-08-06	2009-08-10	2009-08-13	2009-08-14
考察点	勒拿河三角洲	三角洲 Titary 岛	季可西	日干斯科	日干斯科
生境类型	河流	湖泊、河流	湖泊、水塘	河流	沼泽
考察内容	鱼类	鱼类	底栖动物	鱼类	底栖动物
采样工具	流刺网	刺网　撒网、流刺网	D型网	撒网	D型网
采集数量	5尾	36尾	4份	59尾	3份

俄罗斯阿穆尔河流域共采集大型无脊椎动物37种。其中，环节动物6种，软体动物8种，节肢动物23种。采集或保存标本12瓶，个体数3400头。

(2) 采集鱼类生物学特征

西伯利亚鲟（*Acipenser baeri hatys*）（附图1-1），2尾。鲟形目（Acipenseriformes）、鲟科（Acipenseridae）鲟属（*Acipenser*）。

体长纺锤形，向尾部延伸变细，体被5行骨板，板行间分布着许多小骨板和微小颗粒，幼鱼骨板尖利，成鱼骨板磨损变钝。全长为头长的3.7~6.1倍，体长为体高的6.0~11.1倍。背鳍条不分枝。勒拿河主要干流均有分布。

高白鲑（*Coregonus peled*），6尾；秋白鲑（*Coregonus autumnalis*），19尾；欧白鲑（*Coregonus albula*），2尾；西伯利亚白鲑（*Coregonus lavaretus pidschian*）（附图1-2~附图1-5），5尾。均属于鲑形目（Salmoniformes）白鲑科（Coregonidae）白鲑属（*Coregonus*）。

白斑狗鱼（*Esox lucius*）（附图1-6），1尾。狗鱼目（Esociformes）、狗鱼科（Esocidae）、狗鱼属（*Esox*）。

体延长稍侧扁，尾柄短，吻长而扁平，似鸭嘴状。前颌骨、下颌骨、犁骨、腭骨与舌上有强大尖齿。鳃弓具锋利的齿。眼大。口阔，吻长为头长的1/2。背鳍远离尾部；臀鳍位于背鳍下方，其起点略后于背鳍；胸鳍腹位，其基部位于鳃孔下方；腹鳍位低，一对腹鳍呈圆形，如桨状；尾鳍叉形。背鳍不分枝鳍条6~8根，分枝鳍条17~25根；臀鳍不分枝鳍条4~7根，分枝鳍条10~22根。脊椎骨57~65枚。背侧黄褐，有黑色细纵纹。体侧有许多淡蓝色斑或白色斑，腹部白色，鳍黄而微红，奇鳍具黑斑。

鲈（河鲈）（*Perca fluviatilis*），16尾。鲈形目（Perciformes）、河鲈科（Percidae）

鲈属（*Perca*）。

体侧扁，长椭圆形，尾柄较细。头小，吻钝，口端位。下颌比上颌稍长，上颌骨后端达眼的下方，上下颌及口盖骨上均有细齿。前鳃盖骨后缘有许多小锯齿，后鳃盖骨后缘有1根刺。两背鳍略分离，第1背鳍为8～16根硬刺，其中第4根最长；第2背鳍为3根硬刺和13根分枝鳍条，以第1、2根鳍条最长。胸鳍侧位而较低，腹鳍胸位，尾鳍浅叉形，两叶末端圆。体为棕褐色，有7～9条黑色横斑，腹部白色；背鳍浅灰黄色，第1背鳍后部有1个大黑斑；胸鳍浅黄色；臀鳍、腹鳍及尾鳍为橘黄色。

雅罗鱼（*Leuciscus leuciscus*）,52尾。鲤形目（Cypriniformes）鲤科（Cyprinidae）雅罗鱼属（*Leuciscus*）。

口端位，口裂倾斜，上颌较下颌稍突出；体长而侧扁，腹部圆；吻长稍大于或等于眼径，头长小于体高；咽齿2行，无须；侧线完全，尾鳍深叉，上下叶末端尖；栖息月江河、湖泊中，喜集群；杂食性；常见个体长150～200mm，重50～160g；每年4～5月间溯河产卵。

4.2.4.3 额尔古纳河鱼类调查

（1）渔获物组成

调查共采集标本561尾，其中小型鱼类506尾，占绝大多数，各种类标本的数量所占比例见图4-5。

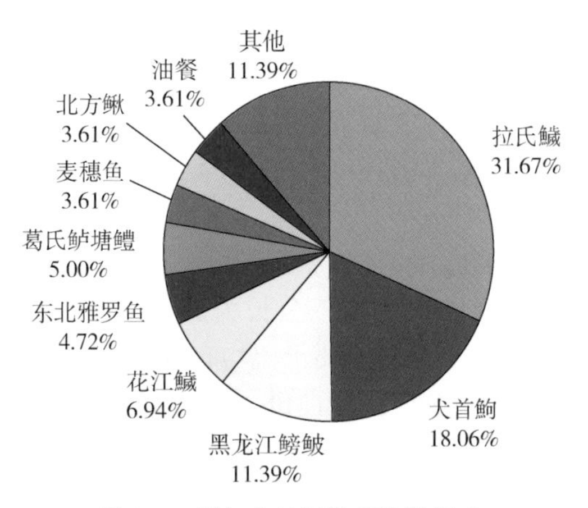

图4-5　额尔古纳河渔获物数组成

具有重要经济价值的野生鱼类约有十余种，如鲤、银鲫、草鱼、鲇、红鳍原鲌、黑斑狗鱼、东北雅罗鱼、蒙古鲌、翘嘴鲌、油餐、麦穗鱼、细鳞鲑、哲罗鲑等。当地已开展鲤、银鲫、鲇等种类的人工养殖，并引入草鱼、鲢、鳙、团头鲂等养殖种类。外来鱼类在额尔古纳河流域有少量自然分布，但未成为主要野生经济鱼类。细鳞鲑、哲罗鲑等为季节性渔获物，夏季难以见到，而且产量明显下降；鲤、银鲫、红鳍原鲌等种类由于人工投放苗种，产量保持较高且稳定；据渔业部门介绍黑斑狗鱼、东北雅罗鱼、蒙古鲌、翘嘴鲌、油餐等种类，产量逐年减少，有小型化趋势；麦穗鱼是乌兰泡唯一产量大且稳定的小型鱼类，日产可达500kg。

各采样点的渔获物具体情况如下：

红花尔基伊敏河：采集种类有洛氏鱥、犬首鮈、葛氏鲈塘鳢、黑龙江鳑鲏、麦穗鱼、真鱥、北方花鳅、黑龙江泥鳅、江鳕、细鳞鲑共10种；访问渔民并观察到鲇、银鲫、鲤、东北雅罗鱼、哲罗鲑等5种鱼类。

乌兰诺尔乌尔逊河：由于调查前断流，水位太低，靠近乌兰泡入水口才有鱼，采集种类有葛氏鲈塘鳢、鲤的小个体2种；观察到麦穗鱼、银鲫、东北雅罗鱼等3种鱼类。

乌兰诺尔乌兰泡：采集种类有麦穗鱼、葛氏鲈塘鳢、黑龙江鳑鲏、北方花鳅、黑龙江泥鳅、银鲫、鲤、东北雅罗鱼、大鳍鱊、棒花鱼、泥鳅、红鳍原鲌、兴凯银鮈等13种鱼类。

呼伦湖拴马桩：采集种类有鲤、东北雅罗鱼、红鳍原鲌、鲇4种；访问渔民并观察到麦穗鱼、黑斑狗鱼、银鲫、䱗等4种鱼类。

呼伦湖小河口：访问渔民并观察到东北雅罗鱼、麦穗鱼、黑斑狗鱼、银鲫、鲤、红鳍原鲌、鲇、䱗等8种鱼类。

小河口新开河：采集种类有䱗、棒花鮈、兴凯银鮈、蛇鮈4种，访问渔民并观察到高体鮈、东北雅罗鱼、麦穗鱼、黑斑狗鱼、银鲫、鲤、红鳍原鲌、鲇等8种鱼类。

二卡湿地：采集种类有葛氏鲈塘鳢1种；访问渔民并观察到麦穗鱼、银鲫、鲤等3种鱼类。

额尔古纳市根河：采集种类有黑龙江鳑鲏、真鱥2种；访问渔民并观察到东北雅罗鱼、麦穗鱼、犬首鮈、高体鮈、黑斑狗鱼、银鲫、鲤、鲇、䱗、兴凯银鮈、蛇鮈、北方花鳅、黑龙江花鳅、江鳕、细鳞鲑、哲罗鲑、葛氏鲈塘鳢等17种鱼类。

恩和哈乌尔河：采集种类有花江鱥、葛氏鲈塘鳢2种；访问渔民并观察到东北雅罗鱼、银鲫、鲤、麦穗鱼、黑斑狗鱼、江鳕、细鳞鲑、哲罗鲑等8种鱼类。

（2）新记录种类

文献记录额尔古纳河流域共计有鱼类40种，其中有养殖种类7种，外来引入鱼类4种。本次调查记录36种。文献记载有分布的7种［拟赤梢鱼（*Pseudaspius leptocephalus*）、银鮈（*Squalidus argentatus*）、条纹似白鮈（*Paraleucogobio strigatus*）、黑鳍鳈（*Sarcocheilichthys nigripinnis*）、细体鮈（*Gobio tenuicorpus*）、突吻鮈（*Rostrogobio amurensis*）、九棘刺鱼（*Pungitius sinensis*）］未采集到标本。新记录分布的种类有棒花鮈、黑龙江泥鳅、葛氏鲈塘鳢、棒花鱼4种，皆为自然分布。下面简单记述这几种鱼类的形态特征与生态习性。

棒花鱼（*Abbottina rivularis*），隶属于鲤形目鲤科鮈亚科棒花鱼属，采集于乌兰泡。形态特征与其他棒花鱼属鱼类的不同在于其下唇中叶为1对椭圆形突起，上下颌无角质缘，臀鳍分枝鳍条5根，胸部裸露区仅限于胸鳍基之前。小型鱼类，生活在静水或流水的底层。主食无脊椎动物。4～5月繁殖，在沙底掘坑为巢，产卵其中，雄鱼有筑巢和护巢的习性。生殖时期雄鱼胸鳍及头部均有珠星，各鳍延长。

棒花鮈（*Gobio rivuloides*），隶属于鲤形目鲤科，鮈亚科，鮈属，采集于小河口。形态特征与其他鮈属鱼类的不同在于其须长，伸达眼后缘下方；胸部裸露区向后扩展至胸、腹鳍之间；肛门位于腹鳍基部到臀鳍起点的中点；体侧中轴及背部中线各有9～13个长形黑斑。为中下层小型鱼类，喜栖于沙石底质的缓流浅水处。杂食性，摄食摇蚊幼虫等水生昆虫幼虫，也摄食硅藻、绿藻、蓝藻等藻类与浮游动物。2～3龄性成熟，产卵期为5～6月。

黑龙江泥鳅（*Misgurnus mohoity*），隶属于鲤形目鳅科花鳅亚科泥鳅属，采集于乌兰泡。形态特征与其他泥鳅属鱼类的不同在于其吻端至背鳍起点的距离为体长的62%～65%；腹鳍起点与背鳍起点相对。底层小型鱼类，多生活于砂质或淤泥底质的静水缓流水体。主要食物为昆虫幼虫、寡毛类、甲壳动物，也食藻类和植物碎屑。适应性较强，在缺氧时可进行肠呼吸。产卵期在6月，卵黏性，黏附于植物上。

葛氏鲈塘鳢（*Perccottus glehni*），隶属于鲈形目塘鳢科鲈塘鳢属，采集于红花尔基、乌尔逊河、二卡、额尔古纳市、恩和。形态特征与其他塘鳢科鱼类的不同在于其体粗壮，头平扁；左右腹鳍分离，不愈合；犁骨具齿，且仅在犁骨前部；眼突出，上眶骨突出形成骨嵴。中小型鱼类，喜栖息于江河湖泊水草丛生的河湾和静水处。活动性不强，不远游；耐缺氧耐冻，在极度缺氧甚至结冰的条件下也能生存。以昆虫幼虫、甲壳虫幼虫和小虾为食，较大个体也食幼鱼。一般2龄鱼始性成熟，产卵期在6～7月。卵黏附于水生植物上，排列整齐。雄鱼有护卵的习性，孵出2天后的稚鱼即主动索食。

4.2.4.4 绥芬河鱼类调查

(1) 渔获物组成

2009年9～10月及2010年5～6月两次调查共采集标本3000余尾。

这两个属的鱼类成为主要渔获对象，而在非繁殖季节，两属鱼类数量极为少见。除三块鱼属和大麻哈鱼属的种类外，雅罗鱼亚科和鮈亚科的小型鱼类是绥芬河主要渔获对象，干支流各样点均达到总渔获物的60%以上。其中，拉氏鱥、湖鱥和高体鮈在所有渔获物中的比重分别达到17.60%、11.39%和10.02%（表4-7）。此外，在不同的采样点，渔获物组成也有所不同（图4-6）。新立有较多鲤和鲫存在，可达到渔获物总量的25.66%和18.04%；双桥子林场鲫的渔获量也占到总量的19.1%。

(2) 体重体长分布

绥芬河干支流7个采样点主要渔获物个体的体长和体重情况见表4-8。最大体长见于泥鳅，达172mm；最大体重见于高体鮈，有36.75g。平均体长超过100mm的是泥鳅，平均体重超过10 g的只有大头鮈和泥鳅。

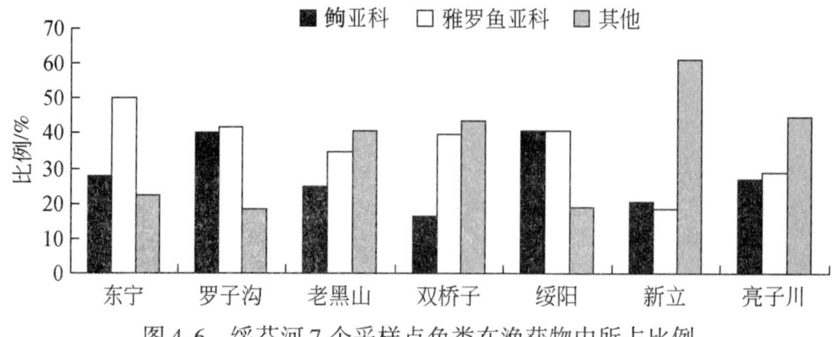

图4-6 绥芬河7个采样点鱼类在渔获物中所占比例

表 4-7 绥芬河渔获物统计

采样点	渔获物种类与重量/g												
	拉氏鱥(*P. lagowskii*)	湖鱥(*P. percnurus*)	高体鮈(*G. soldatovi*)	花江鱥(*P. czekanowskii*)	泥鳅(*M. anguillicaudatus*)	犬首鮈(*G. cynocephalus*)	大头鮈(*G. macrocephalus*)	北方须鳅(*N. nudus*)	黑龙江鳑鲏(*R. sericeus*)	棒花鱼(*A. rivularis*)	鲫(*C. auratus gibelio*)	黄河鲤(*C. carpio*)	其他
东宁	9 289 (17.70)	6 087 (11.60)	4 069 (7.75)	6 035 (11.50)	5 354 (10.20)	3 006 (5.73)	2 939 (5.60)	2 572 (4.90)	2 414 (4.60)	2 424 (4.62)	125 (0.24)	0	8 166 (15.56)
罗子沟	490 (16.49)	478 (16.08)	701 (23.59)	0	0	262 (8.82)	56 (1.88)	464 (15.61)	294 (9.89)	39 (1.31)	0	0	188 (6.33)
老黑山	1 239 (17.20)	785 (10.90)	1 080 (14.99)	367 (5.09)	0	159 (2.21)	282 (3.91)	656 (9.10)	540 (7.49)	267 (3.71)	0	0	1 830 (25.40)
双桥子	271 (13.67)	293 (14.78)	127 (6.41)	125 (6.31)	0	81 (4.09)	67 (3.38)	0	0	24 (1.21)	379 (19.12)	0	615 (31.03)
绥阳	656 (32.70)	98 (4.9)	632 (3151)	22 (1.10)	0	70 (3.49)	32 (1.60)	0	82 (4.09)	54 (2.69)	0	0	360 (17.95)
新立	348 (12.28)	122 (4.31)	292 (10.31)	0	0	88 (3.11)	156 (5.51)	0	0	0	727 (25.66)	511 (18.04)	589 (20.79)
亮子川	189 (13.18)	211 (14.71)	204 (14.23)	0	0	17 (1.19)	141 (9.83)	98 (6.83)	0	0	95 (6.62)	178 (12.41)	301 (20.99)
总计	12 482 (17.60)	8 074 (11.39)	7 105 (10.02)	6 549 (9.24)	5 354 (7.55)	3 683 (5.19)	3 673 (5.18)	3 790 (5.34)	3 330 (4.70)	2 808 (3.96)	1 326 (1.87)	689 (0.97)	1 2049 (16.99)

注:括号内为百分比。

表 4-8　绥芬河经济鱼类体长与体重

物种	体长/mm		体重/g	
	范围	平均值	范围	平均值
拉氏鱥（*P. lagowskii*）	30～139	67.5	0.4～40.3	3.7
花江鱥（*P. czekanowskii*）	54～88	65.5	0.9～6.3	2.5
湖鱥（*P. percnurus*）	38～98	68.4	0.4～10.5	2.9
棒花鱼（*A. rivularis*）	52～103	82.6	0.9～14.9	6.5
高体鮈（*G. soldatovi*）	60～137	79.8	1.7～36.7	5.1
犬首鮈（*G. cynocephalus*）	7～135	87.1	0.9～26.3	7.6
大头鮈（*G. macrocephalus*）	40～151	97.3	4.4～35	11.3
黑龙江鳑鲏（*R. sericeus*）	35～117	65.6	0.7～21	4.2
北方须鳅（*N. nudus*）	56～152	92.9	0.9～16.7	5.1
泥鳅（*M. anguillicaudatus*）	57～172	139.7	0.4～21	12.2

绥芬河 9 种主要鱼类的体重（W/g）与体长关系（L/mm）呈回归曲线幂函数关系（图 4-7），根据方程拟合相关公式如下：

拉氏鱥：$W=3.67\times10^{-5}L^{2.8079}$（$R^2=0.9295$，$n=175$）。

湖鱥：$W=7.91\times10^{-5}L^{2.6505}$（$R^2=0.9194$，$n=37$）。

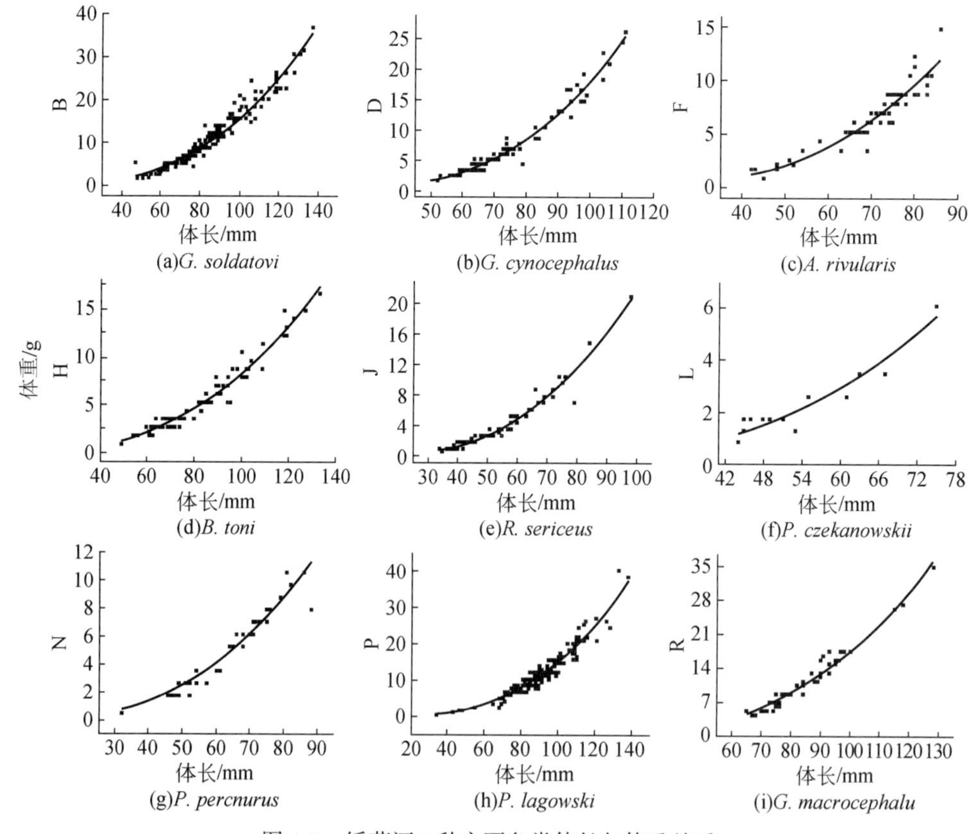

图 4-7　绥芬河 9 种主要鱼类体长与体重关系

花江鱥：$W=1.72\times10^{-5}L^{2.9448}$（$R^2=0.9073$，$n=15$）。
高体鮈：$W=11.06\times10^{-5}L^{2.5749}$（$R^2=0.9463$，$n=179$）。
犬首鮈：$W=0.309\times10^{-5}L^{3.3823}$（$R^2=0.9684$，$n=83$）。
大头鮈：$W=2.31\times10^{-5}L^{2.9395}$（$R^2=0.9608$，$n=48$）。
棒花鱼：$W=0.977\times10^{-5}L^{3.1476}$（$R^2=0.8753$，$n=60$）。
黑龙江鳑鲏：$W=1.85\times10^{-5}L^{3.0445}$（$R^2=0.9558$，$n=75$）。
北方须鳅：$W=4.63\times10^{-5}L^{2.6250}$（$R^2=0.9558$，$n=96$）。

4.2.4.5　黑龙江（阿穆尔河）鱼类调查

2011年黑龙江（阿穆尔河）鱼类调查共采集标本462尾，测量标本1263尾。隶属于7目12科68种，比文献记录少31种。渔获物中，鲤形目是物种数最多的类群，有2科28属41种，占所有物种数的60.3%；其次是鲈形目有3科6种，鲑形目和鲶形目均为2科5种，鲶形目2科5种。

4.2.4.6　黄河干流

（1）生境特征

黄河各河段主要环境参数见表4-9和图4-8。海拔梯度1700多米，范围6～1723m；流量在下游河段（>1250m³/s）大于中游（约1000m³/s）和下游（822～965m³/s）；水位和海拔高度非常相似；水温在中下游较高一些，为11.4～24.4℃；中游和上游各采样点流速大于下游，为0～0.78m/s；上游TP浓度大于中游和下游，为0.008～1.073mg/L；下游的叶绿素a含量远大于中游大于上游，为0.728～7.331mg/L；各河段pH变化不大，为7.41～9.62；中游电导率大于下游大于上游，为0.431～1.27mS/cm；中游泥沙含量大于下游，大于上游，为0.652～329.33kg/m³；黄河底质类型大多数河段以泥沙为主，但在坝下河段，底质类型均为卵石、砾石和粗沙组成，部分河段有少量湿地分布。

表4-9　黄河各采样点主要环境参数

河段	海拔/m	流量/(m³/s)	水位/m	水温/℃	水深/m	流速/(m/s)	叶绿素 a/(mg/L)	泥沙含量/(kg/m³)	底质类型
刘家峡水库	1 723			15.2	10.9	0	0.728		淤泥
兰州	1 508	1 030	1 486.9	13.7	0.6	0.45	1.014	1.888	卵石/砾石/沙
下河沿	1 227	1 040	1 231.1	14.4	0.5	0.34	2.912	2.08	卵石/沙
青铜峡水库	1 128			13.7	2.4	0.21	0.910		淤泥/沙
青铜峡坝下	1 150	1 050	1 134.2	14.0	0.9	0.78	1.092	3.914	卵石/沙
石嘴山	1 084	965	1 087.1	14.6	0.5	0.25	1.820	1.878	沙
蹬口	1 044	935		15.2	0.3	0.25	1.820	1.761	沙/植物
三湖河口	1 020	880	10 184	11.4	0.3	0.60	1.638	1.555	沙
头道拐	1 039	834	987.0	15.1	1.3	0.78	1.941	1.099	沙
府谷	669	822	810.2	15.8	0.3	0.34	1.601	5.52	卵石/沙
吴堡	636	951	637.7	14.6	0.6	0.68	1.698	9.408	卵石/沙

续表

河段	海拔 /m	流量 (m^3/s)	水位 /m	水温 /℃	水深 /m	流速 /(m/s)	叶绿素 *a* /(mg/L)	泥沙含量 /(kg/m^3)	底质类型
龙门	380	1 012	382.1	19.1	0.8	0.14	1.274	22.6	沙/植物
三门峡水库	296			22.0	1.6	0.15	6.551		淤泥
三门峡坝下	289	1 330	274.8	22.2	0.4	0.40	4.368	19.75	卵石/砾石/沙
小浪底水库	238			24.4	36.6	0.10	3.617		淤泥
小浪底坝下	120	1 342		22.8	0.4	0.36	1.248	23.05	卵石/砾石/沙
花园口	89	1 482	92.6	24.3	1.6	0.85	7.331	12.11	沙/植物
高村	58	1 318	61.6	19.0	0.6	0.12	5.823	9.845	沙
艾山	33	1 311	39.1	18.6	0.4	0.10	5.095	1.64	沙
利津	9	1 264	11.9	17.4	0.3	0.68	2.366	1.744	沙
垦利	6			14.9	0.3	0.10	1.893		沙

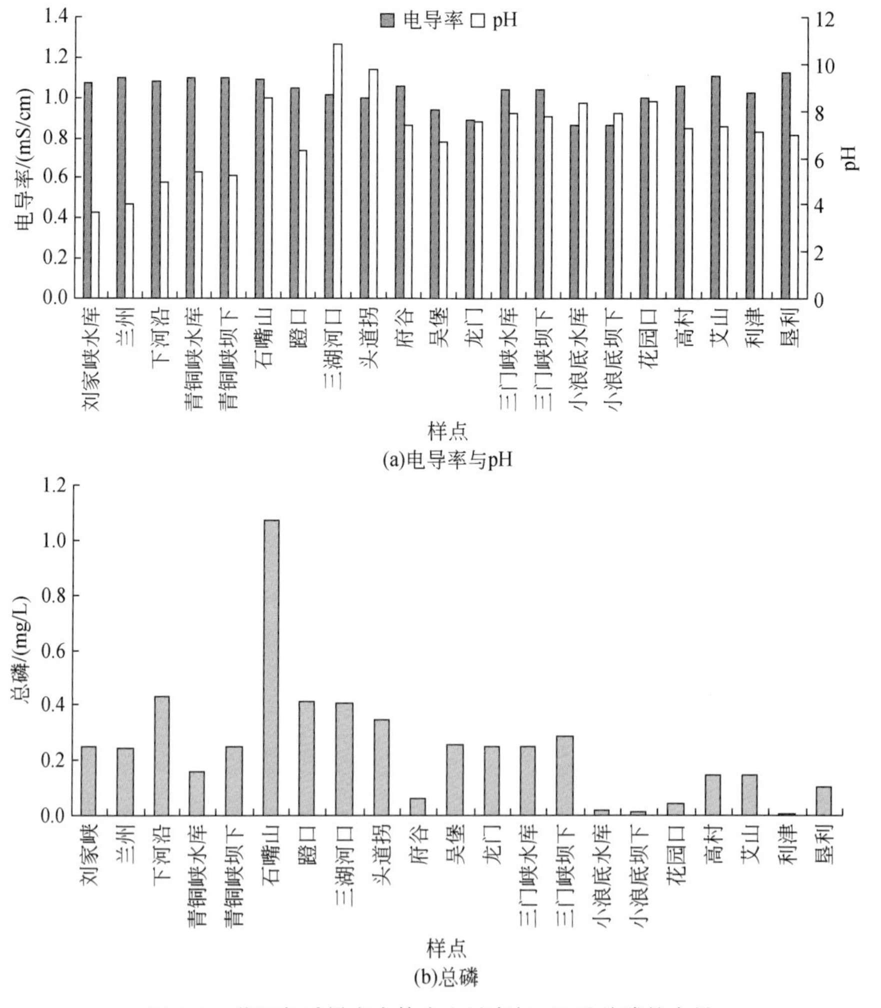

图 4-8　黄河各采样点水体中电导率与 pH 及总磷的含量

（2）栖息地类型

黄河从刘家峡到河口，根据地貌、土地利用、气候和水文等条件大致分为以下 4 种生境类型。

水库：黄河刘家峡以上的水库较多，刘家峡以下比较大的水库有青铜峡、万家寨、三门峡和小浪底。水库由于水深较大，流速较小，形成有别于干流河段的生境类型。在上述几个水库中，三门峡水库更接近于干流河段。其次，青铜峡水库水深也不大（最深处 8m 左右）。从营养物含量来看，除了刘家峡总氮、总磷和叶绿素 a 含量都很低外，其他水库与干流河段相似。底栖动物种类主要是寡毛类和水生昆虫，在三门峡水库有淡水螺类出现。青铜峡和小浪底水库全部为寡毛类；刘家峡水库中有沉水植物，其他水库未见沉水植物。

坝下：水库的坝下之所以能成为单独的生境类型，主要是因为水库坝下特殊的底质条件和较低的水温条件。在本次调查的黄河干流的 3 个水库（不包括刘家峡水库）坝下，底质类型均为卵石和砾石为主，夹杂着粗沙。这些地方一般水温较低，水流流速较大，一般的生物多样性较低，但是某些种类的密度较大，比如水生昆虫中的蜉蝣目和毛翅目的幼虫。底栖动物以水生昆虫为主，有淤泥的水塘也有软体动物和寡毛类出现。该生境类型中鱼类种类一般都很有限，且个体一般较小，但是数量较多。

干流缓流区（流速 0.1 ~1m/s）：黄河干流整体流速较大，一般缓流区出现在一些坡降较小或者水较浅的边缘地带。这些地区流速较小，水深较小，底质多以细沙和淤泥组成。由于细颗粒底质大都在流速较小的地区沉淀，所以该区域底质类型更适合寡毛类和水生昆虫生存，水生植物在此类型区域也有少量分布。

干流激流区（流速大于 1m/s）：黄河上游、中游流速一般都较大，所以激流区生境类型是黄河流域最主要的生物生境类型。底质多泥沙为主，激流区均无沉水植物、浮叶植物和挺水植物。激流区由于流速较大，一般底栖动物难以生存，但是一些适宜流水生活的种类就比较多，比如，蜉蝣目、毛翅目和一些摇蚊幼虫等比较常见。

（3）河水理化特征

各河段水体理化参数比较见图 4-8。

pH 在各河段间的差别不大，变动范围为 7.41 ~9.47，平均 8.85。

电导率的变动范围为 0.42 ~1.47mS/cm，平均 0.83mS/cm；上游河段的电导率略低于中下游河段的。

河水总氮水平在各个河段之间的差别较大，变动范围为 0.03 ~0.77mg/L，平均 0.45mg/L。其中，石嘴山、头道拐、吴堡和利津的总氮水平明显高于其他样区，均超过 0.7mg/L。下河沿和龙门的总氮水平明显低于其他河段，均低于 0.1mg/L。

河水总磷水平在各个河段之间的差别也较大，变动范围为 0.01 ~0.73mg/L，平均 0.25mg/L。其中，石嘴山的明显高于其他样区，有 0.73mg/L。刘家峡、府谷和小浪底的总磷水平明显低于其他河段，均低于 0.1mg/L。

浮游藻类叶绿素 a 值常用以反映浮游植物的总量。各河段叶绿素 a 的差别也较大，变动范围为 1.27 ~5.12μg/L，平均 3.02μg/L。

（4）主要土著鱼类特征

黄河鲤（*Cyprinus carpio*）（图4-9）。

别名：鲤鱼、鲤拐子。

分类地位：鲤目鲤科鲤鱼属。

识别特征：体梭形，侧扁。头较小，头后背部稍隆起，口亚下位，呈马蹄形，上颌稍突出于下颌；须2对，较发达。鳍起点位于腹鳍起点之前。背鳍、臀鳍各有一硬刺，硬刺后缘呈锯齿状。体长为体高的2.8～3.4倍，为头长的3.2～3.7倍，为尾柄长的6.9～7.3倍，为尾柄高的7.4～7.6倍。体侧鳞片金黄色，背部稍暗，腹部色淡而较白。臀鳍、尾柄、尾鳍下叶呈橙红色，胸鳍、腹鳍橘黄色。

生活环境与习性：生活于江河、水库，栖息于水体中下层。杂食性，幼鱼食浮游动物、水生维管束植物和丝状藻类。最小性成熟年龄为2～3龄。喜在静水或流速较为缓慢的河段中有水草的地方产卵，产卵期4～6月，卵具黏性，分批产出，附着于浅水区水草上发育。

分布：为广布种，在干流各河段均采集到标本。

图4-9　黄河鲤

兰州鲇（*Silurus lanzhouensis*）（图4-10）。

别名：鲇鱼、绵鱼。

分类地位：鲇形目鲇科鲇属。

识别特征：体延长，后部侧扁。头中等大，纵扁平。上下颌具绒毛状细齿，犁骨齿带分为左右各一条长为宽约4倍的向内斜形齿带。下颌突出于上颌。眼甚小，位于头前测下方。须2对，颌须长，后伸超过胸鳍基部；颏须短，后伸不超过鳃盖骨后缘。背鳍小，无骨质硬刺。胸鳍中等长，具骨质硬刺，其后端超过背鳍起点之垂直下方。硬刺前缘有细微的锯齿。臀鳍基长，分枝鳍条超过78根以上。尾鳍平截或略内凹，上下叶等长。

生活环境与习性：常栖息于河流缓流或静水的底层。肉食性鱼类，捕食幼鱼及水生昆虫等，偶食水草，觅食活动多在黄昏或夜间。5～6月繁殖，常在岸边浅水草丛产卵。

分布：仅分布于黄河上游河段，在内蒙古磴口县和乌拉特前旗采集到标本。

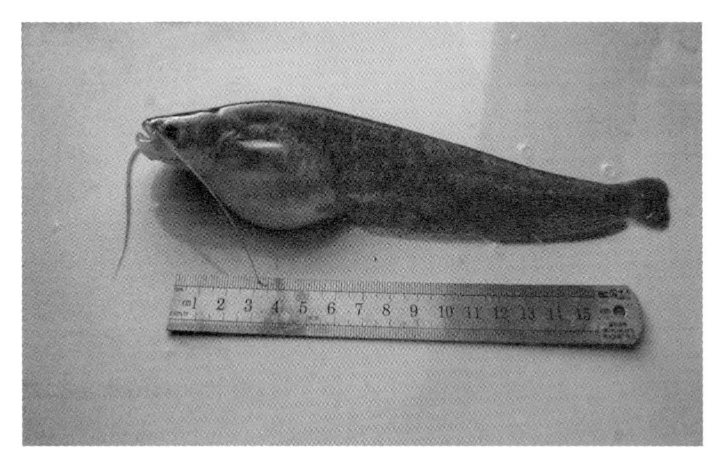

图 4-10　兰州鲇

黄河雅罗鱼（*Leuciscus chuanchicus*）（图 4-11）。

别名：白鱼。

分类地位：鲤形目鲤科雅罗鱼亚科雅罗鱼属。

识别特征：体长形，侧扁，背部弧形。头尖长，侧扁，头长小于体高。口端位，口裂倾斜而宽大，上颌较下颌稍长，上颌骨末端约伸达眼前缘下方。唇薄，无角质边缘。眼较小，位于头的前半部，眼后头长大于眼后缘至后吻端距离。鳞中等大，薄而圆，银白色。侧线前部向下弯成弧形，向后伸至尾柄正中轴。背鳍位于腹鳍基部后上方，起点至吻的距离大于至尾鳍距离。背鳍最后枝鳍条末梢多数超过臀鳍起点的垂直线。胸鳍中长。腹鳍起点前于背鳍，外侧有腋鳞。臀鳍位于背鳍基后下方，外缘凹入。肛门靠近臀鳍起点。尾鳍分叉，上下叶末端颇尖。浸泡标本体背部黄褐色，腹部银白色，各鳍均为淡白色。生活时鳞片具有银白色光泽，鱼体淡白色，鳍淡黄色。

图 4-11　黄河雅罗鱼

生活环境与习性：常栖息于河流或渠道的缓流或静水。杂食性，主要摄食水生昆虫及桡足类，亦食水草等，觅食活动多在黄昏或夜间。5～6月繁殖，常在岸边浅水草丛产卵。

分布：黄河干流河南省西部直达青海共和曲沟一带。此次在黄河宁夏石嘴山段采集到标本。

黄河鮈（*Gobio huanghensis*）（图4-12）。

别名：船钉子。

分类地位：鲤形目鲤科鮈亚科，鮈属。

识别特征：体延长，背部稍隆起，宽而粗壮，前段略呈圆筒形，腹部较平坦，尾柄稍侧扁。头近锥形，其长大于提高。吻长大于眼后头长，前方无显著下陷。眼小，头长为眼径的6.5～8.7倍，侧上位；眼间宽平。口下位，弧形。唇厚，上下唇在口角相连处较发达，其上有许多细小乳突。口角须1对，粗长，末端向后延伸远超过前鳃盖骨后缘。胸部在胸鳍基部之前裸露无鳞，侧线鳞42～44片，侧线平直，完全。背鳍无硬刺，起点距吻端与距尾柄中点的距离相等。胸鳍较大，末端接近腹鳍。腹鳍长，起点位于背鱼起点之后，末端超过肛门。臀鳍短，无硬刺，其起点距腹鳍较距尾鳍其部为近，约与臀鳍端至尾鳍其部的距离相等。尾鳍分叉，上下叶末端尖。肛门约位于腹鳍基部和臀鳍起点间的中点。体背灰黑色，腹部灰白，体侧无明显斑点。吻部两侧从眼上前缘至口角处有一黑色暗带。背鳍和尾鳍上有许多零星黑点，其他各鳍灰白，新鲜标本淡黄色，黑色暗带不明显。

生活环境与习性：生活于黄土高原和高原交接地带及黄河干支流中，常见于河湾浅水地带。杂食性，以底栖动物等为主要食物，兼食底栖硅藻，繁殖期在5月中旬至6月上旬，选择水流缓慢的宽阔河段为产卵场。数量较多。

分布：黄河中上游干支流。此次在黄河干流陕西龙门、宁夏中卫及甘肃兰州采集到标本。

图4-12　黄河鮈

黄河高原鳅（*Triplophysa pappenheimi*）（图 4-13）。

别名：狗鱼。

分类地位：鲤形目鳅科条鳅亚科高原鳅属。

识别特征：体延长，头适当扁平，躯干略呈圆筒形，尾柄较细，稍侧扁。头顶光滑，略有凹陷。吻扁平，眼侧上位，位于头中部，下颌无锐利角质前缘。须 3 对，上外侧须达鼻前缘或超过；口角须达眼球中部或超过。体裸露无鳞，侧线直而完全，每侧约有 90 个侧线小孔。背鳍起点稍后于体中点，至吻端距离稍大于至尾鳍基部距离，背鳍距吻端距离约为背鳍距尾鳍基部的 1.11 倍，背鳍微凹。胸鳍短，其长小于头长。腹鳍起点相对于背鳍第 3 不分枝鳍条之前，其末端伸达肛门。臀鳍起点紧靠肛门之后，其末端远未达尾鳍基部。尾鳍分和分叉，上下叶等长，体背侧呈橙黄色，背鳍前部有 4 个，后部有 3 个明显褐色横斑，是一种体型较大的鳅科鱼类。

生活环境与习性：生活于砾石底质急流河段的石隙中。肉食性，以底栖动物等为主要食物，兼食水生昆虫。每年 4 ~5 月河道融冰时即逆水上溯产卵繁殖。

分布：黄河上游干支流。此次在黄河干流甘肃兰州段采集到标本。

图 4-13　黄河高原鳅

4.3　考察区要素时空格局、地域特点及地域分异规律

4.3.1　贝加尔湖–色楞格河

4.3.1.1　浮游植物

(1) 藻类组成

该区域采得的绿藻门植物，大多是分布广泛的普生种类，但多是适应冷水环境清洁水体指示种类，典型的种类如块四集藻 *Palmella mucosa*、葡萄藻 *Botryococcus braunii*、环丝藻 *Ulothrix zonata*、骈胞藻 *Binuclearia tectorum*、池生微孢藻 *Microspora stagnorum*、筒藻

Cylindrocapsa geminella、豆点胶毛藻 *Chaetophora pisiformis*、粗枝羽枝藻 *Cloniophora macrocladia*、簇生竹枝藻 *Draparnaldia glomerata*、溪流链瘤藻 *Gongrosira fluminensis*、珍珠鼓藻 *Cosmarium margaritatum*、曼弗角星鼓藻 *Staurastrum manfeldtii*。其中，环丝藻在该区域的湖泊沿岸带风浪区、河流岸边各种硬基质上大量生长，是一个代表性种类。也有一些是罕见种类，如不规则毛丝藻 *Chaetonema irregulare*，仅发现于大型藻类的胶被上。

还有一些种类在某些特定生境大量生长，成为该环境的特色性种类，如在蒙古的 Khanvi 河中，浒苔生物量非常大，幼时着生在河流各种硬基质上，但长成后则漂浮流走，是该河流的一个特色物种。

虽然该区域大部分水体属于清洁性水体，但也有一些小水体严重富营养化，如贝加尔湖边的一个小水塘，优势类群是一些微囊藻 *Microcystis* spp.、直链藻 *Melosira* sp. 和施氏球囊藻 *Sphaerocystis schroeteri*、端尖月牙藻 *Selenastrum westii*、湖生卵囊藻 *Oocystis lacustris*、美丽网球藻 *Dictyosphaerium pulchellum*、双射盘星藻 *Pediastrum biradiatum*、短棘盘星藻 *Pediastrum boryanum*、小尖十字藻 *Crucigenia apiculata*、盘状栅藻 *Scenedesmus disciformis*、伪新月栅藻 *Scenedesmus pseudolunatus*、四尾栅藻 *Scenedesmus quadricauda* 等，这些都是富营养化的代表种。还有在蒙古草原上的一个小积水坑中，只有一种小毛枝藻 *Stigeoclonium tenue*，这也是一个耐污种类。

该区域也有特有种类，如贝加尔竹枝藻 *Draparnaldia baicalensis* Meyer，它个体非常大，主轴细胞被假根形成的皮层包裹，在此属中非常独特，迄今为止只在贝加尔湖被发现过。前人对它的描述不充分，描述及绘图太简单，我们对它进行了详细的形态描述并附有显微图片。

大型球状的念珠藻属 *Nostoc* 种类如葛仙米、地木耳可以食用，这两种经济蓝藻均在该区域有大量发现，如在俄罗斯的一个小湖中，葛仙米 *Nostoc sphaeroidea* 长得很大，而在蒙古的 White 湖岸边生长的葛仙米个体体积虽然不大，但总生物量很大，绵延几十千米。在蒙古草原的许多潮湿区域发现大量地木耳 *Nostoc commune* 生长。葛仙米和地木耳应该在该区域具有良好应用前景。

（2）生态类型多样性及其群落特点

1）临时性小水体。这些水体水的来源不固定，因此在此生长的藻类生命周期都比较短，一般在能在较短时间内完成整个生活世代，或有较强的环境耐受能力，有恰当的机制度过不良时期。如标本 ELS-2008-056，采自马路边一个洼地，主要是雨水汇集，牲畜常在此饮水和排泄，水质非常肥沃，乳状类球藻 *Nautococcus mammilatus* Korshikov 在此形成水华，但此种细胞藻的生活周期很短，只有几天就通过形成胞囊度过干旱时期。还有如 ELS-2008-078，也是采自城市街道边的一个积水坑，由于这里雨季雨水充沛，雨水能够较长时间在这里存留，在水坑边小石块上附着生长有一种鞘藻 *Oedogonium* sp.，鞘藻属的许多种类生活周期能够在 2 周左右的时间内完成，其度过不良环境的方式是通过卵式生殖形成合子。同样的还有 ELS-2008-003，是采自路边树林下的小水坑，主要也是雨水汇集，这里的优势类群也是鞘藻属种类。

另外一种小水体，本身与大水体相邻，由于雨季洪水泛滥而留下，其藻类来源也是源自大水体，如标本 ELS-2008-010，采自河边草地涨水后留下的小水坑，其优势种类多

甲藻 *Peridinium* sp. 和附近一个永久性水坑的优势种类一样，显然是由于涨水时水坑连通而带过来的（附图2-6）。还有ELS-2008-052采自河边草丛水草茎叶上，以豆点胶毛藻具勾变种 *Chaetophora pisiformis* var. *hamata* Jao 为绝对优势，很显然它们也是来自附近的河滩沼泽。

2）稳定性良好的小水体——水坑、池塘。这类水体面积较小，但终年有水，因此环境非常稳定，一般长有水草，营养良好，因此藻类种类也比较丰富。ELS-2008-011、ELS-2008-012（附图2-7）采自同一个水体，是河边草地永久性小水坑，长有水生高等植物，水体浮游藻类优势有一种多甲藻 *Peridinium* sp.、佩氏拟多甲藻 *Peridiniopsis pernardii*、锥囊藻 *Dinobryon* spp.、球囊藻 *Sphaerocystis schroeteri*、美丽胶网藻 *Dictyosphaerium pulchellum* 等，水面还漂浮有丝状的双星藻科 *Zygnemataceae* 种类，水草和丝状藻类中间还生活有大量鼓藻 Desmids 类，附着种类有鞘藻 *Oedononium* spp.、毛鞘藻 *Bobulchaete* spp. 等。总之，种类非常丰富。同样情况的还有ELS-2008-031、ELS-2008-032，也是采自路边一个小水坑，长有大量水草，但不同的是该处水有交换，是过水性的，有很小的山泉进水和出水，因此水质非常清洁，浮游优势种类是锥囊藻 *Dinobryon* spp.，水草丛中附着有大量着生硅藻。

另外一种比较富营养化的小水坑类似池塘，如ELS-2008-049（附图2-8）采自一个贝加尔湖边的小池塘，水源是森林的腐殖质渗水，水质肥沃，浮游植物优势类群是绿藻门的绿球藻目 Chlorococcales 种类，如一些盘星藻 *Pediastrum* spp.、栅藻 *Scenedesmus* spp. 等，还有硅藻门的直链藻 *Melosira* sp. 和蓝藻门的微囊藻 *Microcystis* spp. 等，都是一些富营养化水体代表种类。

一个特例是在蒙古草原上的一个小水坑（MG-2008-021）（附图2-9），应该也是长时间有水，但牛羊经常在此引水，把小水坑搅得很浑浊，完全没有透明度，因此水中藻类很少，但沿岸带的轮胎塑料瓶上附生有小毛枝藻 *Stigeoclonium tenue*，这是一种分布广泛的耐污种，是富营养化的指示种。

蒙古草原上的沼泽地应该也属于这一类型，我们只一个样点（附图2-10），标本号为MG-2008-001，002。这里芦苇丛生，水非常浅。优势类群是刚毛藻 *Cladophora* sp. 和盐田浒苔 *Enteromorpha salina*。

3）湖泊。湖泊的藻类有两个大类群，一个是浮游藻类，一个是岸边的着生藻类。这里的湖泊如贝加尔湖（附图2-11）浮游藻类占优势的是一些硅藻，包括直链藻 Melosira spp. 和脆杆藻 Fragilaria spp. 等。俄罗斯的藻类学家研究很多，我们不具体论述。我们重点关注的是有区域特点的岸边着生藻类。

ELS-2008-024号标本是采自一个山间小湖（附图2-12），在其岸边小石头上发现有淡水红藻，一种串珠藻 *Batrachosperum* sp.。

贝加尔湖岸边风浪较大，沿岸带各种基质上附着有大量环丝藻 *Ulothrix zonata*，这是贝加尔湖的一个代表性种。它还在相邻的蒙古大型湖泊库苏古尔湖沿岸带广泛生长。在中国，它通常分布在一些高山溪流，如尼洋河等。

贝加尔竹枝藻（ELS-2008-050）是这里的特有种类，采自一个湖湾。

Gusinoozersk 市的 Goose 湖是另外一种类型（附图2-13），这里的浅水区域具有丰富的胶毛藻科 Chaetophoraceae 种类，如毛枝藻 *Stigeoclonium*、胶毛藻 *Chaetophora* 和竹枝藻

Draparnaldia，还有刚毛藻 *Cladophora* 和轮藻 *Chara*。可能和我们采样点风浪较小有关。

蒙古 Terkhiin Tsasaan 湖沿岸带也有刚毛藻和环丝藻（附图 2-14），但非常特殊的是这里生长有大量葛仙米 *Nostoc sphaeroides*（MG-2008-020）（附图 2-2）。俄罗斯的另外一个小湖 Sagon-Nur 也有葛仙米，且体积非常大（ELS-2008-075）（附图 2-1）。

蒙古的 Ogii 湖是一个草原湖泊，面积较大，但由于湖泊周边家养牲畜承载量过大，其排泄物在一些湖湾聚集，也造成了该湖泊的富营养化，蓝藻微囊藻 *Microcystis* spp. 在这里形成了水华，而且一种有毒的波兰多甲藻 *Peridinium polonicum* 也较多，但湖里的鱼也很多。

4）溪水-河流。其中一类是缓流的小溪，如标本 ELS-2008-004，005（附图 2-16）都是采自一个水流很小且缓慢的小流水沟中，基质是小碎石，优势种类分别为骈胞藻 *Binuclearia tectorum* 和池生微孢藻 *Microspora stagnorum*。在下游土壤基质多一点，水流更缓，优势种则为一种无隔藻 *Vaucheria* sp.。

河流分叉或漫滩处的水流也比较缓慢，由于沉淀了许多颗粒物，营养条件良好，水绵 *Spirogyra*、双星藻 *Zygnema* 等双星藻科种类也能通过假根在这里固着大量繁殖，如标本材料 ELS-2008-025、ELS-2008-027，28、ELS-2008-076（附图 2-17）。如果淤泥更多，还会有黄藻门的无隔藻 *Vaucheria* sp. 在这里大片生长，如 ELS-2008-026。ELS-2008-033，34 也是类似情况，采自河流中中的一块大石头上，上面附有许多苔藓，丛中沉淀有许多沙子和有机颗粒等，优势种也分别是水绵和无隔藻。同样采自苔藓丛中的还有 ELS-2008-055，MG-2008-016，不同的是这里较阴，水流更急且水温低，只有 10℃左右。

温泉形成的流水是一个特例（附图 2-18），这里的温度较高，在泉水喷溅处超过 40℃，是以耐高温的丝状蓝藻鞘丝藻为优势；而下游水沟可达 30～40℃，优势种变为温泉毛枝藻 *Stigeoclonium thermale*。

在水流很激的溪流中的硬基质上，是一些着生能力很强的种类，如链瘤藻（ELS-2008-016，ELS-2008-029）；胶毛藻，以假根假胶垫固着（ELS-2008-030）；毛枝藻，以一层基细胞或假根固着（ELS-2008-017；ELS-2008-048）；以假根固着的环丝藻 *Ulothrix zonata*（ELS-2008-028）、（MG-2008-003）；以假根固着的团集刚毛藻 *Cladophora glomerata*，只生活在流水或风浪中（ELS-2008-019；ELS-2008-063）。后面一些以假根固着的种类还经常出现在大型湖泊风浪较大的沿岸带各种基质上。

在蒙古的 Khanvi 河中，浒苔生浒苔的生物量很大，其幼体着生在河中各种较硬的基质上，但长成后则漂浮流走，是该河流的一个特色物种，标本材料为 MG-2008-004，005（附图 2-19）。

5）气生、亚气生生境。藻类不仅仅生长在各种类型的水体中，气生、亚气生也是其重要生境类型，如潮湿地表（附图 2-20，附图 2-21）。优势类群有蓝藻类鞘丝藻 *Lyngbya* sp.（ELS-2008-001）、细克里藻 *Klebsormidium subtile*（ELS-2008-002、ELS-2008-045）、无隔藻 *Vaucheria* sp.（ELS-2008-064）、原管藻 *Protosiphon botryoides*（ELS-2008-077）。

潮湿的苔藓丛中或草丛，优势类群是一些固氮蓝藻念珠藻属种类地木耳 Nostoc commune 等，如 ELS-2008-020、MG-2008-008（附图 2-22）。念珠藻属种类具有外胶被，干旱条件下能够保住内部水分。

树皮表面也有藻类生长（附图 2-23），如 ELS-2008-044，优势种类是克里藻 *Klebsormidium subtile* 和小球藻 *Chlorella* 等，能利用空气中的水分生长，也能够耐受很长时间的干旱环境。

4.3.1.2　大型底栖动物

贝加尔湖地区河流众多，汇入贝加尔湖的大小河流有 300 余条，而对水生无脊椎动物的调查研究仅局限于少数水体（Kravtsova，2001）。贝加尔湖地区大型无脊椎动物种类极为丰富，区系独特，如贝加尔湖现已发现寡毛类环节动物 208 种（Snimschikova，1982；Snimschikova and Akinshina，1994；Martin and Brinkhurst，1998；Semernoy，2004），隶属于 5 科 38 属，其中特有种 180 余种，占 80% 以上；腹足类软体动物 148 种（Sitnikova，2006），隶属于 10 科 42 属，其中特有种 115 种，占 78%；双壳类软体动物种类较少，仅发现 30 种（Slugina，2006），隶属于 4 科 15 属，其中 16 种为特有种，占 52%。节肢动物更为丰富，仅甲壳纲种类就有 259 种、80 亚种，尤其以钩虾种类最多（Kravtsova et al.，2004）。

（1）地区差异

本次考察的 7 个地区（贝加尔湖、阿尔山、库鲁姆次、奥利克、巴尔古津、色楞格河和乌兰乌德）中，巴尔古津和贝加尔湖的底栖动物种类比较丰富，而奥利克和乌兰乌德地区底栖动物种类较少（图 4-14）。就不同类群而言，在环节动物方面，贝加尔湖的种类最为丰富，这与其独特的环境条件有关；软体动物方面，巴尔古津地区的最为丰富，其次属于贝加尔湖和乌兰乌德地区；节肢动物方面，巴尔古津地区的水体最为丰富，这与其拥有完整的湿地生态系统有关。

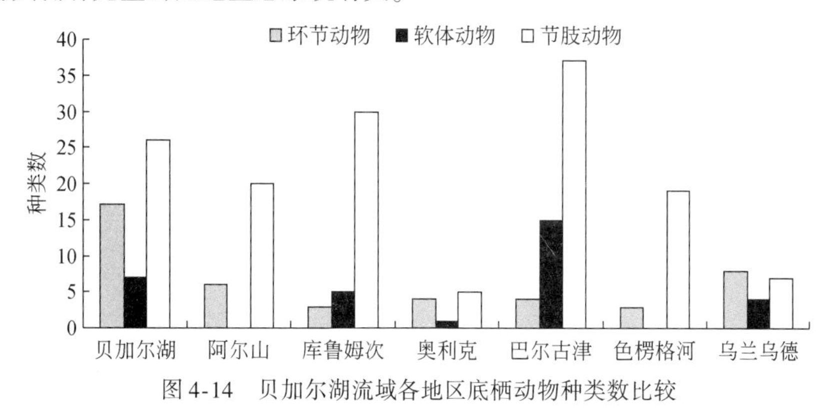

图 4-14　贝加尔湖流域各地区底栖动物种类数比较

就俄罗斯贝加尔湖地区底栖动物与中国北方地区的关联程度而言，由于节肢动物的种类繁多，无法进行统计比较，寡毛类环节动物方面，我国黑龙江流域与俄罗斯（除贝加尔湖）的相似性达 36%，而与贝加尔湖的相似性仅为 18%，这主要是贝加尔湖寡毛类环节动物中特有种极其丰富，在世界动物区系中最为独特；就软体动物而言，我国黑龙江流域发布的种类多数在俄罗斯贝加尔湖流域均有分布，两者相似性达 48%（Sokol'skaya，1958，1961）。

（2）现存量

通过比较贝加尔湖流域 7 个地区底栖动物现存量（图 4-15、图 4-16），发现贝加尔湖中底栖动物的密度和生物量均最高，这与采样区域的有一定的关系，贝加尔湖采样区域选在了色楞格河三角洲（Chivyrkuy Bay）和贝加尔湖湖湾（Posolsk Bay），该区域水生植物丰富，接纳来水，食物丰富，而其他区域底栖动物主要采集于流水区域，底栖动物现存量较低。贝加尔湖、阿尔山、库鲁姆次、奥利克、巴尔古津、色楞格河和乌兰乌德。

在上述考察区，钩虾是第一优势种类。如在贝加尔湖沉水植物丰富的区域，钩虾的密度和生物量分别达 6531ind/m^2 和 16.4g/m^2，分别占底栖动物总密度和生物量的68.1%和52.7%；在无水草区较少，分别达 2160ind/m^2 和 3.2g/m^2。

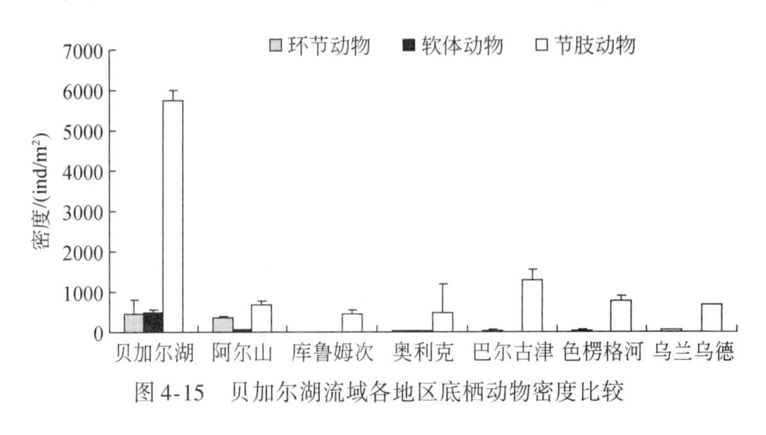

图 4-15　贝加尔湖流域各地区底栖动物密度比较

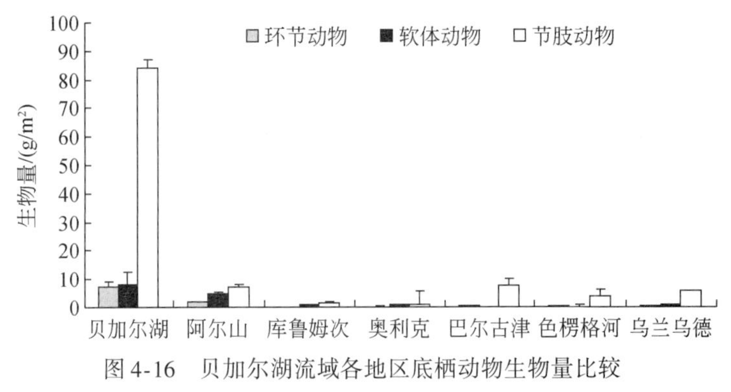

图 4-16　贝加尔湖流域各地区底栖动物生物量比较

（3）生物学评价

大型底栖动物是水生态系统中一个重要的生态类群，在淡水生态系统中大型底栖动物的优势类群主要包括水栖寡毛类、软体动物和水生昆虫等。由于底栖动物寿命较长、迁移能力有限，对环境变化反应敏感，当水体受到污染时，底栖动物群落结构及多样性将会发生明显改变，因此，其种类和群落特征作为环境评价指标在内陆水域的水质监测中得到广泛应用。本研究依据 2008 年对俄罗斯贝加尔湖流域多各水体的调查结果，在分析群落特征的基础上，用 BI 和 EPT 指数对水体进行生物学评价。其中，BI 的评价标准参照，0.00～3.50 为极优、3.51～4.50 为很好、4.51～5.50 为好、5.51～6.50 为中等、6.51～7.50 为较差、7.51～8.50 为差、8.51～10.00 为极差（Hilsenhoff，1988）；EPT 指数依据其占节肢动物总种类数的比例进行生物学评价。

依据 BI 和 EPT 指数的评价结果如下：在本次研究中采集的 32 各样点中，极优水体占 37.5%、很好的水体占 12.5%、好水体占 12.5%、较差水体占 12.5%、差水体占 25%。按地区划分：巴尔古津地区及贝加尔湖水体比较清洁，色楞格河、库鲁姆次和奥利克地区水体处于中等水平，而乌兰乌德和阿尔山地区水体较差。

4.3.1.3 鱼类

采集鱼类隶属于 5 目 9 科 12 属 22 种（表 4-10）。渔获物中，物种数最多的是鲤形目鱼类，共 2 科 18 种，其次是鲑形目鱼类，共 3 科 4 属 6 种。鲈形目 2 科 2 属 1 种。鲉形目和鲶形目各 1 科 1 种。个体数量最多的是河鲈、湖拟鲤和雅罗鱼。由于采样工具的限制，贝加尔湖数量最多的杜父鱼仅采集到 1 种。

渔获物分布生境来看，鲈塘鳢、银鲫、圆腹雅罗鱼、西伯利亚花鳅和鱥属鱼类仅分布于色楞格河流域；秋白鲑、贝加尔白鲑、鲇和杜父鱼类分布于贝加尔湖；湖拟鲤、雅罗鱼和河鲈在色楞格河流域和贝加尔湖中广泛分布，并且种群数量很大；白斑狗鱼和北极茴鱼只在贝加尔湖与色楞格河河口三角洲分布。鲇 *Silurus asotus* 和银鲫属于外来鱼类，是通过引种养殖进入该地区的，目前已经进入色楞格河流域并形成较大数量的种群。

表 4-10 贝加尔湖–色楞格河考察采集鱼类名录

目 Order	科 Family	属 Genus	种 Species
鲤形目 Cypriniformes	鲤科 Cyprinidae	拟鲤属 *Rutilus*	湖拟鲤 *Rutilus rutilus lacustris*
			拟鲤 *Rutilus rutilus*
		雅罗鱼属 *Leuciscus*	雅罗鱼 *Leuciscus baicalensis*
			圆腹雅罗鱼 *Leuiscus idus*
		鱥属 *Phoxinus*	真鱥 *Phoxinus phoxinus*
		鲫属 *Carassius*	银鲫 *Carassius auratus gibelio*
		鲤属 *Cyprinus*	黄河鲤 *Cyprinus carpio*
		棒花鱼属 *Abbottina*	棒花鱼 *Abbottina rivularis*
	鳅科 Cobitidae	花鳅属 *Cobitis*	西伯利亚花鳅 *Cobitis taenia sibirica*
鲇形目 Siluriformes	鲇科 Siluridae	鲇属 *Silurus*	鲇 *Silurus asotus*
鲈形目 Perciformes	鲈科 Percidae	鲈属 *Perca*	河鲈 *Perca fluviatilis*
	塘鳢科 Eleotridae	鲈塘鳢属 *Perccottus*	鲈塘鳢 *Perccottus glehni*
鲑形目 Salmoniformes	鲑科 Salmonidae	细鳞鱼属 Brachymystax	细鳞鱼 *Brachymystax lenok*
		白鲑属 *Coregonus*	秋白鲑 *Coregonus autumnalis migratorious*
			贝加尔白鲑 *Coregonus lavaretus baicalensis*
	茴鱼科 Thymalidae	茴鱼属 *Thymallus*	北极茴鱼 *Thymallus arcticus brevipinni*
	狗鱼科 Esocidae	狗鱼属 *Esox*	白斑狗鱼 *Esox lucius*
鲉形目 Corpaeniformes	杜父鱼科 Cottidae	副杜父鱼属 *Paracottus*	副杜父鱼 *Paracottus kessleri*

4.3.2 勒拿河藻类

总的来说，夏季的勒拿河流域水体类型丰富，但由于时间和地区原因，我们采集的水体类型有限，不能完全代表该地区的藻类资源状况，但大致可以了解勒拿河流域夏季藻类区系特点。

4.3.2.1 远离人群的小型湖泊

在这次考察中，有两个点属于小型湖泊。

一个在季克西的水源地，该湖比较小，水深也只有1~2m，湖水非常清澈，藻类细胞密度很低，约为3.90×10^5个/L。其中，逗隐藻 *Komma caudate* Hill 占90%以上（附图3-1）。

另一个在季特阿雷岛上，透明度也很高，藻类细胞密度稍高，约为5.36×10^6个/L，优势种类是一种鱼腥藻 *Anabana* sp. 和逗隐藻 *Komma caudate* Hill，前属于蓝藻类，后者隐藻类的。定性样品中有大量金藻类锥囊藻 *Dinobryon* spp.，属于典型的冷水性种类（附图3-2）。

因为隐藻类喜好有机质丰富的水体，该特点反映了该地区的水质特点，即冰雪融水中含有较高的腐殖质。蓝藻鱼腥藻类也属于富营养化的指示种类，只是由于水温不高，所以藻类的生物量没有达到很高。

4.3.2.2 人为活动影响的小型湖泊

此次采样此类生境也有两个，一个是雅库茨克市内的白湖（White Lake），受生活污水排放影响，重度富营养化，形成严重的微囊藻 *Microcystis* spp. 水华（附图3-3）。另外一个是市郊的一个小型湖泊，受牲畜排便和死亡高等植物残体影响。

4.3.2.3 勒拿河干流

勒拿河干流水量较大，但下游河段一般水流较缓，比较适宜藻类繁殖，从季特阿雷岛的干流水体定量样品看，藻类细胞密度达7.27×10^6个/L，接近富营养化标准，优势种是直链藻 *Melosira* spp.，次优势种是美丽星杆藻 *Asterionella formosa* Hassall 和一种鱼腥藻 *Anabana* sp.，其他种类还包括一种隐藻 *Cryptomonas* sp. 和一种小环藻 *Cyclotella* sp.。直链藻和星杆藻属于典型湖泊冷水性种类，但鱼腥藻和隐藻反映了勒拿河水腐殖质含量较高，水色也明显为黄褐色（附图3-5、附图3-21）。

4.3.2.4 亚气生生境

在勒拿河流域这类生境也广泛存在并生长着丰富的藻类，如潮湿地表、各类基质。此次考察中7个类似生境的材料。主要的藻类类型有以下几种：

1）无隔藻 *Vaucheria* 群落-无隔藻属在我国主要分布于北方和南方的冬春季节，适宜低温性环境。在季克西和日甘斯克一些光照良好的潮湿地表，这是一个主要群落（标本附表4 ELS-106，附图3-6、附图3-22），它们被水淹后也能生长良好。

2）溪菜 *Prasiola* sp. 群落-溪菜种类在北极圈分布比较广泛，常见与流水溪流中，但我们在季克西的潮湿草丛中也有发现（附图3-7），可能是由于水干后留下来的，因为在附近的水淹草丛中也有发现（附图3-24）。

3）气球藻 *Botrydium granulatum* 群落-常分布在有机质丰富的潮湿地表，我们在日甘斯克小镇附近的一个小水坑边的潮湿地表有发现，此水坑由于牲畜常在此饮水而变得比较肥沃（附图3-8）。

4）链丝藻–小球藻 *Hormidium-Chlorella* 群落，发现于季克西宾馆前的滴水水泥壁上，在该地区其他类似生境如潮湿石块、墙壁上也很常见（附图3-9）。

4.3.2.5 沼泽地静水水体

此类生境在勒拿河下游广阔地区大范围存在，多年常年积水，沿岸带常长有大量芦苇或其他高等植物，并且电导率较高，有些属于微咸水，如冻土试验站附近的沼泽水体电导率就高达5000μS/cm^2。此类水体中以绿藻门刚毛藻属 *Cladophora* sp. 或黄藻门无隔藻属 *Vaucheria* sp. 占优势，但常混有大量其他藻类，如附着各种硅藻 *Diatom*、鞘藻 *Oedononium*、鼓藻 *Desmids*、念珠藻 *Nostoc*、小桩藻 *Characium* 等。其中有些还有混杂有明显的浒苔 *Enteromorph* sp.（如雅库茨克附表4 ELS-002）（附图3-10、附图3-23），有些混有大量漂浮水面的胶球状的蓝藻隐球藻 *Aphanocapsa* sp.（附图3-11）。

4.3.2.6 草地小水坑

此类水体不属于沼泽地，水的来源是临时性的雨水或苔原渗水，一般不是多年性的，也常有水草生长，水体电导率不高。在季克西草地小水坑，其藻类种类很杂，没有绝对优势种，如水草叶上附有大量鞘藻 *Oedogonium* spp. 和毛鞘藻 *Bobulchaete* spp.，简单四胞藻 *Tetrasopra simplex*、隐毛藻 *Anphanochaete* sp.、骈胞藻 *Binucleria* sp.、毛球藻 *Chaetospaeridium* sp. 等，底部基质上附着有蓝藻类念珠藻 *Nostoc* spp.、绿藻类胶毛藻 *Chaetophora* sp.（附图3-12）。在日甘斯克的一个林间小水坑，优势种类是一种四胞藻 *Tetraspora* sp. 和水绵 *Spirogyra* spp.（附图3-13）。在日甘斯克勒拿河边的一个小水草坑，长满浮叶眼子菜，坑底着生有无隔藻 *Vaucheria* sp.，水草茎上附满胶球状蓝藻胶刺藻 *Gloeotrichia* sp.，为藻类绝对优势种（附图3-14）。

4.3.2.7 渗水缓流水

此生境一般在小坡下，在季克西宾馆前比较典型，这里长有大量丝藻 *Ulothrix* sp.、水绵 *Spirogyra* spp. 等，边缘地方硅藻占优势（附图3-15）。

4.3.2.8 小溪

勒拿河流域此类生境应该非常丰富，但我们调查点非常有限，一条是在季克西港口附近，水温很低只有7℃左右，水流较急，石块上附有冷水中的代表种–竹枝藻 *Draparnaldia* sp.（附图3-16），混有少量胶毛藻 *Chaetophora* sp. 和淡水红藻串珠藻 *Batrachospermum* sp.（附图3-20）。

另外一条小溪在季克西镇东边，中段底质上主要是无隔藻 *Vaucheria* spp.（附图3-19），电导率只有400μS/cm^{2}左右，下游石块上优势种是一种四胞藻 *Tetraspora* sp.，河口电导率也不到1000μS/cm^2，仍然是淡水，石头上着生种类变成一种丝藻 *Ulothrix* sp.（附图3-17）。

还有一条小溪也在季克西镇，可能受生活用水排放影响，溪流中石头附着藻类优势种是丝状硅藻类，种类有待鉴定（附图3-18）。

4.3.3 额尔古纳河鱼类

4.3.3.1 鱼类组成

本次鱼类调查中，采集到23种鱼类，另在市场上观察到13种，共36种。隶属于5目7科25属，新记录分布的鱼类4种。特有鱼类1种，即蒙古鳘，仅分布于呼伦湖及其附属支流。标本中包括鲤科鱼类26种，占种类数的72.2%，占绝对优势；鳅科5种，占种类数的13.9%（附表5）。细鳞鲑、鲇、东北雅罗鱼、红鳍原鲌等大中型经济鱼类16种，占种类数的44.4%；葛氏鲈塘鳢、洛氏鱥、花江鱥、犬首鮈等小型鱼类20种，占种类数的55.6%。

4.3.3.2 分布特点

额尔古纳河流域生境的多样性很高，有各种江河湖泊、沼泽湿地，水生植物和底质类型也各有不同，本次调查的生境有以下4类。

（1）河湾缓流、水草茂盛的生境

调查中红花尔基伊敏河、乌兰诺尔乌尔逊河、小河口新开河、额尔古纳市根河、恩和哈乌尔河的河汊，皆属于这一类生境。这一类生境中的鱼类组成以葛氏鲈塘鳢、鱥属、鳑鲏属和部分鮈亚科的种类为主。这些鱼类大多以水生昆虫幼虫、浮游生物、植物碎屑等为主要食物，而河流中只有水草茂盛的河汊生境才能提供这些丰富的饵料来源。其中，耐缺氧的葛氏鲈塘鳢最为常见，几乎每处采样点都能采集到葛氏鲈塘鳢的标本。洛氏鱥或花江鱥是这类生境中的优势种，每个采样点的标本量都在10尾以上。而根据具体情况的不同，如采样时间的长短和采样点的多少，真鱥、犬首鮈、黑龙江鳑鲏、北方花鳅、黑龙江泥鳅等种类也有不同数量的采集。

（2）河流流水生境

红花尔基伊敏河、小河口新开河、额尔古纳市根河、恩和哈乌尔河的干流都是这一类生境，都属于额尔古纳河的支流。调查时，乌兰诺尔乌尔逊河干旱断流，水位太低，其丰水季节水量较大时也属于这一类生境，是连接呼伦湖和贝尔湖的河流。

哲罗鲑、细鳞鲑、鲇、东北雅罗鱼、江鳕、黑斑狗鱼和大多鮈亚科的鱼类是这一生境的主要鱼类组成。哲罗鲑、细鳞鲑和江鳕是典型的北方山溪冷水性鱼类，且皆为凶猛肉食性鱼类，很少在湖泊中发现。大多鮈亚科鱼类则喜或急或缓的流水生境，也是凶猛肉食性鱼类的主要食物来源。东北雅罗鱼、鲇和黑斑狗鱼则在江河湖泊中都有分布。鮈亚科鱼类和东北雅罗鱼摄食浮游生物为主，东北雅罗鱼在冬季甚至摄食小鱼小虾，与凶猛肉食性鱼类形成了食物链上重要的环节。

通过渔政、渔民等途径了解到，乌尔逊河很少发现凶猛肉食性鱼类，由于水位较低，鲤、银鲫、麦穗鱼等小个体鱼类较多。特别是呼伦湖和贝尔湖的鲤、银鲫和东北雅罗鱼繁殖季节，有大量成熟个体聚群进入乌尔逊河寻找水草茂盛的地方进行繁殖活动；也就是说，乌尔逊河的鲤、银鲫和东北雅罗鱼，作为优势种群具有明显的季节性规律。

调查中发现，东北雅罗鱼、鮈亚科鱼类是额尔古纳河各支流主要的捕捞对象，占渔获物数量的90%以上，在不同支流优势种的种类可能稍有异同；鲇和黑斑狗鱼则数量较少，但个体较大，占渔获物重量的30%左右；哲罗鲑、细鳞鲑和江鳕则由于季节原因，在渔获物中很少发现。

（3）宽阔湖面、泥沙砾石底质的生境

呼伦湖和乌兰泡都有这一类生境，其湖面开阔，湖水很浅，底质为泥沙，或有少量砾石和水草。在水深1m以下的区域，迷魂阵和地笼的渔获物都比较单一，主要为麦穗鱼和秀丽白虾，属于优势类群。在水深1m以上的区域，能利用刺网捕到数量较多的红鳍原鲌、东北雅罗鱼、䱗、鲤、银鲫、鲇等，红鳍原鲌和东北雅罗鱼是这一区域的优势种。调查中发现，乌兰泡由于近年干旱缺水，水深1m以下的区域较大，而1m以上的区域较小，其西部大都是泥沙底质；呼伦湖尽管近年也是水面萎缩，水深1m以下的区域仍然较小，主要为水深1m以上的浅水区域，其西部也大多是泥沙砾石底质。

由于近岸浅水区域光照条件和营养条件较好，浮游生物丰富，所以摄食浮游生物的鱼类种群明显占主要地位。而这些鱼类摄食浮游生物，则大量集中在中上层水面，又容易成为鸟类的捕食对象。

（4）湖边水草茂盛的生境

水草茂盛的沿岸带中，鲤、银鲫和麦穗鱼是这种生境里的优势种，葛氏鲈塘鳢、鱊亚科、花鳅亚科的种类也很常见。近年由于气候干旱，降水较少，呼伦湖和乌兰泡湖面显著萎缩。特别是呼伦湖退水过快，原来生长于湖边的水生植物全部枯死，目前大多数沿岸带的底质为泥沙和砾石底质，有水草的沿岸带较少。而乌兰泡东部有较大面积的芦苇，加上淤泥底质，水草较茂盛，鲤、银鲫和麦穗鱼的产量较大。湖边水草茂盛的沿岸带，以及与湖泊相连的乌尔逊河等河流中水草茂盛的水域是鲤、银鲫等鱼类的产卵场。

4.3.4　绥芬河鱼类调查

4.3.4.1　鱼类区系组成

根据野外调查，结合文献资料，最终确定绥芬河流域共有鱼类59种，隶属于8目16科43属（附表6）。

与我国大部分水体一样，按所含物种的绝对数目排序，鲤形目鱼类构成绥芬河淡水鱼类的主体，共计2科19属30种，占本流域野生鱼类总数的58.8%；鲑形目次之，有4科6属9种，占总数的17.6%；鲈形目有3科4属5种，占9.8%；鲶形目有2科2属2种，七鳃鳗目有1科1属2种，各占3.9%；刺鱼目、鲻形目和鲉形目各有1科1属1种，各占1.9%。

在全部15个科中，鲤科鱼类所占比重最大，计有14属22种，占该流域鱼类总数的43.1%；鳅科次之，有5属8种，占15.7%；鲑科有3属6种，占11.8%；塘鳢科有2属3种，占5.9%；七鳃鳗科有1属2种，占3.9%；其余10科（茴鱼科、胡瓜鱼科、狗鱼科、鲇科、鲿科、刺鱼科、鲻科、鰕虎鱼科、鳢科、杜父鱼科）在绥芬河均以单属单种形式存在，占比重最少。

绥芬河鱼类共有35属。其中，最大的属是大麻哈鱼属和鱥属，各有4种，各占绥芬河鱼类总种数的7.8%；其次为泥鳅属和鮈属，各有3种，各占绥芬河鱼类总种数的5.9%；三块鱼属、七鳃鳗属、雅罗鱼属、鳑属、鳅属、黄黝属各有2种，各占绥芬河鱼类总种数得3.9%；其余25属均只有1种，共占绥芬河鱼类总种数的49%。

陈宜瑜等（1998）将中国鲤科鱼类分为古近纪原始类群、北方冷水性类群、东亚类群、南方类群以及青藏高原类群等五大类群。在绥芬河流域缺少以裂腹鱼亚科为代表的青藏高原类群以及野鲮亚科为代表的南方类群。鲤亚科、鳑亚科属于古近纪原始类群，在绥芬河流域有5种，占总种数的9.8%，其区系存在度较低；鮈亚科属于东亚类群，有7种，占总种数的13.7%，其区系存在度虽然较低，但占鲤科总种数的31.8%。雅罗鱼亚科属于北方冷水性类群，有8种，占总种数的15.7%，三块鱼属的区系存在度达到50%。七鳃鳗目及鲑形目也归属于北方冷水性类群，共11种，占总种数的21.6%，且其区系存在度分别为100%和66.7%。因此，鲤科鱼类是绥芬河鱼类区系组成的主体，北方冷水性类群在绥芬河分布较多。

4.3.4.2 各样点物种组成差异

采集于绥芬河干流和支流采样点的种类分别为33种和35种，干流中的种类数与支流种类数相差不多，但池沼公鱼、兴凯鳑以及侧扁黄黝鱼仅在干流采样点采到，而日本七鳃鳗、马口鱼则仅见于支流采样点。支流中种类数最少的采样点为绥阳和亮子川，仅14种；种类数最多的采样点是罗子沟，达到21种。尽管都是支流采样点，但是种类数差别较大，表明支流中鱼类的空间分布是不均匀的（表4-11）。

表4-11 绥芬河流域各采样点的鱼类种类数

目	干流采样点	支流采样点						绥芬河
		大绥芬河		小绥芬河		瑚布图河		
	东宁	罗子沟	老黑山	双桥子	绥阳	新立	亮子川	
七鳃鳗目	0	0	1	1	0	0	1	1
鲑形目	2	2	0	3	0	4	2	7
鲤形目	25	16	12	11	12	11	10	29
刺鱼目	1	1	0	1	0	0	0	1
鲶形目	1	0	1	0	1	1	0	1
鲈形目	4	2	2	2	1	2	1	4
合计	33	21	16	18	14	18	14	43

4.3.4.3 物种多样性的春秋季变化

从多样性指数分析的结果看（图4-17），Shannon-Weiner指数和Simpson指数都显示出各采样点的多样性在春季普遍高于秋季。除东宁和老黑山外，另5个采样点的Pielou均匀度指数也显示出春季高于秋季的特征。各采样点中以干流采样点东宁的多样性指数最高，支流采样点中以罗子沟的多样性指数最高，亮子川的多样性指数最低，而亮子川的均匀度指数较高，说明在亮子川鱼类各个种间的个体分配相对比较平均。

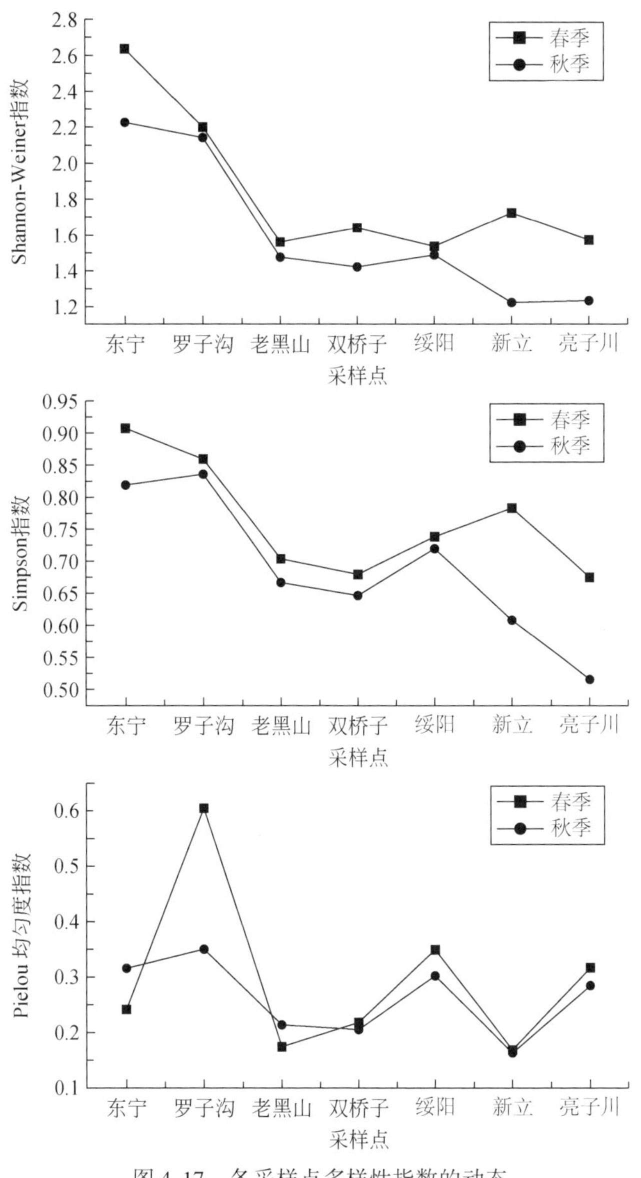

图 4-17　各采样点多样性指数的动态

4.3.5　黑龙江（阿穆尔河）鱼类调查

4.3.5.1　鱼类区系组成及分析

结合两次考察结果及 2008 年对黑龙江（阿穆尔河）上源额尔古纳河鱼类调查结果，并参考相关文献，最终确定我国境内黑龙江的淡水鱼类共 99 种，分属 10 目 19 科 66 属，计为七鳃鳗目 1 科 1 属 2 种，鲟形目 1 科 2 属 2 种，鲑形目 4 科 7 属 9 种，鲤形目 2 科 40

属65种，鲶形目2科4属7种，鲈形目5科7属8种，鲉形目1科2属3种，鲟形目、鳕形目和刺鱼目各1科1属1种。另有2种洄游鱼类日本七鳃鳗和大麻哈鱼（附表7）。

骨鳔鱼类共73种，占黑龙江淡水鱼类的73.7%。其中，鲤形目鱼类属、种分别属、种的60.6%和65.7%；鲶形目分别占6.1%和7.1%。另外，鲑形目鱼类（4科8属10种）所占比例仅次于鲤形目，为12.1%和10.1%。

黑龙江淡水鱼类中鲤科是最大的一个科，共33属56种，分别占黑龙江淡水鱼类的50%和56.6%。鲤科12个亚科中黑龙江分布有9个（图4-18），以鮈亚科鱼类的属、种最多，占鲤科属、种的29.4%和31.6%。

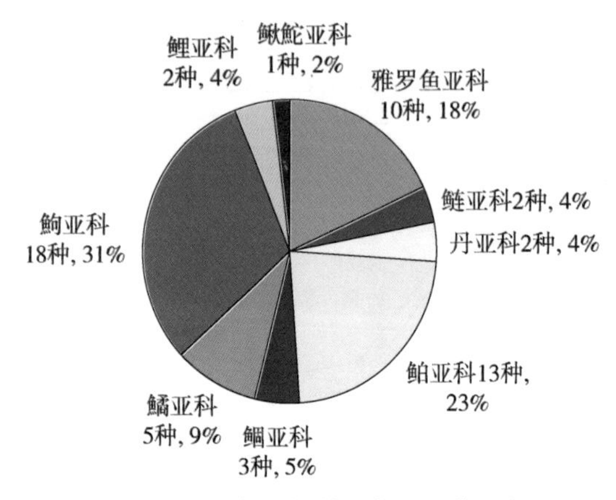

图4-18　黑龙江鲤科鱼类的亚科组成

黑龙江（阿穆尔河）水系地处寒温带，气候寒冷。许多支流常年月平均水温低于干流，都不超过20℃，属低温水域，如呼玛河及塔河8月水温为11.2～13.3℃，逊别拉河上、中游7～8月平均水温最高18.4～19.9℃，因此黑龙江（阿穆尔河）水系中适应于低温水环境中生活的鱼类种类较多。黑龙江（阿穆尔河）的鱼类区系成分中相当大一部分是冰川期从北方扩散来的冷水性鱼类，共计9科20种和亚种，包括七鳃鳗科3种、鲟科2种、茴鱼科1种、胡瓜鱼科2种、鲑科6种、狗鱼科1种，鲤科1种、鳕科1种、杜父鱼科3种。

4.3.5.2　黑龙江（阿穆尔河）上、中游的鱼类

黑龙江（阿穆尔河）上、中游的淡水鱼类共有94种，隶属10目19科66属。分别为七鳃鳗目1科1属2种，鲟形目1科2属2种，鲑形目4科8属9种，鲤形目2科40属61种，鲶形目2科4属7种，鲟形目、鳕形目和刺鱼目各1科1属1种，鲈形目5科6属7种，鲉形目1科2属3种。另有2种洄游鱼类，为日本七鳃鳗和大麻哈鱼。

骨鳔鱼类共68种，占7总中枢的2.3%。其中，鲤形目鱼类属、种分别占黑龙江（阿穆尔河）上中游淡水鱼类属、种的60.6%和64.9%；鲶形目分别占6.1%和7.4%；鲑形目鱼类所占比例仅次于鲤形目，分别为12.1%和9.6%。

黑龙江（阿穆尔河）上、中游淡水鱼类中鲤科仍是最大的一个科，共34属52种，分别占黑龙江（阿穆尔河）上中游淡水鱼类属、种的51.5%和55.3%。鲤科12个亚科中黑龙江（阿穆尔河）上、中游分布有9个，包括鲆亚科2属2种，雅罗鱼亚科8属10

种，鲌亚科5属9种，鲴亚科2属3种，鮈亚科10属18种，鱊亚科2属5种，鲤亚科2属2种，鳅鮀亚科1属1种，鲢亚科2属2种。以鮈亚科鱼类的属、种最多，占鲤科属、种的29.4%和34.6%。其次是雅罗鱼亚科，占23.5%和19.2%。

4.3.5.3　乌苏里江的鱼类

乌苏里江的淡水鱼类共有69种，分属10目16科52属。分别为七鳃鳗目1科1属1种，鲟形目1科2属2种，鲑形目3科5属6种，鲤形目2科31属44种，鲶形目2科4属6种，鳕形目和刺鱼目各1科1属1种，鲈形目4科5属5种，鲉形目1科2属3种。另有2种洄游性鱼类日本七鳃鳗和大麻哈鱼。

骨鳔鱼类共50种，占乌苏里江淡水鱼类种数的72.5%。其中，鲤形目鱼类属、种分别占属、种的60%和63.8%；鲶形目鱼类分别占7.7%和8.7%；鲑形目鱼类分别占9.6%和8.7%。

乌苏里江淡水鱼类中鲤科仍是最大的一个科，共27属40种，分别占乌苏里江淡水鱼类的51.9%和58%。鲤科12个亚科中乌苏里江分布有8个（图4-19），包括雅罗鱼亚科7属10种，鲌亚科4属9种，鲴亚科和鱊亚科各1属2种，鮈亚科10属13种，鲢亚科2属2种，鲤亚科及鲃亚科各1属1种。以鮈亚科鱼类的属、种最多，占鲤科属、种的37.0%和32.5%；其次是雅罗鱼亚科鱼类，占25.9%和25%。

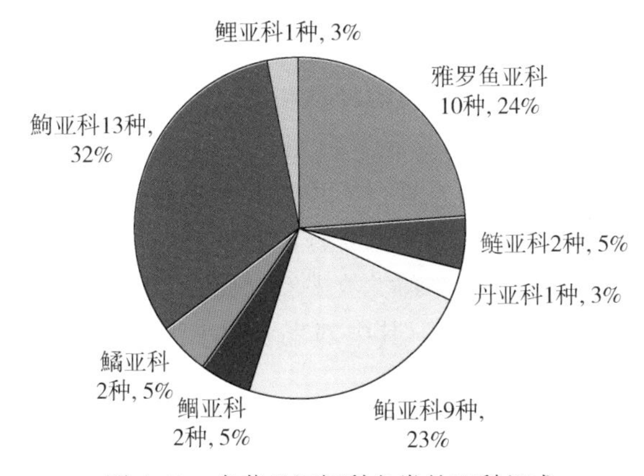

图4-19　乌苏里江鲤科鱼类的亚科组成

4.3.5.4　特有种类的分布

仅分布于黑龙江（阿穆尔河）水系的特有种类12种（附表8），鲟形目鲟科2种，鲑形目鲑科1种，胡瓜鱼科1种，鲤形目鲤科8种（包括雅罗鱼亚科1种，鲌亚科4种，鮈亚科3种）。

其中分布在黑龙江（阿穆尔河）上源额尔古纳河的特有鱼类6种，除蒙古餐（*H. bleekeri warpachowskii*）外均为黑龙江（阿穆尔河）全流域共有。除额尔古纳河外的黑龙江（阿穆尔河）中上游流段分布有10种特有鱼类。其中，池沼公鱼（*H. olidus*）和床杜父鱼（*M. platycephalus taeniopterus*）仅在此流段分布。分布在乌苏里江的特有鱼类有10种。其中，兴凯鲌（*C. dabryi shinkainensis*）、兴凯餐（*H. lucidus lucidus*）仅在乌苏里江有分布。

4.3.6 黄河干流鱼类现状

4.3.6.1 种类组成与区系特点

通过实地捕捞或调查闻讯（渔市、渔民）在 18 个调查断面共计收集鱼类 54 种，分别隶属于 7 目 13 科。种类组成以鲤科鱼类为主，32 种，分布于 9 个亚科，占总数的 59.3%；鳅科和鲿科鱼类分别为 5 和 4 种，占 9.3% 和 7.4%；其他各科鱼类较少。按生态特点分淡水鱼类 51 种，河口半咸水鱼类 3 种，这些鱼类中具洄游习性的 8 种。干流鱼类分布上游 20 种，最少，中游 29 种，次之，下游 41 种，最为丰富。具体种类名录见附表 9。

按区系组成看，大致可分为以下 5 个复合体：①江河平原复合体：均生活在中下游地区，主要包括青、草、鲢、鳙、鳊、鲂、红鳍原鲌、鲌属、鳅属等，这些都是黄河干流鱼类的主体。②古近纪复合体：包括鲤、鲫、麦穗鱼、鲇鱼、鮈属及鳑亚科等鱼类。③中亚高山复合体：主要分布在上游地区，包括黄河高原鳅、斯氏高原鳅。④南方平原复合体：主要包括黄颡鱼、光泽黄颡鱼、瓦氏黄颡鱼、小黄黝、黄鳝、乌鳢等。⑤北方平原复合体：包括雅罗鱼属和花鳅属的鱼类。

按河段来看，上游鱼类种类数较少，组成简单，以鮈亚科和鳅科的条鳅亚科鱼类为主，而且鲢、鳙、草、鳊、鲂等一些鱼类在上游有一定的分布，这主要与人工驯化养殖有关。中游鱼类和下游鱼类较为相似，以鲤科鱼类为主。但下游所分布的鲿科及鳑亚科等一些鱼类是中游所缺少的。下游的鱼类种类和数量均较上、中游为多，本次共计调查到 41 种鱼类，以鲤科为主，包括了除雅罗鱼属、高原鳅属及鮈属一些鱼类以外的绝大部分鱼类。鱼类组成上，以江河平原复合体和南方平原复合体占优势是下游鱼类区系组成的另一特点。河口区鱼类也以江河平原复合体为主，且包括两个生态类群，即淡水鱼类和河口半咸水鱼类。按各断面鱼类种类数来看（图 4-20），也呈现出由上游向下游递增的趋势（代表点用白色柱状示意），其中刘家峡和小浪底两个水库种类数较为丰富是投放养殖的结果。

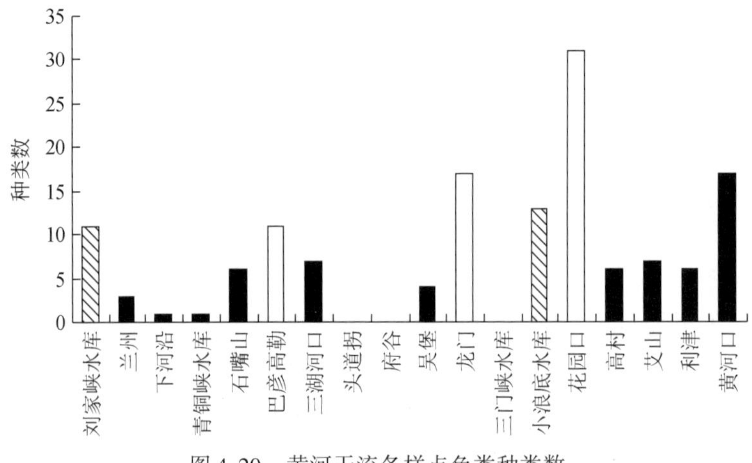

图 4-20 黄河干流各样点鱼类种类数

4.3.6.2 鱼类分布的生境特征

鱼类的组成和分布，显现出其各河段生境的特征及其异质性。黄河上游多数区域地处高原，海波高，气候干燥。河道形态多变，直到宁蒙河段河道逐渐宽浅弯曲，水流渐缓。上游宁蒙段以上，生境较简单恶劣，气温和营养物质低，作为鱼类饵料的有机物少且单一化，故组成上较简单，多冷水性物种，如鲑鳟科虹鳟，以及各种高海拔鱼类如鳅科的高原鳅为主。宁蒙段河段河道形态变得宽浅，水流较缓，鱼类组成又与中游河段较为相似，增加了许多江湖平原系鱼类，如赤眼鳟、黄河亚罗鱼等。中游河段整体生境特征为两岸多黄土垣地或台地，植被稀少，土质疏松，而且纳污量大，受污染情况较严重，水质较差，故鱼类多样性也较低，在陕北河段表现尤为突出。而中游龙门以下河段其河道宽浅，水流缓慢，其鱼类组成与下游河段相似，有喜缓流的参、鲌等，也有喜急流的如马口鱼、黄河鮈等。下游河段由于其海拔较低，降水量丰富，气候较稳定，生境多植被，地势平缓，水流平缓且宽广，为鱼类多样性的生存发展提供了较为广阔的空间。有产漂流性卵的青、草、鲢、鳙、鳜等，也有产黏性卵附着于水草上的如团头鲂、翘嘴鲌、鲤、鲫等，还有附着于沙砾和其他硬物上的如黄尾鲴、黄颡鱼等。整体上包括了除雅罗鱼属、高原鳅属及鮈属一些鱼类以外的绝大部分鲤科鱼类。在河口区由于出现咸淡水交接生境区域，则出现过河口洄游性鱼类如梭鱼和咸淡水均可生活的河口半咸水鱼类如黄鳍刺鰕虎鱼。

4.3.6.3 渔业资源现状与历史变化

与20世纪80年代所做研究相比较，黄河鱼类组成变化明显（表4-12）。80年代调查干流鱼类13目24科125种，此次调查54种，种类数下降56.8%；其中淡水淡水鱼类和半咸水鱼类较以前分别减少47.9%和68.7%。过河口性洄游鱼类以前有16种，此次调查仅3种，减少81.3%。一些鱼类如刀鲚，下游河段渔民曾表示在本年中仅捕获过几尾刀鲚，这说明刀鲚的数量在干流已非常稀少了。另外鳗鲡、北方铜鱼等在干流原有自然分布，但此次调查中未能采集到标本，虽不能说这些鱼类已经绝迹，但可以认为已经极为罕见了。

表4-12 不同时期黄河干流鱼类类群数对比

时间	目	科	属	种	调查范围	调查历时时间
20世纪50年代	4	8	36	43	8省级行政区	2个月
20世纪80年代	13	26	85	125	8省级行政区18断面	2年
2008年	7	13	43	54	7省级行政区18断面	5个月

黄河干流鱼类种类数大量减少的同时，渔获物组成也发生巨大变化。在60年代，黄河鲤鱼可以占各河段渔获物50%～70%，而在随后的几十年逐渐减少，到80年代已为20%左右。此次调查渔获物组成分析显示（图4-21），三个样点百分比位居前三的鱼类虽有差异，但都以黄颡鱼属、鲫鱼以及鮈亚科小型鱼类为主，黄河鲤已不再占很大比例。磴口河段草鱼比例较大，也是上、中游河段内引入鲢、鳙、草、编、团头鲂等养殖

鱼类的具体表现。

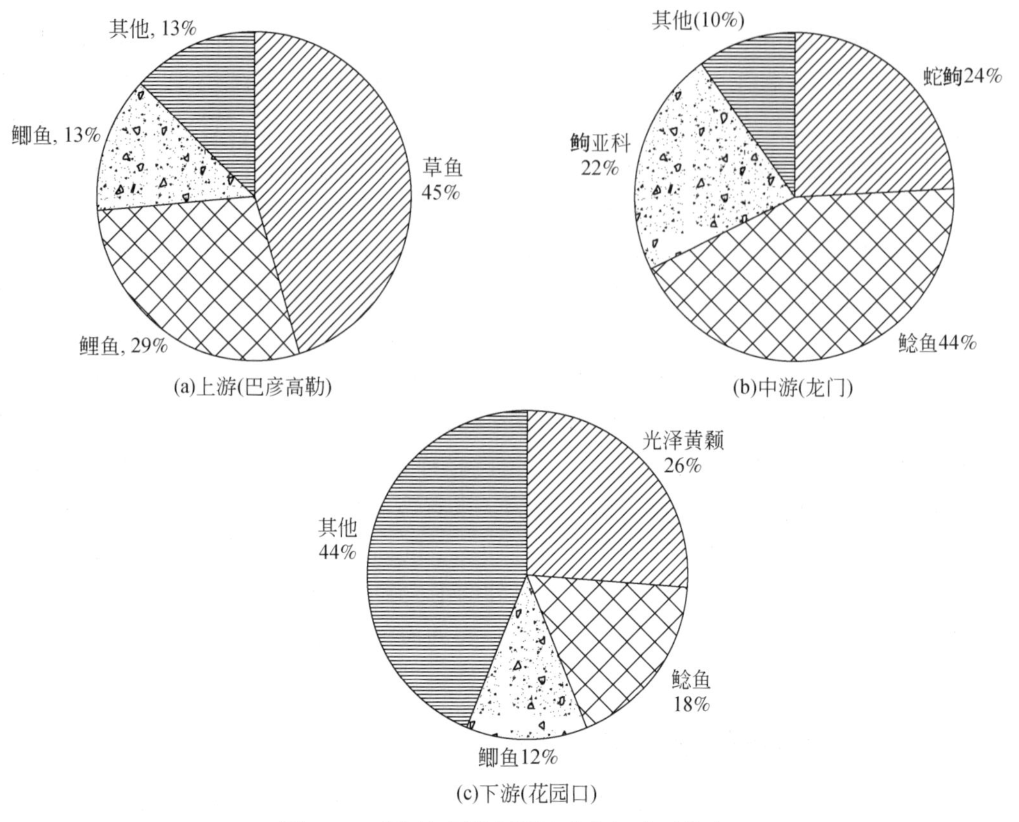

图4-21　黄河各河段刺网渔获物组成百分比

4.4　典型区域比较分析

4.4.1　贝加尔湖鱼类区系

贝加尔湖有共有鱼类共8目12科37属63种（表4-13）。其中，土著鱼类7目10科32属56种，土著鱼类中特有种的比例超过50%，特有属的比例超过30%（Sideleva 2001，2003；Knizhin et al.，2004；Bogutskaya and Naseka，2004）。种类最多的是鲉形目Scorpaeniformes杜父鱼（Cottoidei，bullheads），有3科12属35种，而且33种是贝加尔湖特有种。贝加尔湖的杜父鱼类特有科：贝湖油鱼科Comephoridae、深杜父鱼科Abyssocottidae和特有亚科贝湖鱼科Cottocomephorinae（Bogutskaya and Naseka，2004）。特有属包括：*Abyssocottus*、*Asprocottus*、*Cottinella*、*Limnocottus*、*Neocottus*、*Procottus*、*Batrachocottus*和*Comephorus*。贝加尔湖的生态系统结构、其他特征与海洋生态系统相近，存在超深（超过1000m）的淡水深水动物，类似的现象仅在海洋存在。贝加尔湖所有非杜父鱼类限于小于350m深的水域。贝加尔湖的杜父鱼类分为3个生态类群：底层，底层浮游和浮游型。底层杜父鱼有三个水深组：①沿岸浅水物种，深度在150m内，包括

Leocottus, *Paracottus*, *Batrachocottus*, *Procottus* 属的物种；②广深性鱼类，其生活史过程中可广泛分布在 100 ~ 1000m 深的水域，包括 *Asprocottus*, *Cyphocottus*, *Limnocottus*, *Batrachocottus* 属的物种；③深水物种，仅分布在 400 ~ 1600m 深的区域，包括 *Abyssocottus*, *Cottinella*, *Neocottus* 属的物种。有 22 种永久栖息或者生活史某些阶段栖息在水深超过 300m 的水域。

有关贝加尔湖杜父鱼类的起源时间和多样性的演化有两种理论。Berg 认为，贝加尔湖杜父鱼具有古老的淡水历史，现在的多样性是自主演化（autochthonous）的结果（Sideleva，1994）。另一种理论认为，贝加尔湖杜父鱼具有较为年轻的进化历史，现在的多样性是强烈进化的结果（Taliev，1955）。最近的分子遗传学研究（Slobodyanyuk et al.，1995）支持这一理论，分子研究结果认为贝加尔湖杜父鱼的演化发生在约 200 万年前。因此，贝加尔湖杜父鱼是爆炸性的辐射和形态与生态多样化是极端高的速率分化一个例子。

表 4-13　贝加尔湖鲉形目鱼类

科	种名	栖息地	体长/cm	是否特有
深杜父鱼科 Abyssocottidae	*Abyssocottus elochini*	demersal	13	特有
	Abyssocottus gibbosus	demersal	14	特有
	Abyssocottus korotneffi	bathydemersal	14	特有
	Asprocottus abyssalis	bathydemersal	12	特有
	Asprocottus herzensteini	bathydemersal	12	特有
	Asprocottus intermedius	bathydemersal	—	特有
	Asprocottus korjakovi	bathydemersal	—	特有
	Asprocottus minor	pelagic	—	特有
	Asprocottus parmiferus	bathydemersal	12	特有
	Asprocottus platycephalus	bathydemersal	12	特有
	Asprocottus pulcher	bathydemersal	12	特有
	Cottinella boulengeri	bathypelagic	13	特有
	Limnocottus bergianus	bathydemersal	23	特有
	Limnocottus/Cyphocottus eurystomus	bathydemersal	18	特有
	Limnocottus godlewskii	bathydemersal	19	特有
	Limnocottus griseus	bathydemersal	18	特有
	Limnocottus/Cyphocottu megalops	bathydemersal	17	特有
	Limnocottus pallidus	bathydemersal	18	特有
	Neocottus thermalis	bathydemersal	—	特有

续表

科	种名	栖息地	体长/cm	是否特有
深杜父鱼科 Abyssocottidae	*Neocottus werestschagini*	bathydemersal	10	特有
	Procottus gotoi	benthopelagic	0	特有
	Procottus gurwicii	benthopelagic	7	特有
	Procottus jeittelesii	benthopelagic	28	特有
	Procottus major	benthopelagic	18	特有
胎生贝加尔湖鱼科/贝加尔湖油鱼科 Comephoridae	*Comephorus baikalensis*	pelagic	21	特有
	Comephorus dybowskii	pelagic	16	特有
贝加尔湖鱼科 Cottocomephoridae	*Batrachocottus baicalensis*	demersal	19	特有
	Batrachocottus multiradiatus	demersal	15	特有
	Batrachocottus nikolskii	demersal	24	特有
	Batrachocottus talievi	demersal	—	特有
	Cottocomephorus alexandrae	benthopelagic	14. 2	特有
	Cottocomephorus grewingkii	benthopelagic	19	特有
	Cottocomephorus inermis	pelagic	22	特有
	Leocottus kesslerii	demersal	14. 0	土著
	Paracottus knerii	benthopelagic	15	土著

鲑形目是贝加尔湖鱼类区系另一个重要类群，有4科（鲑科、白鲑科、茴鱼科和狗鱼科）5属（细鳞鲑属、哲罗鱼属、白鲑属、茴鱼属和狗鱼属）6种（细鳞鲑、哲罗鱼、*Coregonus migratorius*、*C. baicalensis*、北极茴鱼和白斑狗鱼）。其中，白鲑 *Coregonus migratorius* 是贝加尔湖最主要经济鱼类。白鲑有5个群体，分别是 Selenginsky、Chivyrkuysky、Posolsky、North-baikalsky 和 Tbarguzinsky。所有已知的白鲑属于三个生态-形态群，即分布于深水底层，浮游和沿岸的群体。

贝加尔湖的鱼类区系中占特殊的地位的鱼类是贝加尔湖鲟鱼，是全世界唯一栖息在淡水的鲟鱼。此种鲟鱼主要栖息在贝加尔湖的主要支流色楞格河三角洲地区，Proval 沟，Hivyrkuy 和 Barguzin 湾。贝加尔湖鲟鱼在整个湖内存在广泛地迁移，特别是沿湖岸线。

除了上述代表性的鱼类外，贝加尔湖还分布有鲈形目河鲈，鳕形目江鳕 *Lota lota* 以及鲤形目2科8属10种鱼类（黑鲫 *Carassius carassius*、犬首鮈 *Gobio cynocephalus*、雅罗鱼 *Leuciscus idus*、贝加尔雅罗鱼 *Leuciscus idus baicalensis*、真鱥 *Phoxinus phoxinus*、湖鱥 *Phoxinus percnurus*、丁鱥 *Tinca tinca*、湖拟鲤 *Rutilus rutilus*、须鳅 *Barbatula toni*、鳅 *Cobitis melanoleuca*）。这些鱼类广泛分布于整个西伯利亚地区。在贝加尔湖地区，主要

栖息在入湖的支流、浅湾和沙质湾（silty inlets）。

值得注意的是，外来鱼类的入侵也是贝加尔湖面临的生态问题。4目（鲑形目、鲤形目、鲇形目和鲈形目）4科（白鲑科、鲤科、鲇科和沙塘鳢科 Odontobutidae）6属（白鲑属、欧鳊属、鲤属、鲫属、鲇属、塘鲈鲤属）7种（高白鲑 *Coregonus peled*，欧白鲑 *C. albula*，欧鳊 *Abramis brama* 鲤、银鲫 *Carassius auratus*，鲇和葛氏塘鲈鲤 *Perccottus glenii*）外来鱼类被引进贝加尔湖，这些鱼类适应新的环境，成功建立新的群体。

4.4.2 蒙古鱼类

蒙古鱼类总计64种和亚种，隶属于8目13科属（表4-14）。物种数最多的是鲤形目，有2科26属42种，占物种数的65.63%，其次是鲑形目，有4科5属11种。在科级组成中，鲤科鱼类物种最为丰富，有21属36种，占所有物种数的56.25%，鳅科5属6种，杜父鱼科 Cottidae 3属4种，鲟形目1科2种，七鳃鳗科 Petromyzonidae、河鲈科 Percidae、鲇科 Siluridae、沙塘鳢科、鳕科 Gadidae 各1属1种。蒙古特有鱼类有7种，分别是蒙古茴鱼 *Thymallus brevirostris* Kessler 1879、灰褐茴鱼 *Thymallus nigrescens* Dorogostaisky 1923、湖山雅罗鱼 *Oreoleuciscus angusticephalus* Bogutskaya 2001、小山雅罗鱼 *Oreoleuciscus humilis* Warpachowski 1889、短颌山雅罗鱼 *Oreoleuciscus potanini* Kessler 1879、*Barbatula dgebuadzei* Prokofiev 2003 和 *Triplophysa gundriseri* Prokofiev 2002。蒙古东部地区分布有黑龙江（阿穆尔河）特有鱼类，包括两个特有单型属种（*Mesocottus haetej* 和 *Pseudaspius leptocephalus*）以及4个特有物种（*Esox reicherti*，*Acipenser schrencki*，*Coregonus chadary* 和 *Hemiculterleuciscus warpachowski*）。

蒙古水体可以分为3个区域，即位于蒙古北部和西北部的外流向北冰洋的河流湖泊、位于蒙古东部的外流太平洋水域以及位于西部和南部的内流区。三大流域区中，数量最多的是外流太平洋的水系，有43种和亚种，其次是外流北冰洋的色楞格河流域，有22种和亚种，中亚内陆区只有8种鱼类。两大外流区鱼类区系的最大不同是太平洋外流区鲤形目鱼类有28种，而在白冰洋外流区仅有9种，与之相反的是适应冷水性的鲑形目鱼类在北冰洋外流水系占有较高的比例，有7种，而在太平洋外流区仅有4种。

蒙古的水系分布决定了蒙古鱼类区系的特点，即东部地区与我国黑龙江联系紧密，北部水系具有更多西伯利亚鱼类区系的特征，而在西部阿尔泰地区与鄂毕河鱼类关系密切，同时起源于我国青藏高原的鱼类也延伸到这一地区水体，如高原鳅属鱼类。总体上，蒙古的鱼类区系可以分为4个来源：①北极的鲑科鱼类和鳕形目鱼类；②北方冷水性类群，其特点是广泛分布于欧洲、中国北方地区和俄罗斯西伯利亚，包括物种数最多，有鲤科雅罗鱼亚科、鮈亚科的鮈属、狗鱼科、鳅科的北鳅属、鲈科和杜父鱼科；③古近纪类群，包括鲇、鳅科鳅属、鲤亚科和鱊亚科；④东亚类群，包括鲤科鲌亚科、鮈亚科的大部分，如 *Saurogobio amurensis*，*Pseudorasbora parva*，*Erythroculter mongolicus*，*Hemiculter leuciscus warpachowskii* 和 *Hemibarbus maculatus*。

表 4-14　蒙古鱼类分布

目	科	属	物种	戈壁内流区	蒙古阿尔泰	蒙古西部内流区	蒙古色楞格河	额尔古纳河上游	石勒喀河上游
七鳃鳗目 Petromyzoniformes	七鳃鳗科 Petromyzonidae	七鳃鳗属 *Lampetra* Gray 1851	雷氏七鳃鳗 *Lampetra reissneri* Dybowsky，1869						+
鲟形目 Acipenseriformes	鲟科 Acipenseridae	鲟属 *Acipenser* Linnaeus 1758	西伯利亚鲟 *Acipenser baerii* Brandt，1869				+		
			史氏鲟 *Acipenser schrenckii* Brandt，1869						+
鲑形目 Salmoniformes	鲑科 Salmonidae	细鳞鲑属 *Brachymystax* Günther 1868	细鳞鲑 *Brachymystax lenok* Pallas，1773				+	+	+
		哲罗鱼属 *Hucho* Günther 1866	哲罗鱼 *Hucho taimen* Pallas，1773				+	+	+
白鲑科 Coregonidae		白鲑属 *Coregonus* Linnaeus 1758	贝加尔白鲑 *Coregonus migratorius* Georgi，1775				+		
			真白鲑 *Coregonus lavaretu* Gmelin，1788				+		
			卡达白鲑 *Coregonus chadary* Dybowsky，1869						+
茴鱼科 Thymallidae		茴鱼属 *Thymallus* Linck 1790	北极茴鱼 *Thymallus arcticus* Pallas，1776			+	+		
			蒙古茴鱼 *Thymallus brevirostris* Kessler，1879 **			+			
			灰褐茴鱼 *Thymallus nigrescens* Dorogostaisky，1923 **				+		
			黑龙江茴鱼 *Thymallus arcticus grubei* Dybowsky，1869					+	+
狗鱼科 Esocidae		狗鱼属 *Esox* Linnaeus 1758	黑斑狗鱼 *Esox reicherti* Dybowsky，1869					+	+
			白斑狗鱼 *Esox lucius* Linnaeus，1758				+		

续表

目	科	属	物种	戈壁内流区	蒙古阿尔泰	蒙古西部内流区	蒙古色楞格河	额尔古纳河上游	石勒喀河上游
鲤形目 Cypriniformes	鲤科 Cyprinidae	鱥属 *Phoxinus* Rafinesque 1820	湖鱥 *Phoxinus*（*Eupallasella*）*percnurus* Pallas，1814				+	+	
			真鱥 *Phoxinus phoxinus* Linnaeus，1758		+		+	+	+
			花江鱥 *Phoxinus czekanowskii* Dybowsky，1869	+		+		+	+
			拉氏鱥 *Phoxinus lagowskii* Dybowsky，1869					+	
		雅罗鱼属 *Leuciscus* Cuvier 1817	瓦氏雅罗鱼 *Leuciscus waleckii waleckii* Dybowsky，1869					+	+
			准格尔雅罗鱼 *Leuciscus dzungaricus* Koch and Paepke，1998		+				
			高体雅罗鱼 *Leuciscus idus* Linnaeus，1758		+		+		
			贝加尔雅罗鱼 *Leuciscus leuciscus baicalensis* Dybowski，1874		+		+		
		山雅罗鱼属 *Oreoleuciscus*	湖山雅罗鱼 *Oreoleuciscus angusticephalus* Bogutskaya，2001[**]			+			
			小山雅罗鱼 *Oreoleuciscus humilis* Warpachowski，1889[**]	+		+			
			短颌山雅罗鱼 *Oreoleuciscus potanini* Kessler，1879[**]			+	+		
		湖拟鲤属 *Rutilus* Rafinesque 1820	湖拟鲤 *Rutilus rutilus* Linnaeus，1758				+		
		丁鱥属 *Tinca* Cuvier 1817	丁鱥 *Tinca tinca* Linnaeus，1758		+				
		䱗属 *Hemiculter* Bleeker 1859	䱗 *Hemiculter leucisculus* Basilewsky，1855					+	+
		原鲌属 *Cultrichthys* Smith 1938	红鳍原鲌 *Cultrichthys erythropterus* Basilewsky，1855					+	
		鲌属 *Culter* Basilewsky 1855	翘嘴鲌 *Culter alburnus* Basilewsky，1855					+	
			蒙古鲌 *Culter mongolicus mongolicus* Basilewsky，1855					+	
		拟赤稍鱼属 *Pseudaspius* Dybowsky 1869	拟赤稍鱼 *Pseudaspius leptocephalus* Pallas，1776					+	+

续表

目	科	属	物种	戈壁内流区	蒙古阿尔泰	蒙古西部内流区	蒙古色楞格河	额尔古纳河上游	石勒喀河上游
鲤形目 Cypriniformes	鲤科 Cyprinidae	鱊属 *Acheilognathus* Bleeker 1871	大鳍刺鳑鲏 *Acanthorhodeus asmussii* Dybowski, 1872						
		鳑鲏属 *Rhodeus* Agassiz 1835	黑龙江鳑鲏 *Rhodeus sericeus* Pallas, 1776					+	+
		颌须鮈属 *Gnathopogon* Bleeker 1859	条纹似白鮈 *Gnathopogon strigatus* Regan, 1908					+	+
			济南颌须鮈 *Gnathopogon tsinanensis* Mori, 1928						
		鮈属 *Gobio* Cuvier 1817	高体鮈 *Gobio soldatovi* Berg, 1914					+	+
			犬首鮈 *Gobio cynocephalus* Dybowsky, 1869					+	+
			细体鮈 *Gobio tenuicorpus* Mori, 1934					+	+
			尖鳍鮈 *Gobio acutipinnatus* Men´shikov, 1939		+				
		䱻属 *Hemibarbus* Bleeker 1859	唇䱻 *Hemibarbus labeo* Pallas, 1776					+	+
			花䱻 *Hemibarbus maculatus* Bleeker, 1871					+	
		突吻鮈属 *Rostrogobio* Taranetz 1937	突吻鮈 *Rostrogobio amurensis* Taranetz, 1937					+	
		平口鮈属 *Ladislavia* Dybowsky 1869	平口鮈 *Ladislavia taczanowskii* Dybowsky, 1869					+	+
		麦穗鱼属 *Pseudorasbora* Bleeker 1859	麦穗鱼 *Pseudorasbora parva* Temminck et Schlegel, 1842					+	+
		鳈属 *Sarcocheilichthys* Bleeker 1859	厚唇鳈 *Sarcocheilichthys soldatovi* Berg, 1914					+	+
		蛇鮈属 *Saurogobio* Bleeker 1870	蛇鮈 *Saurogobio dabryi* Bleeker, 1871					+	
		鲤属 *Cyprinus* Linnaeus 1758	鲤 *Cyprinus carpio* Linnaeus, 1758				+*	+	+
		鲫属 *Carassius* Jarocki 1822	鲫 *Carassius carassius* Linnaeus, 1758		+		+		
			银鲫 *Carassius auratus gibelio* Bloch, 1782 北冰洋水系为引入种	+			+*	+	+

续表

目	科	属	物种	戈壁内流区	蒙古阿尔泰	蒙古西部内流区	蒙古色楞格河	额尔古纳河上游	石勒喀河上游
鲤形目 Cypriniformes	鳅科 Cobitidae	北鳅属 *Lefua* Kessler 1876	北鳅 *Lefua costata* Kessler，1876					+	
		须鳅属 *Barbatus* Linck 1790	董氏须鳅 *Barbatula toni* Dybowski，1869		+	+	+	+	+
			戈壁须鳅 *Barbatula dgebuadzei* Prokofiev，2003**	+					
		高原鳅属 *Triplophysa* Rendahl 1933	*Triplophysa gundriseri* Prokofiev，2002**			+			
		鳅属 *Cobitis* Linnaeus 1758	花斑鳅 *Cobitis melanoleuca* Nichols，1925		+		+	+	+
		泥鳅属 *Misgurnus* Lac épède 1803	黑龙江泥鳅 *Misgurnus mohoity* Dybowski，1869					+	+
鲶形目 Siluriformes	鲶科 Siluridae	鲇属 *Silurus* Linnaeus 1758	怀头鲇 *Silurus soldatovi* Nikolsky et Soin，1948				+*	+	+
鲈形目 Perciformes	鲈科 Percidae	鲈属 *Perca* Linnaeus 1758	河鲈 *Perca fluviatilis* Linnaeus，1758		+		+		
沙塘鳢科 Odontobutidae		鲈塘鳢属 *Perccottus* Dybowski 1877	葛氏鲈塘鳢 *Perccottus glehni* Dybowski，1877					+	
鳕形目 Gadiformes	鳕科 Gadidae(Lotidae)	江鳕属 *Lota* Oken 1817	江鳕 *Lota lota* Linnaeus，1758				+	+	+
鲉形目 Scorpaenifprmes	杜父鱼科 Cottidae	杜父鱼属 *Cottus* Linnaeus 1758	杂色杜父鱼 *Cottus szanaga* Dybowski，1869					+	+
			西伯利亚杜父鱼 *Cottus. sibiricus* Warpachowski，1889				+		
		凯氏杜父鱼属 *Leocottus* Dybowski 1874	凯氏杜父鱼 *Leocottus kesslerii* Dybowski，1874				+		
		中杜父鱼属 *Mesocottus Gratzianov* 1907	中杜父鱼 *Mesocottus haitej* Dybowskyi，1869					+	+

*引入鱼类；

**特有鱼类。

4.4.3 特有物种的分布规律

考察区22个地理单元中，特有物种数最高的是贝加尔湖，拥有35种特有鱼类，占贝加尔湖分布鱼类的60.72%，黄河中下游和上游也拥有较高数量的特有种，而西伯利亚的叶尼塞河、勒拿河和科雷马河以及我国绥芬河和辽河上游，缺少特有物种（图4-22）。

总体上看，内流水系和河流的上游具有较高比例的特有鱼类，如蒙古西部内流区和河西走廊–戈壁内流区，分别拥有5种和6种特有鱼类，分别占其总物种数的71.43%和42.86%。鄂毕河的三种特有鱼类，也仅分布在上游蒙古高原地区，表明内流水系与其他水系存在地理隔离而演化出特有的鱼类区系，而外流水系，特别是西伯利亚外流北冰洋的水系之间缺少地理障碍，在最近的地质历史时期均存在水系间的联系。

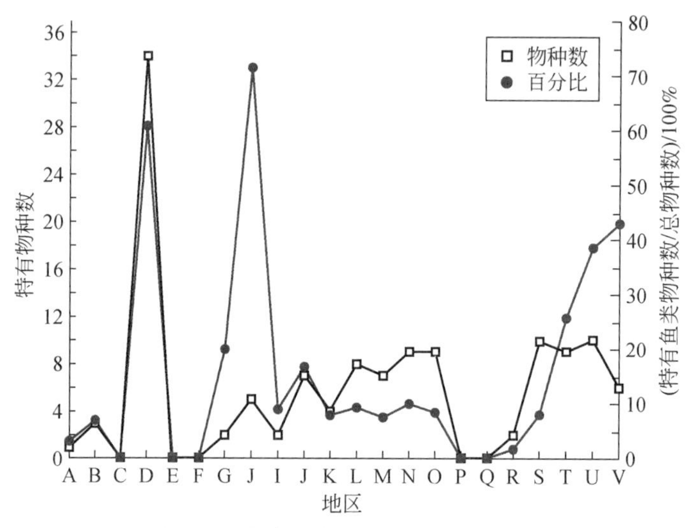

图4-22 考察区特有鱼类物种数和比例

注：A. 额尔齐斯河；B. 鄂毕河；C. 叶尼塞；D. 贝加尔湖；E. 勒拿河；F. 科雷马河；G. 蒙古阿尔泰–新疆乌伦古湖内流；H. 蒙古西部内流区；I. 蒙古色楞格河；J. 石勒喀河；K. 额尔古纳河；L. 黑龙江（阿穆尔河）中游；M. 松花江；N. 乌苏里江；O. 黑龙江（阿穆尔河）下游；P. 绥芬河；Q. 辽河上游；R. 辽河下游；S. 黄河中下游；T. 黄河上游（龙羊峡以下河段）；U. 黄河上游（龙羊峡以上河段）；V. 河西走廊–戈壁。后同。

4.4.4 重要类群的分布特点

鲇形目是脊椎动物第二或第三大目，包括35个科，大约2855种（Eschmeyer，1998），广泛分布于除南极洲之外的各大洲。鲇形目物种数约占淡水鱼的1/4，全部鱼纲种类的1/10，脊椎动物的1/20。考察区分布有2科16种鲇形目鱼类。其中，鲇科3种，鲿科13种。鲇科是欧亚大陆分布的鲇形目鱼类，也是欧洲唯一的土著的鲇形目鱼类。鲿科广泛分布于撒哈拉以南的非洲、西亚底格里斯河–幼发拉底河水系，东亚和南亚。考察区西伯利亚、蒙古水系以及青藏高原地区缺少土著鲇形目鱼类的分布，而辽河下游和黄河中下游具有最多的鲇形目物种数，物种数呈现由北向南逐渐增加的趋势，下游多于上游河流的分布规律（图4-23）。

极地分布为主的冷水性鱼类，包括鲑科（不包括哲罗鲑属和细鳞鲑属）、白鲑科、胡瓜鱼科和鳕科，主要分布于西伯利亚和黑龙江（阿穆尔河）流域，而在阿尔泰–新疆

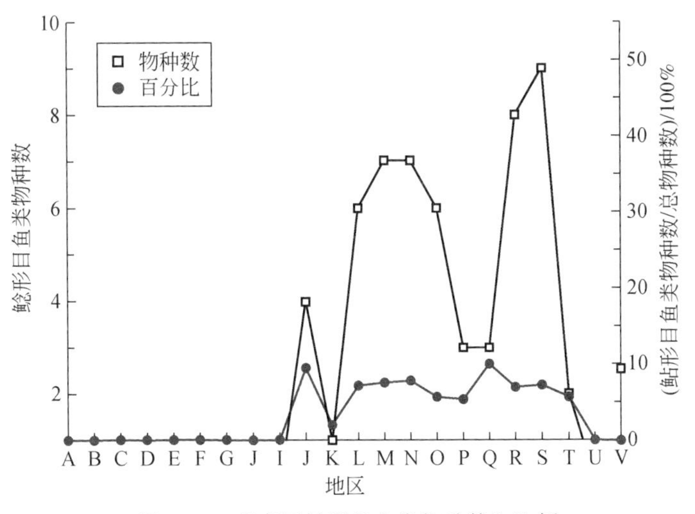

图 4-23　考察区鲇形目鱼类物种数和比例

乌伦古湖内流、蒙古西部内流区、辽河上游、辽河下游、黄河上游和河西走廊–戈壁缺失。除贝加尔湖以外，所占比例由北向南逐渐降低（图 4-24）。冷水性的鲑形目鱼类也呈现了相似的分布规律。

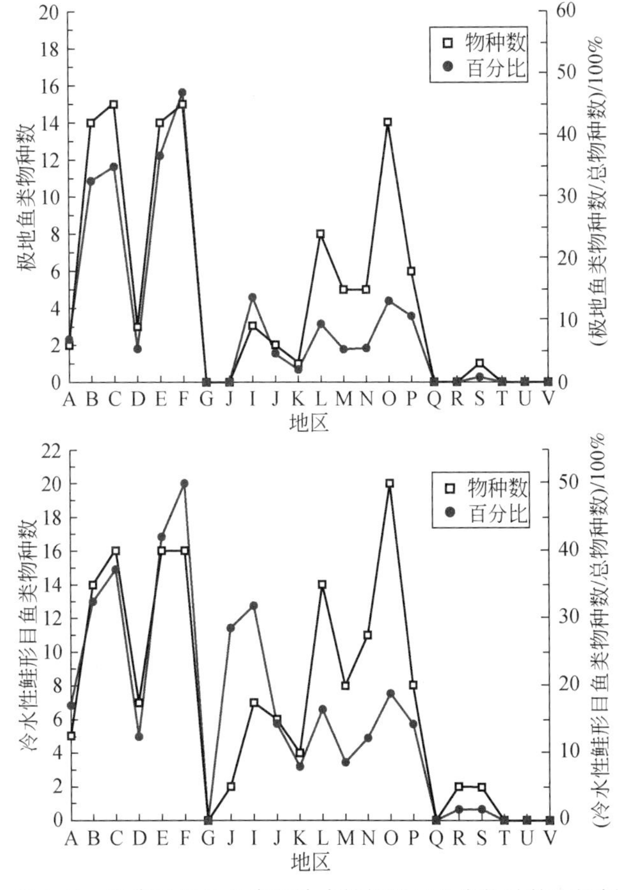

图 4-24　考察区极地鱼类和冷水性鲑形目鱼类物种数和比例

鲤科北方冷水性类群，主要以雅罗鱼亚科为代表，不包括该类群在东亚特化的一些种类，却包括鮈亚科的鮈属等北方特有属。它们是在上新世全球气温下降后产生的一类适应较冷环境生活的鲤科鱼类，其分布向南一般不超过秦岭山系。考察区黑龙江（阿穆尔河）流域和绥芬河分布有最多的鲤科北方冷水性物种，但西伯利亚地区水系具有更高的比例，所占比例呈现由北向南逐渐降低的分布规律（图 4-25）。

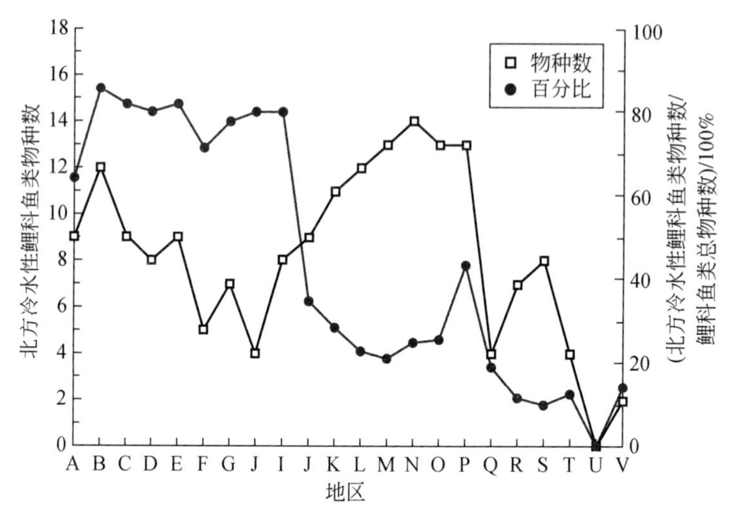

图 4-25　考察区北方冷水性鲤科鱼类物种数和比例

古近纪原始类群，包括鲃亚科、鲤亚科和鱊亚科，其特点是它们的祖先都曾在中国广泛分布，在新近纪由于气候等原因，其后裔大部分仅存留于秦岭以南，但在北方仍保留有孑遗属、种。考察区蒙古西部内流区和黄河上游龙羊峡以上河段缺失，西伯利亚水系仅有 1 种分布，物种数呈现由北向南逐渐增多的分布特点，但所占比例逐渐降低（图 4-26）。

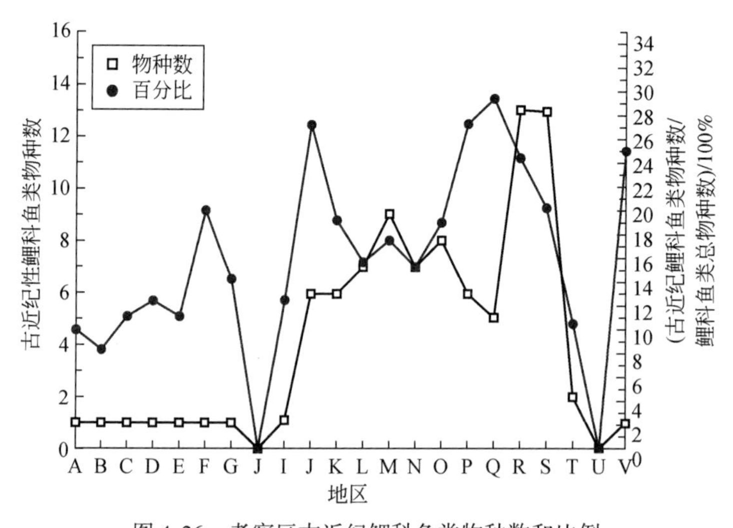

图 4-26　考察区古近纪鲤科鱼类物种数和比例

东亚类群，包括鲌亚科、鲴亚科、鲢亚科、鳅鮀亚科、鮈亚科的大部分以及雅罗鱼亚科的青鱼草与赤眼鳟和鳡鳤鯮两个东亚类群。其演化的历史较短，分布被局限于北起黑龙江（阿穆尔河）流域，南至红河水系的东亚地区，但在河西走廊–戈壁内流区缺失。物种数和所占比例在南北分布上变化不明显（图 4-27）。

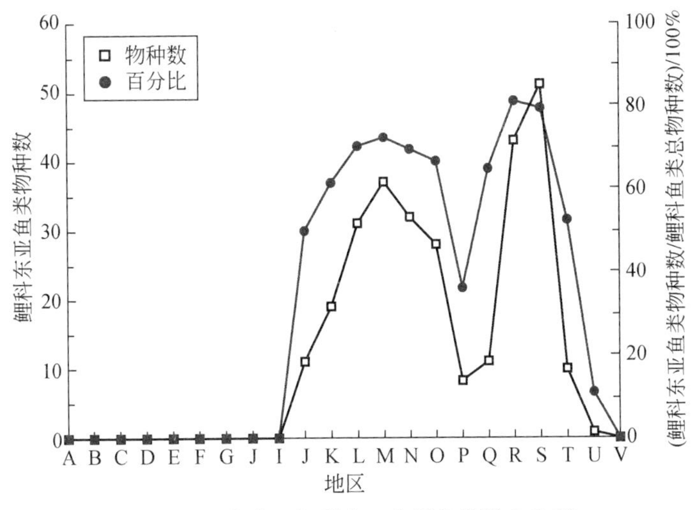

图 4-27　考察区鲤科东亚鱼类物种数和比例

青藏高原类群，由鲤科裂腹鱼亚科和鳅科高原鳅属组成，其起源和演化与青藏高原隆起直接相关，分布仅限于青藏高原和四周邻近地区。在黄河上游龙羊峡以上河段，高原鱼类的比例高达 92.31%。高原鱼类主要分布于发源于青藏高原的水系，但是与之相联系的水系，如我国天山以北的地区。额尔齐斯河在历史上曾与准噶尔区的玛纳斯河相联系，高原鱼类的新疆高原鳅、小体高原鳅和新疆裸重唇鱼扩散到额尔齐斯河、甚至是蒙古西部内流区（图 4-28）。

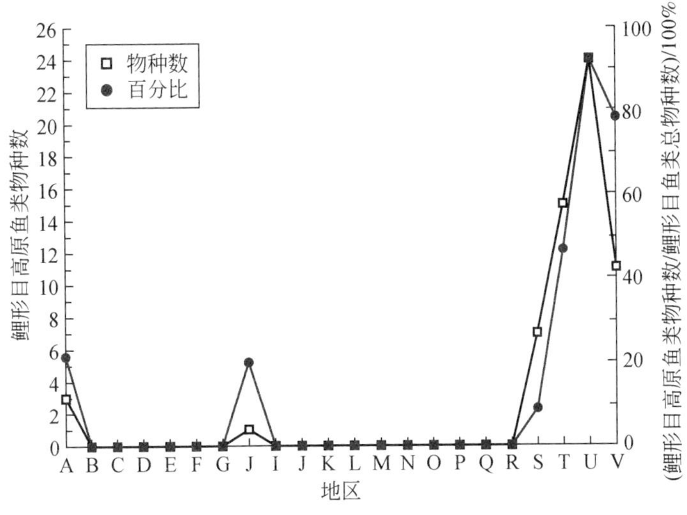

图 4-28　考察区鲤形目高原鱼类物种数和比例

4.4.5 俄罗斯西伯利亚、蒙古和中国北方鱼类区系联系

我国学者传统上将秦岭以北的地区划为古北界，但是对淡水动物的地理分布划分仍存在一定的争议。Berg（1912）最早将中国和日本的淡水鱼类区系连同南亚鱼类一起划为东洋区，并认为黑龙江（阿穆尔河）的鱼类区系代表了古北区向东洋区过渡的区。Bănărescu（1960）进一步将黑龙江（阿穆尔河）划为中印区（Sino-Indian Region，对应于陆生动物的东洋区）。Bănărescu（1991）在后续的著作中，将黑龙江（阿穆尔河）以北的西伯利亚、蒙古和中国新疆的北部划为全北区西伯利亚亚区、蒙古西部亚区、贝加尔湖亚区，而将包括黑龙江（阿穆尔河）以南的地区划为中印区东亚亚区和亚洲高原亚区，并指出勒拿河流域和黑龙江（阿穆尔河）流域的界限是世界上淡水动物区系最清楚的分界线之一。Bănărescu 认为，西伯利亚与东亚相比，淡水鱼类区系与欧洲有更密切联系，两者共同分布的物种有湖拟鲤 *Rutilus rutilus*，雅罗鱼 *Leuciscus leuciscus*，圆腹雅罗鱼 *Leuciscus idus*（姐妹群分布在东亚），丁鱥 *Tinca tinca*，黑鲫 *Carassius carassius*（姐妹群分布在东亚）河鲈 *Perca fluviatilis*（姐妹群分布在北美），黏鲈（梅花鲈）*Gymnocephalus*（*Acerina*）*cernuus* 等，甚至与北美有更近的关系，如全北界共同分布有白斑狗鱼 *Esox lucius*、江鳕 *Lota lota*、真亚口鱼 *Catostomus catostomus*、茴鱼 *Thymallus thymallus*、鲑科 Salmonidae 和白鲑科 Coregonidaeidae 的多个物种；西伯利亚与东亚古北界共同分布物种有真鱥 *Phoxinus phoxinus*、鮈 *Gobio gobio*、花斑鳅 *Cobitis melanoleuca*、须鳅（*Barbatula barbatula*）、北方须鳅 *Barbatulu toni*、哲罗鲑 *Hucho hucho*、细鳞鲑 *Brachymystax lenok* 等。

长期以来，不同级别地理区（如界、区、亚区等）的界定是动植物地理区划和历史生物地理学的主要工作。早期动物地理区划工作主要是基于特有性原则，考虑动植物区系总体上的相似性，依据存在最小数量的更高级别的特有类群（如区级别存在特有科，省级别存在特有属等）或者是存在特别的代表性的属或物种以及非区系的标准，如气候、地理等。更科学的方法，如数学的方法，仅仅限制在有限度的地区或者是单一的有限的动物类群的分析。隋晓云（2011）采用聚类和非测量多维度量方法对我国现生淡水鱼类的地理分布和多样性格局进行了全面分析。在本章，我们对贝加尔湖-色楞格河、勒拿河、我国黑龙江、黄河鱼类野外调查的基础上，整理相关的文献资料，统计分布于包括黄河以北地区的淡水鱼类。分析地区包括西伯利亚鄂毕河、鄂毕河上游哈萨克斯坦和中国新疆的额尔齐斯河、叶尼塞河、勒拿河、科雷马河、贝加尔湖、阿尔泰和中国新疆的乌伦古湖内流区、阿尔泰山和杭爱山之间的西部内流区、中国河西走廊阿拉善和蒙古戈壁内流区、黑龙江上游的石勒喀河、额尔古纳河、黑龙江中游、松花江、乌苏里江和阿穆尔河（黑龙江）下游、辽河上游、黄河上游龙羊峡以上河段、黄河上游龙羊峡以下河段、黄河中下游等共 22 个地理单元。上述地区共计分布鱼类目科 153 个属 350 种（附表 10）。根据不同物种或属在各个区域单元中的分布，以种或属存在与否构建 Bray-Curtis 相似性矩阵，然后进行聚类（cluster）分析和无度量多维定量排序（non-metric multidimensional scaling，MDS）分析。依据聚类分析和 MDS 分析结果，对我国北方、蒙古和西伯利亚鱼类地理空间分布进行划分，并对分区的结果，进行相似性分析（analysis of similarity，ANOSIM）以检验不同地理单元的鱼类组成是否存在分化［$R=1$，

表明所有样点内的相似性大于样点之间的相似性；$R=0$，表明零假设成立，即样点内和样点间的相似性总体上相同；$0<R<1$，表明样点间存在一定程度的分化（$R<0.25$，鱼类组成不可分；$0.25\leq R<0.75$，存在一定重叠，但仍可分；$R\geq 0.75$，明显分离）］及其差异显著性（$P<0.05$ 为显著性水平）；当不同生物地理区鱼群间明显分离时，再进行鱼群间的相似性百分比（similarity percentage，SIMPER）分析，从而鉴定出各个地理区内相似性的重要贡献物种及不同生物地理区间不相似性的重要贡献物种。以上分析均通过 PRIMER 5.0 软件进行（Clarke and Warwick，2001）。

4.4.5.1　基于物种分布的空间相似性分析

考察区 22 个地理单元在物种分布的空间相似呈现三个主要的分支：分支Ⅰ（青藏高原）由河西走廊-戈壁内流区、黄河上游龙羊峡以上段和黄河上游龙羊峡以下河段组成，分支Ⅱ（西伯利亚）由蒙古西部内流区、阿尔泰乌伦古湖内流区、贝加尔湖、色楞格河、额尔齐斯河以及四条西伯利亚水系（鄂毕河、叶尼塞河、勒拿河和科雷马河）组成，分支Ⅲ（中国北方）由黄河中下游、辽河下游、辽河上游、绥芬河和黑龙江 5 个地理单元组成；分支Ⅱ和Ⅲ的相似性为 9.84%。分支Ⅰ与分支Ⅱ、分支Ⅲ的相似性为 4.28%。值得注意的是，分布于我国境内和哈萨克斯坦额尔齐斯河与西伯利亚水系更为密切，相似性为 61.25%，高于贝加尔湖与西伯利亚水系的相似性（36.51%）（图 4-29）。

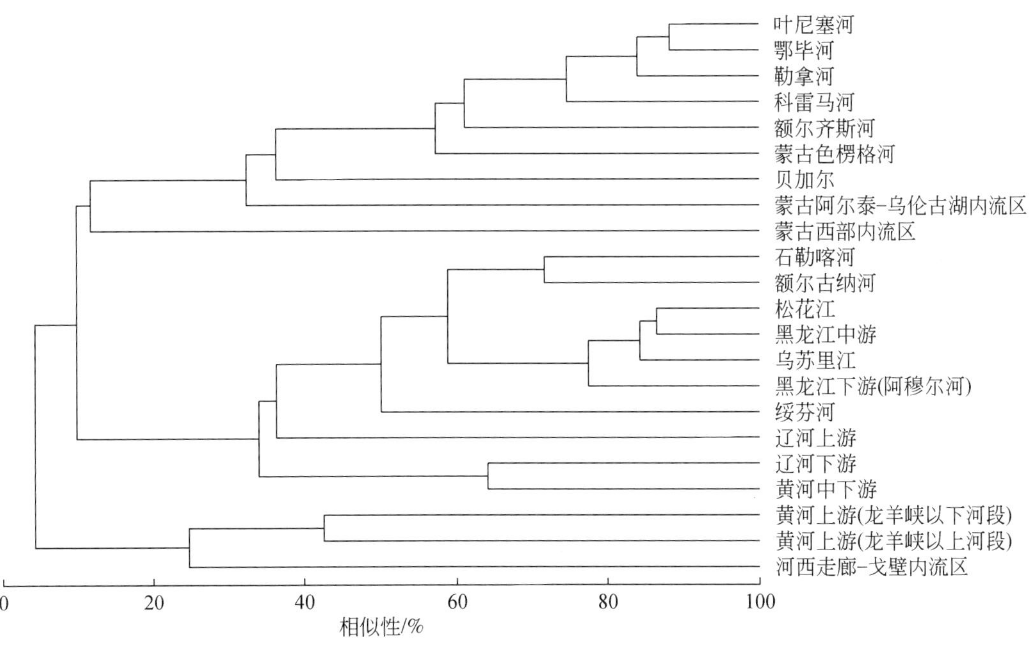

图 4-29　基于物种相似性构建的考察区淡水鱼类空间分布聚类树

以地区为变量，用 Stress（S 值）衡量排序畸变程度的应力。MDS 分析的 S 值为 0.06，小于 0.1，表明在二维空间，MDS 排序平面图很好地表示出了地理单元物种的相似性（Clarke et al.，2001）。不过青藏高原相关的三个地区——黄河上游龙羊峡以上河段、黄河上游龙羊峡以下河段和河西走廊-戈壁内流区以及西伯利亚区相关的蒙古西部内流区排列较为松散（图 4-30）。

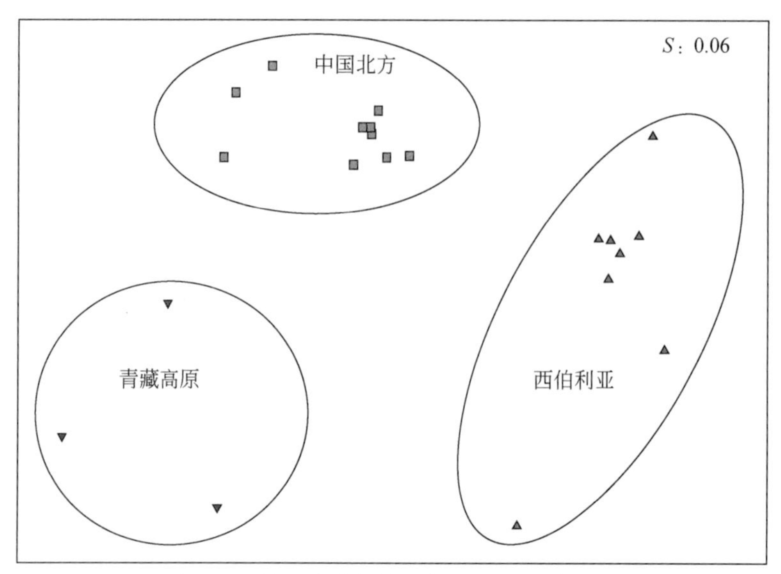

图 4-30　基于种分布的考察区 MDS 二维平面

根据 MDS 和聚类分析的结果，以流域地理单元为因子，对三个分支地区单元组合进行单因素相似性分析（One-way ANOSIM），结果表明，它们的物种组成存在显著性差异（Global R=0.912，P=0.001 < 0.05）。不同地区间物种的组成也存在显著性差异（青藏高原与西伯利亚 Global R=0.994，P=0.005；青藏高原与中国北方 R=0.969，P=0.001；西伯利亚与中国北方 R=0.907，P=0.001）。

SIMPER 分析表明，分支Ⅰ内物种平均相似性为 30.70%，对组内相似性贡献率较高的物种有东方高原鳅、斯氏高原鳅、修长高原鳅、短尾高原鳅、黄河裸裂尻鱼、银鲫等（表 4-15）。

表 4-15　分支Ⅰ内物种相似性贡献率

物种	平均丰度	平均相似度	相似度标准差	贡献率/%	累积贡献率/%
东方高原鳅 *Triplophysa orientalis* Herzenstein 1888	1	4.18	4.64	13.92	13.92
斯氏高原鳅 *Triplophysa stoliczkai* Steindachner 1866	1	4.18	4.64	13.92	27.83
修长高原鳅 *Triplophysa leptosoma* Herzenstein 1888	1	4.18	4.64	13.92	41.75
短尾高原鳅 *Triplophysa brevicauda* Herzenstein 1888	1	4.18	4.64	13.92	55.67
黄河裸裂尻鱼 *Schizopygopsis pylzovi* Kessker 1876	1	4.18	4.64	13.92	69.58
银鲫 *Carassius auratus* Bloch 1782	0.67	1.36	0.58	4.53	74.11
北方鳅 *Cobitisgranoei* Rendahl 1935	0.67	1.11	0.58	3.7	77.81
硬刺高原鳅 *Triplophysa scleroptera* Herzenstein 1888	0.67	1.11	0.58	3.7	81.51
拟硬刺高原鳅 *Triplophysa pseduscleroptera* Zhu et Wu 1981	0.67	1.11	0.58	3.7	85.21
黄河高原鳅 *Triplophysa pappenheimi* Fang 1935	0.67	1.11	0.58	3.7	88.91
粗壮高原鳅 *Triplophysa robusta* Kessler 1876	0.67	1.11	0.58	3.7	92.6
厚唇裸重唇鱼 *Gymnodiptychus pachycheilus* Herzenstein 1892	0.67	1.09	0.58	3.56	92.88

分支Ⅱ组内平均相似性43.38%，对相似性贡献率较高的物种有董氏须鳅、北极茴鱼、河鲈、黑鲫、贝加尔雅罗鱼、花斑鳅、真鱥、江鳕、白斑狗鱼等（表4-16）。

表4-16　分支Ⅱ内物种相似性贡献率

物种	平均丰度	平均相似度	相似度标准差	贡献率/%	累积贡献率/%
董氏须鳅 *Barbatula toni* Dybowski 1869	1	3.71	2.03	8.62	8.62
北极茴鱼 *Thymallus arcticus* Pallas 1776	0.89	2.53	1.49	5.87	14.48
河鲈 *Perca fluviatilis* Linnaeus 1758	0.89	2.46	1.54	5.72	20.2
黑鲫 *Carassius carassius* Linnaeus 1758	0.89	2.46	1.54	5.72	25.91
贝加尔雅罗鱼 *Leuciscus baicalensis* Dybowski 1874	0.89	2.46	1.54	5.72	31.63
花斑鳅 *Cobitis melanoleuca* Nichols 1925	0.78	1.85	1.04	4.28	35.91
雅罗鱼 *Leuciscus idus* Linnaeus 1758	0.78	1.85	1.04	4.28	4
真鱥 *Phoxinus phoxinus* Linnaeus 1758	0.78	1.82	1.04	4.22	44.42
江鳕 *Lota lota* Linnaeus 1758	0.78	1.6	1.12	3.72	48.14
白斑狗鱼 *Esox lucius* Linnaeus 1758	0.78	1.6	1.12	3.72	51.86
湖鱥 *Phoxinus percnurus* Pallas 1814	0.78	1.6	1.12	3.72	55.59
西伯利亚鲟 *Acipenser baerii* Brandt 1869	0.78	1.6	1.12	3.72	59.31
细鳞鲑 *Brachymystax lenok* Pallas 1773	0.78	1.6	1.12	3.72	63.04
湖拟鲤 *Rutilus rutilus* Linnaeus 1758	0.67	1.12	0.81	2.6	65.64
哲罗鱼 *Hucho taimen* Pallas 1773	0.67	1.12	0.81	2.6	68.23
丁鱥 *Tinca tinca* Linnaeus 1758	0.56	0.83	0.57	1.93	70.17
西伯利亚杜父鱼 *Cottus sibiricus* Warpachowski 1889	0.56	0.81	0.6	1.88	72.05
花江鱥 *Phoxinus czekanowskii* Dybowsky 1869	0.56	0.8	0.6	1.85	73.9
真白鲑 *Coregonus lavaretus pidschian* Gmelin 1788	0.56	0.8	0.6	1.85	75.75
九刺鱼 *Pungitius pungitius* Linnaeus 1758	0.56	0.76	0.61	1.76	77.51

分支Ⅲ组内平均相似性48.77%，对相似性贡献率较高的物种有鲇、鲤、银鲫、麦穗鱼、马口鱼、拉氏鱥、中华细鲫、北鳅等（表4-17）。

表4-17　分支Ⅲ内物种相似性贡献率

物种	平均丰度	平均相似度	相似度标准差	贡献率/%	累积贡献率/%
鲇 *Silurus asotus* Linnaeus 1758	1	1.37	3.11	2.81	2.81
鲤 *Cyprinus carpio* Linnaeus 1758	1	1.37	3.11	2.81	5.62
银鲫 *Carassius auratus gibelio* Bloch 1783	1	1.37	3.11	2.81	8.42
麦穗鱼 *Pseudorasbora parva* Temminck et Schlegel 1842	1	1.37	3.11	2.81	11.23
鳘 *Hemiculter leucisculus* Basilewsky 1855	1	1.37	3.11	2.81	14.04
马口鱼 *Opsariichthys bidens* Günther 1873	1	1.37	3.11	2.81	16.85

续表

物种	平均丰度	平均相似度	相似度标准差	贡献率/%	累积贡献率/%
拉氏鱥 *Phoxinus lagowskii* Dybowsky 1869	1	1.37	3.11	2.81	19.66
中华细鲫 *Aphyocypris chinensis* Günther 1868	0.9	1.06	1.6	2.17	21.83
北鳅 *Lefua costata* Kessler 1876	0.9	1.03	1.66	2.11	23.94
蛇鮈 *Saurogobio dabryi* Bleeker 1871	0.9	1.03	1.66	2.11	26.04
棒花鱼 *Abbottina rivularis* Basilewsky 1855	0.9	1.03	1.66	2.11	28.15
瓦氏雅罗鱼 *Leuciscus waleckii* Dybowsky 1869	0.9	1	1.73	2.04	30.19
细鳞鲑 *Brachymystax lenok* Pallas 1773	0.9	1	1.73	2.04	32.24
北方须鳅 *Barbatula nuda* Bleeker 1864	0.8	0.88	1.13	1.8	34.04
杂色杜父鱼 *Cottus szanaga* Dybowski 1869	0.8	0.82	1.18	1.68	35.72
高体鮈 *Gobio soldatovi* Berg 1914	0.8	0.82	1.18	1.68	37.41
犬首鮈 *Gobio cynocephalus* Dybowsky 1869	0.8	0.82	1.18	1.68	39.09
丝鳑鲏 *Rhodeus sericeus* Pallas 1776	0.8	0.82	1.18	1.68	40.77
乌鳢 *Channa argus* Cantor 1842	0.8	0.75	1.16	1.54	42.31
兴凯鱊 *Acheilognathus chankaensis* Dybowski 1872	0.8	0.75	1.16	1.54	43.86

分支Ⅰ和分支Ⅱ的平均物种组成差异为99.42%，主要贡献物种有东方高原鳅、斯氏高原鳅、修长高原鳅、短尾高原鳅、董氏须鳅、黄河裸裂尻鱼、北极茴鱼、河鲈等（表4-18）。

表4-18　分支Ⅰ和分支Ⅱ间不相似性的物种贡献率

物种	平均丰度		平均不相似度	不相似标准差	贡献率/%	累积贡献率/%
	分支Ⅰ	分支Ⅱ				
东方高原鳅 *Triplophysa orientalis* Herzenstein, 1888	1	0	2.04	2.33	2.05	2.05
斯氏高原鳅 *Triplophysa stoliczkai* Steindachner, 1866	1	0	2.04	2.33	2.05	4.1
修长高原鳅 *Triplophysa leptosoma* Herzenstein, 1888	1	0	2.04	2.33	2.05	6.15
短尾高原鳅 *Triplophysa brevicauda* Herzenstein, 1888	1	0	2.04	2.33	2.05	8.19
董氏须鳅 *Barbatula toni* Dybowski, 1869	0	1	2.04	2.33	2.05	10.24
黄河裸裂尻鱼 *Schizopygopsis pylzovi* Kessker, 1876	1	0	2.04	2.33	2.05	12.29
北极茴鱼 *Thymallus arcticus* Pallas, 1776	0	0.89	1.69	1.77	1.7	14
河鲈 *Perca fluviatilis* Linnaeus, 1758	0	0.89	1.66	1.91	1.67	15.66
鲫 *Carassius carassius* Linnaeus, 1758	0	0.89	1.66	1.91	1.67	17.33
贝加尔雅罗鱼 *Leuciscus baicalensis* Dybowski, 1874	0	0.89	1.66	1.91	1.67	18.99
花斑鳅 *Cobitis melanoleuca* Nichols, 1925	0	0.78	1.46	1.44	1.46	20.46
雅罗鱼 *Leuciscus idus* Linnaeus, 1758	0	0.78	1.46	1.44	1.46	21.92
真鱥 *Phoxinus phoxinus* Linnaeus, 1758	0	0.78	1.44	1.44	1.45	23.38
银鲫 *Carassius auratus gibelio* Bloch, 1782	0.67	0	1.39	1.09	1.4	24.77

续表

物种	平均丰度		平均不相似度	不相似标准差	贡献率/%	累积贡献率/%
	分支Ⅰ	分支Ⅱ				
江鳕 *Lota lota* Linnaeus, 1758, burbot	0	0.78	1.31	1.64	1.32	26.09
白斑狗鱼 *Esox lucius* Linnaeus, 1758	0	0.78	1.31	1.64	1.32	27.42
湖鱥 *Phoxinus percnurus* Pallas, 1814	0	0.78	1.31	1.64	1.32	28.74
西伯利亚鲟 *Acipenser baerii* Brandt, 1869	0	0.78	1.31	1.64	1.32	30.06
细鳞鲑 *Brachymystax lenok* Pallas, 1773	0	0.78	1.31	1.64	1.32	31.38
北方鳅 *Cobitis granoei* Rendahl, 1935	0.67	0	1.18	1.22	1.19	32.57

分支Ⅱ和分支Ⅲ的平均物种组成差异为90.16%，主要贡献物种有鲇、鲤、银鲫、麦穗鱼、马口鱼、拉氏鱥、中华细鲫、北鳅、蛇鮈等（表4-19）。

表4-19 分支Ⅱ和分支Ⅲ间不相似性的物种贡献率

物种	平均丰度		平均不相似度	不相似标准差	贡献率/%
	分支Ⅱ	分支Ⅲ			
鲇 *Silurus asotus* Linnaeus 1758	0	1	1.03	2.44	1.14
鲤 *Cyprinus carpio* Linnaeus 1758	0	1	1.03	2.44	1.14
银鲫 *Carassius auratus gibelio* Bloch 1782	0	1	1.03	2.44	1.14
麦穗鱼 *Pseudorasbora parva* Temminck et Schlegel 1842	0	1	1.03	2.44	1.14
䱗 *Hemiculter leucisculus* Basilewsky 1855	0	1	1.03	2.44	1.14
马口鱼 *Opsariichthys bidens* Günther 1873	0	1	1.03	2.44	1.14
拉氏鱥 *Phoxinus lagowskii* Dybowsky 1869	0.11	1	0.92	1.76	1.03
中华细鲫 *Aphyocypris chinensis* Günther 1868	0	0.9	0.91	1.77	1.01
北鳅 *Lefua costata* Kessler 1876	0	0.9	0.88	1.82	0.98
蛇鮈 *Saurogobio dabryi* Bleeker 1871	0	0.9	0.88	1.82	0.98
棒花鱼 *Abbottina rivularis* Basilewsky 1855	0	0.9	0.88	1.82	0.98
北极茴鱼 *Thymallus arcticus* Pallas 1776	0.89	0	0.88	1.83	0.98
河鲈 *Perca fluviatilis* Linnaeus 1758	0.89	0	0.88	1.87	0.97
鲫 *Carassius carassius* Linnaeus 1758	0.89	0	0.88	1.87	0.97
贝加尔雅罗鱼 *Leuciscus leuciscus* Dybowski 1874	0.89	0	0.88	1.87	0.97
瓦氏雅罗鱼 *Leuciscus waleckii* Dybowsky 1869	0	0.9	0.85	2.04	0.94
北方须鳅 *Barbatus* barbatula *nuda* Bleeker 1864	0	0.8	0.84	1.46	0.94
杂色杜父鱼 *Cottus szanaga* Dybowski 1869	0	0.8	0.79	1.61	0.87
丝鳑鲏 *Rhodeus sericeus* Pallas 1776	0	0.8	0.79	1.61	0.87
细体鮈 *Gobiotenuicorpus* Mori 1934	0	0.7	0.77	1.23	0.86

分支Ⅰ和分支Ⅲ的平均物种组成差异为92.39%，主要贡献物种有东方高原鳅、修长高原鳅、短尾高原鳅、黄河高原鳅、马口鱼、斯氏高原鳅、中华细鲫、北鳅、蛇鮈、

瓦氏雅罗鱼等（表4-20）。

表4-20 分支Ⅰ和分支Ⅲ间不相似性的物种贡献率

物种	平均丰度		平均不相似度	不相似标准差	贡献率/%
	分支Ⅰ	分支Ⅲ			
东方高原鳅 *Triplophysa orientalis* Herzenstein 1888	1	0	1.08	2.62	1.17
修长高原鳅 *Triplophysa leptosoma* Herzenstein 1888	1	0	1.08	2.62	1.17
短尾高原鳅 *Triplophysa brevicauda* Herzenstein 1888	1	0	1.08	2.62	1.17
黄河裸裂尻鱼 *Schizopygopsis pylzovi* Kessker 1876	1	0	1.08	2.62	1.17
马口鱼 *Opsariichthys bidens* Günther 1873	0	1	1.08	2.62	1.17
斯氏高原鳅 *Triplophysa stoliczkae* Steindachner 1866	1	0.1	1.01	1.96	1.1
中华细鲫 *Aphyocypris chinensis* Günther 1868	0	0.9	0.96	1.84	1.04
北鳅 *Lefua costata* Kessler 1876	0	0.9	0.93	1.89	1.01
蛇鮈 *Saurogobio dabryi* Bleeker 1871	0	0.9	0.93	1.89	1.01
瓦氏雅罗鱼 *Leuciscus waleckii waleckii* Dybowsky 1869	0	0.9	0.89	2.11	0.97
细鳞鲑 *Brachymystax lenok* Pallas 1773	0	0.9	0.89	2.11	0.97
北方须鳅 *Barbatus nuda* Bleeker 1864	0	0.8	0.89	1.5	0.96
蒙古杜父鱼 *Cottus szanaga* Dybowski 1869	0	0.8	0.83	1.64	0.9
高体鮈 *Gobio soldatovi* Berg 1914	0	0.8	0.83	1.64	0.9
犬首鮈 *Gobio cynocephalus* Dybowsky 1869	0	0.8	0.83	1.64	0.9
丝鳑鲏 *Rhodeus sericeus* Pallas 1776	0	0.8	0.83	1.64	0.9
细体鮈 *Gobio tenuicorpus* Mori 1934	0	0.7	0.82	1.25	0.89
乌鳢 *Channa argus* Cantor 1842	0	0.8	0.79	1.47	0.86
兴凯鱊 *Acheilognathus chankaensis* Dybowski 1872	0	0.8	0.79	1.47	0.86
中华多刺鱼 *Pungitius sinensis* Guichenot 1869	0	0.7	0.77	1.24	0.83

4.4.5.2 基于属分布的空间相似性分析

在属级别上，所分析的22个地理单元也分为三个主要的分支，除了蒙古西部内流区和黄河上游龙羊峡以下河段外，其余的地理单元与种的分析结果完全一致。在属级别上，蒙古西部内流区与河西走廊-戈壁内流区、黄河上游龙羊峡以上河段形成一支，与其他地理单元的相似性为9.53%；西伯利亚水系、蒙古西部阿尔泰乌伦古湖组成一支，而包括黄河上游（龙羊峡以下河段）在内的其余中国北方水系构成一支，两者的相似性为27.4%（图4-31）。

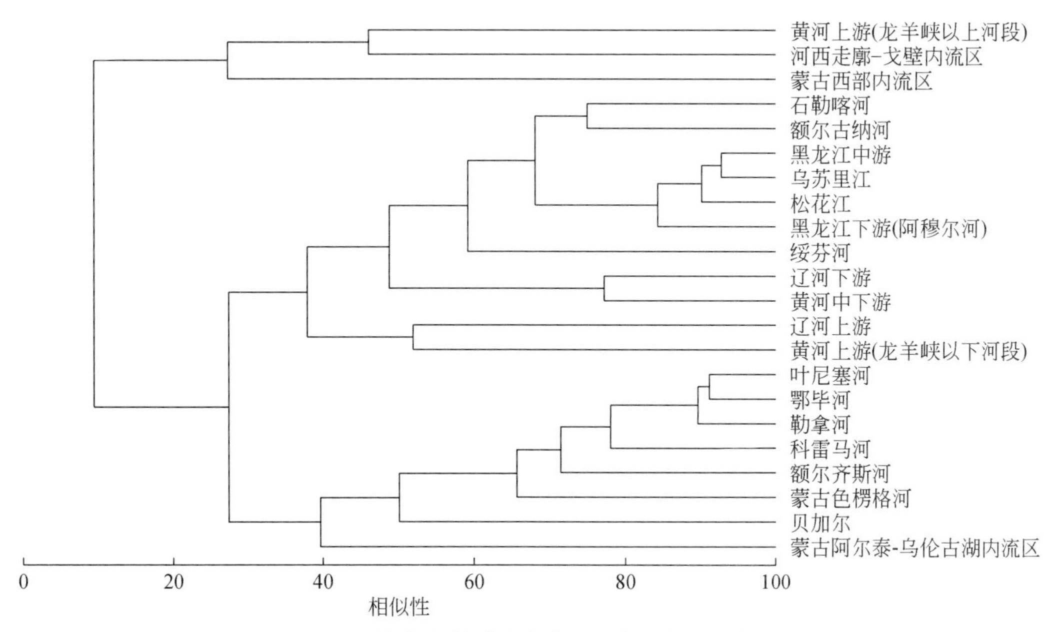

图 4-31　基于属相似性构建的考察区淡水鱼类空间分布聚类树

MDS 分析的 S 值为 0.09，小于 0.1，表明在在二维空间，MDS 排序平面图很好地表示出了地理单元物种的相似性（Clarke et al.，2001）。不过，与青藏高原相关的分支Ⅰ的三个地区黄河上游龙羊峡以上河段、河西走廊-戈壁内流区以及蒙古西部内流区排列较为松散（图 4-32）。

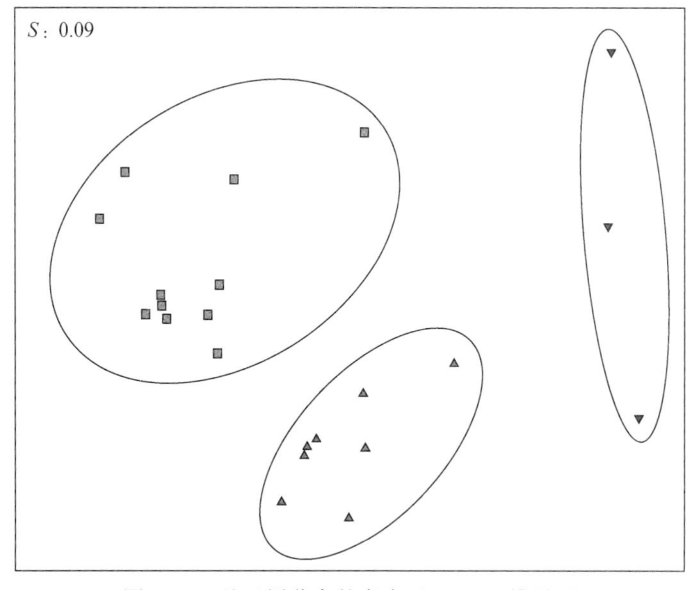

图 4-32　基于属分布的考察区 MDS 二维平面

对上述三个地区进行单因素相似性分析，结果表明，三个地区的属组成存在显著性差异（Global $R=0.875$，$P=0.001 < 0.05$）。不同区域间属的组成也存在显著性差异

（分支Ⅰ与分支Ⅱ Global $R=0.97$，$P=0.006$；分支Ⅰ与分支Ⅱ $R=0.97$，$P=0.003$；分支Ⅱ与分支Ⅲ $R=0.825$，$P=0.001$）。

SIMPER 分析表明，分支Ⅰ内平均相似性为 28.21%，对相似性主要的贡献属有高原鳅属、须鳅属、山雅罗鱼属和裸鲤属（表 4-21）。

表 4-21　分支Ⅰ内相似性属的贡献率

属	平均丰度	平均相似度	相似度标准差	贡献率/%	累积贡献率/%
高原鳅属 *Triplophysa* Rendahl 1933	8.33	18.93	0.99	65.97	65.97
须鳅属 *Barbatula* Linck 1790	0.67	3.17	0.58	11.06	77.03
山雅罗鱼属 *Oreoleuciscus* Kessler 1879	1.33	3.17	0.58	11.06	88.09
裸鲤属 *Gymnocypris* Kessler 1876	1.33	1.71	0.58	5.96	94.04

分支Ⅱ由位于西伯利亚和蒙古西部阿尔泰–乌伦古湖内流区构成，平均相似性为 55.22%，对相似性主要的贡献属有鱥属、雅罗鱼属、白鲑属、鲈属、须鳅属、鲫属、鳅属、茴鱼属等（表 4-22）。

表 4-22　分支Ⅱ内相似性属的贡献率

属	平均丰度	平均相似度	相似度标准差	贡献率/%	累积贡献率/%
鱥属 *Phoxinus* Agassiz 1855	2.63	6.25	2.91	11.32	11.32
雅罗鱼属 *Leuciscus* Cuvier 1817	2	5.54	2.38	10.03	21.35
白鲑属 *Coregonus* Linnaeus 1758	4	5.3	0.81	9.6	30.94
鲈属 *Perca* Linnaeus 1758	1	3.17	3.18	5.73	36.67
须鳅属 *Barba tula* Linck 1790	1	3.17	3.18	5.73	42.4
鲫属 *Carassius* Jarocki 1822	1	3.17	3.18	5.73	48.14
鳅属 *Cobitis* Linnaeus 1758	0.88	2.37	1.42	4.3	52.43
茴鱼属 *Thymallus* Cuvier 1829	1.25	2.35	1.4	4.25	56.69
鲟属 *Acipenser* Linnaeus 1758	1.25	2.34	1.43	4.24	60.93
杜父鱼属 *Cottus* Linnaeus 1758	1.25	2.15	0.98	3.89	64.82
江鳕属 *Lota* Oken 1817	0.88	2.06	1.6	3.73	68.56
狗鱼属 *Esox* Linnaeus 1758	0.88	2.06	1.6	3.73	72.29
细鳞鲑属 *Brachymystax* Günther 1868	0.88	2.06	1.6	3.73	76.02
鮈属 *Gobio* Cuvier 1816	1	1.68	0.94	3.04	79.06
拟鲤属 *Rutilus* Linnaeus 1758	0.75	1.44	1.02	2.61	81.67
哲罗鱼属 *Hucho* Günther 1866	0.75	1.44	1.02	2.61	84.28
七鳃鳗属 *Lampetra* Gray 1851	1	1.26	0.67	2.27	86.55
丁鱥属 *Tinca* Linnaeus 1758	0.63	1.07	0.68	1.94	88.49
多刺鱼属 *Pungitius* Coste 1848	0.63	0.97	0.73	1.76	90.25

分支Ⅲ由除黄河上游（龙羊峡以上河段）和河西走廊外的中国北方水系组成，平均相似性为50.27%，对相似性主要贡献的属有鮈属、鱥属、鳅属、䱗属、鲇属、鱊属、泥鳅属、麦穗鱼属、鲤属、须鳅属等（表4-23）。

表4-23　分支Ⅲ内相似性属的贡献率

属	平均丰度	平均相似度	相似度标准差	贡献率/%	累积贡献率/%
鮈属 *Gobio* Cuvier 1816	2.73	3.39	3.04	6.74	6.74
鱥属 *Phoxinus* Agassiz 1855	3.27	3.13	1.62	6.23	12.97
鳅属 *Cobitis* Linnaeus 1758	2.45	2.38	2.67	4.73	17.71
䱗属 *Hemiculter* Bleeker 1859	1.64	1.88	3.68	3.74	21.45
鲇属 *Silurus* Linnaeus 1758	1.64	1.79	2.77	3.56	25.01
鱊属 *Acheilognathus* Bleeker 1859	2	1.59	1.76	3.17	28.18
泥鳅属 *Misgurnus* Lac épède 1803	1.64	1.5	1.47	2.97	31.15
麦穗鱼属 *Pseudorasbora* Bleeker 1859	1	1.47	2.85	2.92	34.07
鲤属 *Cyprinus* Linnaeus 1758	1	1.47	2.85	2.92	36.99
鲫属 *Carassius* Jarocki 1822	1	1.47	2.85	2.92	39.91
须鳅属 *Barba Ltula* Linck 1790	1.36	1.32	1.14	2.62	42.53
棒花鱼属 *Abbottina* Jordan et Fowler 1903	1	1.14	1.64	2.27	44.8
雅罗鱼属 *Leuciscus* Cuvier 1817	1.09	1.13	1.71	2.24	47.04
马口鱼属 *Opsariichthys* Bleeker 1863	0.91	1.12	1.69	2.23	49.27
鳈属 *Sarcocheilichthys* Bleeker 1859	1.55	1.06	1.13	2.11	51.38
螖属 *Hemibarbus* Bleeker 1859	1.45	1.02	0.96	2.03	53.4
拟鲿属 *Pseudobagrus* Bleeker 1858	1.45	0.95	0.9	1.89	55.29
吻鰕虎鱼属 *Rhinogobius* Gill 1859	1.18	0.95	1.12	1.88	57.17
鳑鲏属 *Rhodeus* Agassiz 1835	1.45	0.93	1.24	1.85	59.02
黄颡鱼属 *Pelteobagrus* Bleeker 1865	1.36	0.91	0.92	1.82	60.84

分支Ⅰ和分支Ⅱ的平均不相似性为89.99%，主要贡献属有高原鳅属、白鲑属、鱥属、雅罗鱼属、山雅罗鱼属、裸鲤属、杜父鱼属等（表4-24）。

表4-24　分支Ⅰ和分支Ⅱ间不相似性的物种贡献率

属	平均丰度		平均不相似度	不相似标准差	贡献率/%	累积贡献率/%
	分支Ⅰ	分支Ⅱ				
高原鳅属 *Triplophysa* Rendahl, 1933	8.33	0.25	16.26	1.33	18.07	18.07
白鲑属 *Coregonus* Linnaeus, 1758	0	4	7.61	1.26	8.46	26.54
鱥属 *Phoxinus* Agassiz, 1855	0	2.63	5.59	2.79	6.21	32.75
雅罗鱼属 *Leuciscus* Cuvier, 1817	0	2	4.86	1.36	5.41	38.15
山雅罗鱼属 *Oreoleuciscus Kessler*, 1879	1.33	0.38	3.36	0.83	3.73	41.89

续表

属	平均丰度		平均不相似度	不相似标准差	贡献率/%	累积贡献率/%
	分支Ⅰ	分支Ⅱ				
裸鲤属 *Gymnocypris* Kessler, 1876	1.33	0	2.56	1.04	2.84	44.73
杜父鱼属 *Cottus* Linnaeus, 1758	0	1.25	2.55	1.49	2.83	47.56
鲟属 *Acipenser* Linnaeus, 1758	0	1.25	2.48	1.73	2.76	50.32
茴鱼属 *Thymallus* Cuvier, 1829	0.67	1.25	2.41	0.99	2.68	53
鲈属 *Perca* Linnaeus, 1758	0	1	2.3	2.24	2.55	55.55
鮈属 *Gobio* Cuvier, 1816	0	1	2.19	1.21	2.43	57.98
七鳃鳗属 *Lampetra* Gray, 1851	0	1	1.96	1.1	2.18	60.16
裸裂尻鱼属 *Schizopygopsis* Steindachner, 1866	1	0	1.96	1.16	2.18	62.34
江鳕属 *Lota* Oken, 1817	0	0.88	1.76	2.08	1.96	64.3
狗鱼属 *Esox* Linnaeus, 1758	0	0.88	1.76	2.08	1.96	66.25
细鳞鲑属 *Brachymystax* Günther, 1868	0	0.88	1.76	2.08	1.96	68.21
鳅属 *Cobitis* Linnaeus, 1758	0.33	0.88	1.58	1.01	1.75	69.96
鲫属 *Carassius* Jarocki, 1822	0.33	1	1.53	1.07	1.71	71.67
拟鲤属 *Rutilus* Linnaeus, 1758	0	0.75	1.49	1.48	1.66	73.32
哲罗鱼属 *Hucho* Günther, 1866	0	0.75	1.49	1.48	1.66	74.98

分支Ⅱ和分支Ⅲ的平均不相似性为75.49%，主要贡献属有白鲑属、高原鳅属、鮈属、鱊属、鱥属、鲇属、雅罗鱼属、山雅罗鱼属、裸鲤属、杜父鱼属等（表4-25）。

表4-25　分支Ⅱ和分支Ⅲ间不相似性的物种贡献率

属	平均丰度		平均不相似度	不相似标准差	贡献率/%	累积贡献率/%
	分支Ⅱ	分支Ⅲ				
白鲑属 *Coregonus* Linnaeus 1758	4	0.73	3.57	1.14	4.72	4.72
高原鳅属 *Triplophysa* Rendahl 1933	0.25	1.73	2.21	0.42	2.93	7.66
鮈属 *Gobio* Cuvier 1816	1	2.73	1.73	1.72	2.29	9.94
鱊属 *Acheilognathus* Bleeker 1859	0	2	1.72	2.22	2.27	12.22
鱥属 *Phoxinus* Agassiz 1855	2.63	3.27	1.68	1.41	2.22	14.44
鲇属 *Silurus* Linnaeus 1758	0	1.64	1.58	2.47	2.09	16.53
泥鳅属 *Misgurnus* Lac épède 1803	0	1.64	1.57	1.65	2.09	18.62
䱗属 *Hemiculter* Bleeker 1859	0	1.64	1.55	3.74	2.06	20.67
鳅属 *Cobitis* Linnaeus 1758	0.88	2.45	1.36	1.35	1.8	22.47
鳈属 *Sarcocheilichthys* Bleeker 1859	0	1.55	1.32	1.51	1.74	24.22
拟鲿属 *Pseudobagrus* Bleeker 1858	0	1.45	1.27	1.32	1.68	25.9
吻虾虎鱼属 *Rhinogobius* Gill 1859	0	1.18	1.23	0.92	1.63	27.52
螖属 *Hemibarbus* Bleeker 1859	0	1.45	1.22	1.46	1.62	29.14
银鮈属 *Squalidus* Dybowsky 1872	0	1.45	1.2	1.28	1.59	30.74

续表

属	平均丰度		平均不相似度	不相似标准差	贡献率/%	累积贡献率/%
	分支Ⅱ	分支Ⅲ				
鳑鲏属 *Rhodeus* Agassiz 1835	0	1.45	1.18	1.54	1.57	32.3
鲌属 *Culter* Basilewsky 1855	0	1.45	1.18	1.08	1.56	33.86
黄颡鱼属 *Pelteobagrus* Bleeker 1865	0	1.36	1.17	1.4	1.55	35.41
茴鱼属 *Thymallus* Cuvier 1829	1.25	1.27	1.12	1.24	1.48	36.89
雅罗鱼属 *Leuciscus* Cuvier 1817	2	1.09	1.11	0.94	1.46	38.35

分支Ⅰ和分支Ⅲ的平均不相似性为92.43%，主要贡献属高原鳅属、鱥属、鮈属、鳅属、鱊属、鲇属、泥鳅属、山雅罗鱼属等（表4-26）。

表4-26　分支Ⅰ和分支Ⅲ间不相似性的物种贡献率

物种	平均丰度		平均不相似度	不相似标准差	贡献率/%	累积贡献率/%
	分支Ⅰ	分支Ⅲ				
高原鳅属 *Triplophysa* Rendahl 1933	8.33	1.73	9.62	1.21	10.4	10.4
鱥属 *Phoxinus* Agassiz 1855	0	3.27	3.84	2.06	4.15	14.55
鮈属 *Gobio* Cuvier 1816	0	2.73	3.28	2.92	3.55	18.1
鳅属 *Cobitis* Linnaeus 1758	0.33	2.45	2.38	1.87	2.57	20.67
鱊属 *Acheilognathus* Bleeker 1859	0	2	2.06	2.38	2.23	22.91
鲇属 *Silurus* Linnaeus 1758	0	1.64	1.96	2.34	2.11	25.02
泥鳅属 *Misgurnus* Lacépède 1803	0	1.64	1.93	1.64	2.09	27.11
䱗属 *Hemiculter* Bleeker 1859	0	1.64	1.91	3.76	2.06	29.17
山雅罗鱼属 *Oreoleuciscus* Kessler 1879	1.33	0	1.89	0.86	2.05	31.21
鳈属 *Sarcocheilichthys* Bleeker 1859	0	1.55	1.57	1.54	1.69	32.91
吻鰕虎鱼属 *Rhinogobius* Gill 1859	0	1.18	1.56	0.85	1.68	34.59
茴鱼属 *Thymallus* Cuvier 1829	0.67	1.27	1.53	1.09	1.66	36.25
拟鲿属 *Pseudobagrus* Bleeker 1858	0	1.45	1.53	1.3	1.66	37.91
裸鲤属 *Gymnocypris* Kessler 1876	1.33	0.09	1.51	1	1.64	39.54
螖属 *Hemibarbus* Bleeker 1859	0	1.45	1.46	1.45	1.58	41.12
银鮈属 *Squalidus* Dybowsky 1872	0	1.45	1.43	1.28	1.54	42.66
黄颡鱼属 *Pelteobagrus* Bleeker 1865	0	1.36	1.4	1.38	1.52	44.18
鳑鲏属 *Rhodeus* Agassiz 1835	0	1.45	1.4	1.59	1.52	45.7
鲌属 *Culter* Basilewsky 1855	0	1.45	1.39	1.07	1.5	47.2
麦穗鱼属 *Pseudorasbora* Bleeker 1859	0	1	1.29	2.33	1.4	48.6

上述的聚类分析和无度量多维定量排序分析表明，考察区各地理单元在鱼类组成上可以区分为三个显著差异的地理区，即青藏高原相关的高原区、西伯利亚区和中国北方区，三个地区无论是在物种的组成还是属的组成均存在显著差异，显示了三个地理区在

生物地理学和地理区划中的重要位置，也进一步支持青藏高原区在动物地理区划中与古北区、东洋区同等的地位（陈宜瑜等，1996）。

从鱼类的组成来看，除了贝加尔湖和额尔齐斯河外，西伯利亚的四条水系（鄂毕河、叶尼塞河、勒拿河和科雷马河）显示了极高的相似性，组内种的相似性达到80.05%，属的相似性达到82.11%，共有属包括白鲑属、鱥属、杜父鱼属、雅罗鱼属、七鳃鳗属、鲟属、多刺鱼属、北鳕属、红目杜父鱼属、鲈属、江鳕属、须鳅属、黏鲈属、鲫属、狗鱼属、细鳞鲑属、红点鲑属、北鲑属、茴鱼属、胡瓜鱼属等。水系间鱼类分化不明显，缺少特有物种，表明水系间鱼类分离较晚，存在交流。四条水系均为流向北冰洋的外流水系，鱼类组成主要为洄游性鱼类，也与水系间缺少巨大山系的阻隔有关。特别是第四期冰期和间冰期气候的回旋，北半球冰盖的边缘和冰盖的消融促进了不同水系鱼类之间的交流。

相对于中国北方区和西伯利亚区，青藏高原区内的各个单元间种、属的相似性最低，分别为30.70%和28.21%，显示了青藏高原区在物种和属的组成上区域单元的独特性，即几乎每一条高原水系都具有特有的种或属。高原鱼类是适应高海拔的冷水性鲤科鱼类，水系间巨大的山脉阻隔了鱼类的交流，长期的隔离导致各水系演化出特有的鱼类。

不同于青藏高原，贝加尔湖虽然拥有众多特有的物种、属甚至是科，但是在所有的分析中并没有与西伯利亚的其他水系产生明显分离，这可能是贝加尔湖与地质地貌演化有关。贝加尔湖形成于2500万年以前，拥有独特的动植物区系，但是贝加尔湖属于吞吐性湖泊，湖泊与外流河流之间存在广泛的鱼类交流，适应湖泊环境的鱼类虽然无法进入河流生存，但是外流水系的鱼类广泛进入湖泊的沿岸浅水区域以及支流，从而在总体上与其他西伯利亚水系呈现出较高的相似性。青藏高原地区虽然仅拥有亚科级别的特有鱼类区系，但是各水系内存在普遍存在高落差的河段，很大程度上阻碍了不同区域鱼类之间的交流，因而形成了鱼类区系组成单一、水系间又具有明显差异的独特区系。

第 5 章　贝加尔湖地区自然保护区

贝加尔湖是世界上容量最大，最深的淡水湖，位于俄罗斯东西伯利亚南部、布里亚特（Buryatiya）共和国和伊尔库茨克（Irkutsk）州境内（108°E，53°N），距蒙古边界仅 111km，是东亚地区不少民族的发源地（图 5-1）。贝加尔湖长 636km，平均宽 48km，最宽 79.4km，面积 $3.15×10^4km^2$，居世界第 8 位。平均深度 744m，最深点 1680m，湖面海拔 456m，贝加尔湖总容积 23 600km^3，蓄水量占世界淡水总储量的 1/5。在贝加尔

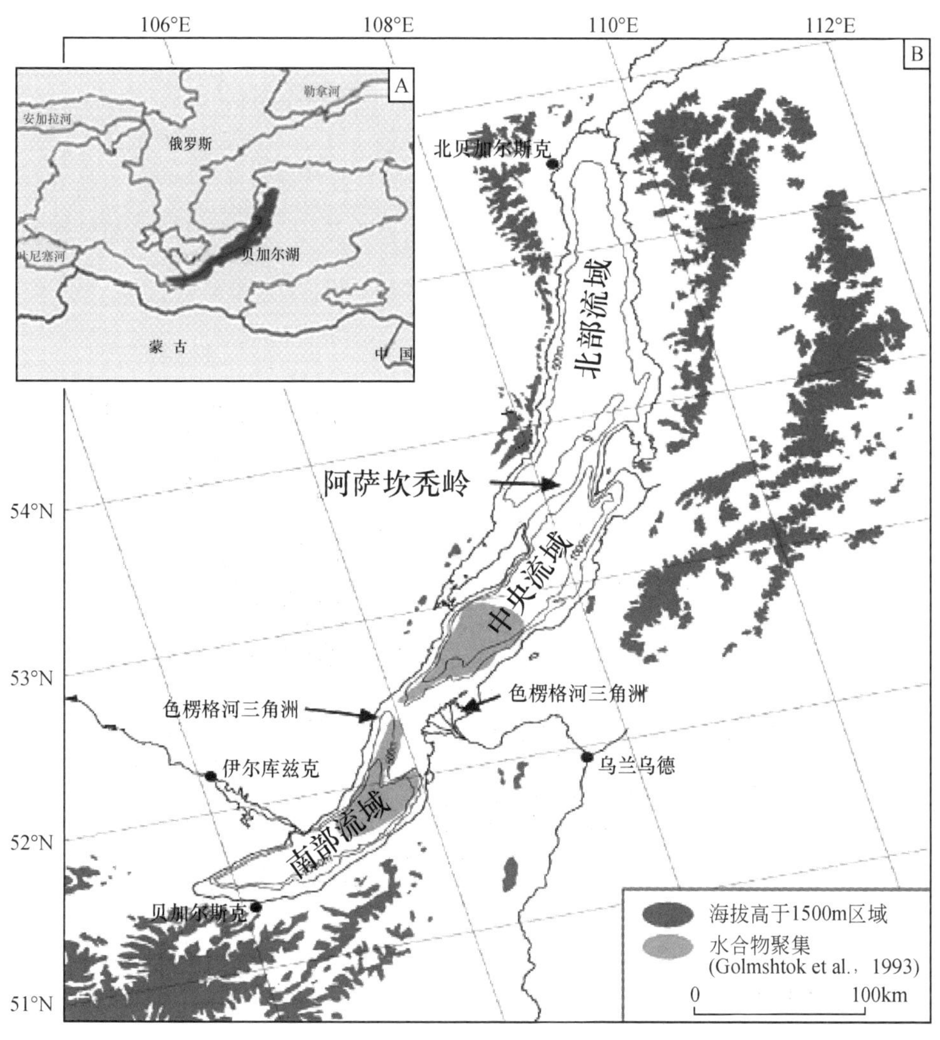

图 5-1　贝加尔湖位置

湖周围，总共有大小336条河流注入湖中，而从湖中流出的则仅有安加拉河，年均流量仅为1870m³/s。贝加尔湖在众多的俄罗斯自然景观中第一批被列入联合国教科文组织世界文化遗产名单。贝加尔湖呈长椭圆形，似弯月镶嵌在西伯利亚南缘，又有“月亮湖”之称，景色奇丽，令人流连忘返。俄国大作家契诃夫曾描写道“湖水清澈透明，透过水面就像透过空气一样，一切都历历在目，温柔碧绿的水色令人赏心悦目……”

5.1 贝加尔湖地区自然保护区

5.1.1 贝加尔湖周边地区自然保护区

贝加尔湖中有植物600种，水生动物1200种。其中，3/4为特有种，如鳇鱼、鲟鱼、凹目白蛙和鸦巴沙。贝加尔湖虽是淡水湖，却也生长有硕大的北欧环斑海豹和髭海豹。湖畔辽阔的森林中生活着黑貂、松鼠、马鹿、大驼鹿、麝等多种动物。湖水结冰期长达5个多月。湖滨夏季气温比周围地区约低6℃，冬季约高11℃，相对湿度较高，具有海洋性气候特征。湖水澄流澈清冽，且稳定，透明度40.8m，为世界第二。贝加尔湖上最大的岛屿是奥利洪达岛（长71.7km，最宽15km，面积约为730km²）。贝加尔湖沿岸生长着松、云杉、白桦和白杨等组成的密林，地下埋藏着丰富的煤、铁、云母等矿产资源，湖中盛产多种鱼类，是俄罗斯重要渔场之一。但近些年来沿岸工业的发展，特别是南岸工厂尘烟的撒落，使湖水受到污染。不过俄罗斯政府已经提出了一项保护贝加尔湖的法令，其中包括纸浆厂必须改造，到1993年已全部实现了无害于环境的生产活动（图5-2）。

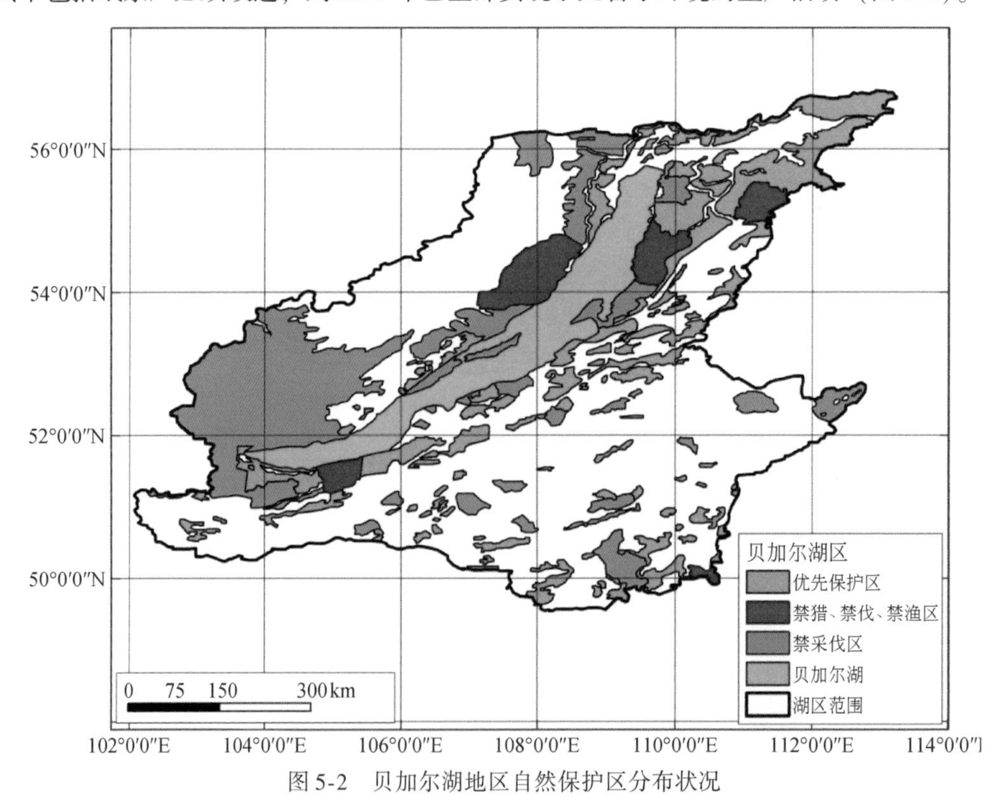

图5-2 贝加尔湖地区自然保护区分布状况

因贝加尔湖具有得天独厚的条件，俄罗斯专门在这里建立了“贝加尔湖自然保护区”。科学家们卓有成效地进行了自然科学、生态学的研究，贝加尔湖是研究进化过程的一个大自然实验室。

5.1.2　贝加尔湖周边地区植被

贝加尔湖两岸是针叶林覆盖的群山。山地草原植被分别为杨树、杉树和落叶树、西伯利亚松和桦树，植物种类达600多种，其中3/4是贝加尔湖特有的品种。贝加尔湖西岸是针叶林覆盖的连绵不断的群山，有很多悬崖峭壁，东岸多为平原。由于两岸气候的差异，自然景观也就迥然不同。贝加尔湖地区的森林树种以松科植物占优势，但比中国东北地区的森林树种单一，且呈现明显的地理替代。例如，落叶松属植物，在贝加尔湖地区为西伯利亚落叶松（*Larix sibirica*）和 *Larix czekanowskii*，在中国东北地区为长白落叶松（*Larix olgensis* var. *changpaiensis*）、兴安落叶松 *L. gmelinii*）和华北落叶松（*L. prencipis-rupprechtii*）；松属植物，两地共有的是适应恶劣生境中的偃松［*Pinus pumila*（Pall.）Regel］，在贝加尔湖地区的松林以西伯利亚红松（*Pinus sibirica*）和欧洲赤松（*P. sylvestris*）为优势，而到了中国东北地区则以红松（*P. koraiensis*）、樟子松（*P. sylvestris var. mongolica*）、兴凯松（*P. ussuriesis*）、油松（*P. tabulaeformisnii*）等为优势。

贝加尔湖地区的植被为典型的温带森林草原植被，但不同植被类型的分布有着明显的地理差异。该地区的植被以泰加林为主，森林覆盖率达70%，分布海拔在500～1100m之间，优势树种为西伯利亚落叶松（*Larix sibirica*）、西伯利亚红松（*Pinus sibirica*）和欧洲赤松（*P. sylvestris*），在相同的海拔，分布着以针茅（*Stipa* spp.）、羊茅（*Festuca* spp.）为优势的羊草草甸，随着海拔升高，出现亚高山草甸和山地苔原，而在贝加尔湖或森林草甸之间大小湖泊的湖滨带，则呈现出以莎草科、毛茛科、蔷薇科植物为主的沼泽草甸，在湖泊水体中为以眼子菜（*Potamogeton* spp.）、水毛茛（*Batrachium* spp.）、黑三棱（*Sparganium* spp.）为主的水生植被。贝加尔湖水生植被的重要特点之一是拥有大量的海绵，有的海绵高达15m，形成水下丛林。植被的南北差异也很明显。以森林为例，在贝加尔湖地区的南部，有以西伯利亚红松（*Pinus sibirica*）和欧洲赤松（*P. sylvestris*）为优势的松林，树种较多，除松树外，还有桦木（*Betula* spp.）、蔷薇（*Rosa* spp.）等，而在北部地区则为以西伯利亚落叶松为优势的落叶松林，树种单一，几乎是纯林（表5-1）。

表5-1　贝加尔湖地区植被名录

科名		贝加尔湖地区		黑龙江省
		属数	种数	种数
Asteraceae	菊科	51	140	234
Poaceae	禾本科	40	135	170
Cyperaceae	莎草科	8	101	128
Fabaceae	豆科	20	91	95
Ranunculaceae	毛茛科	24	83	98
Rosaceae	蔷薇科	22	77	126

续表

科名		贝加尔湖地区		黑龙江省
		属数	种数	种数
Brassicaceae	十字花科	32	55	52
Caryophyllaceae	石竹科	23	55	47
Scrophulariaceae	玄参科	12	38	49
Apiaceae	伞形科	22	36	55
Polygonaceae	蓼科	10	32	58
Liliaceae	百合科	5	8	113
Labiatae	唇形科	16	33	59
Salicaceae	杨柳科	2	26	49
Chenopodiaceae	藜科	8	17	40

5.1.3 贝加尔湖的生物多样性

贝加尔湖有各种各样的植物和动物，大约有1800种生物（另一资料1200多种）在湖中生活。其中，3/4是贝加尔湖所特有的，世界其他地方寻觅不到，从而形成了其独一无二的生物种群，如各种软体动物、海绵生物以及海豹等珍稀动物。贝加尔湖中有约50种鱼类，分属7科，最多的是杜文鱼科的25种杜文鱼。大麻哈鱼、苗鱼、鲱型白鲑和鲟鱼也很多。最值得一提的是一种贝加尔湖特产鱼，名为胎生贝湖鱼。另外，还有两种完全是透明的贝尔鱼。湖里有255种虾，包括有些颜色淡得近乎白色的虾。这个地区还拥有320多种鸟类以及不同种类的无脊椎动物。

湖中有水生动物1800多种，其中1200多种为特有品种，如凹目白鲑、奥木尔鱼等。52种鱼类，一半属刺鳍鱼科。贝加尔虾虎鱼科和鳍鱼科是该湖特有的鱼科。鳍鱼是深水鱼，绯红色，无鳞，鳍像大蝴蝶的翅膀，身子透明，在亮光下整个骨骼清晰可见，最奇怪的是，鳍鱼不产卵，而生小鱼。湖中还生活着一种怪物——贝加尔海豹，即北欧海豹。这种海豹的皮色泽美丽，质地优良。它是在贝加尔湖里生活着世界上唯一的淡水海豹。冬季时，海豹在冰中咬开洞口来呼吸，由于海豹一般是生活在海水中的，人们曾认为贝加尔湖由一条地下隧道与大西洋相连。实际上，海豹可能是在最后一次冰期中逆河而上来到贝加尔湖的。

贝加尔湖地区植物植被资料是相当缺乏的，最详细的资料为2005年出版的《贝加尔地区国家公园维管束植物要览》，系统地记述了出现在该国家公园4173km^{2}范围内的维管束植物，共118科494属1385种，此外，该地区还有地衣250多种、苔藓物200多种。对维管束植物物种多样性的分析发现，少数科拥有绝大多数的植物物种。菊科、禾本科、莎草科等10个科（占总科数的8%），拥有51%的属（254属）和59%的种（811种），这些科为该地区的大科，在植物物种构成中扮演着重要角色。而该地区还有很多小科，一个科里只有一个属或一个种。在118个科里，有67个科为单属科，占57%，有38个科为单种科，占32%。也就是说，占总科数8%的大科包含了59%的物种，占总科数32%的小科仅拥有2.7%的物种，是贝加尔湖地区植物物种多样性的一个特点。与之相比较的是中国黑龙江省大兴安岭北部，该区域与俄罗斯中南部的贝加尔湖地区的南部纬度相同。两地植物的大科均为菊科、禾本科、莎草科、豆科、毛茛科、蔷薇科，而在物种数量较多的其他科里，贝加尔湖地区百合科和藜科的物种相对贫乏，十字花科、石竹科的物种相对丰富。

5.2　伊尔库茨克（Irkutsk）地区自然保护区

伊尔库茨克市海拔 467m，1 月平均气温-20℃，7 月平均气温 17℃。较莫斯科时间早 5 小时，这里年均降水量约 400mm。由于受贝加尔湖调节，1 月平均气温为-15℃，夏天 7 月平均气温为 19℃，是避暑的好地方。伊尔库茨克是东西伯利亚第二大城市，位于贝尔加湖南端。离贝加尔湖最近的较大城市也就是伊尔库茨克，它也是主要的交通枢纽。

伊尔库茨克州分布着贝加尔地区民族公园、两个自然保护区（贝加尔-勒拿自然保护区和维季姆斯基自然保护区）、13 个地区性季节禁猎区、78 个自然文物区，其中联邦自然文物区 4 个，州立自然文物区 30 个，地方自然文物区 44 个（图 5-3）。

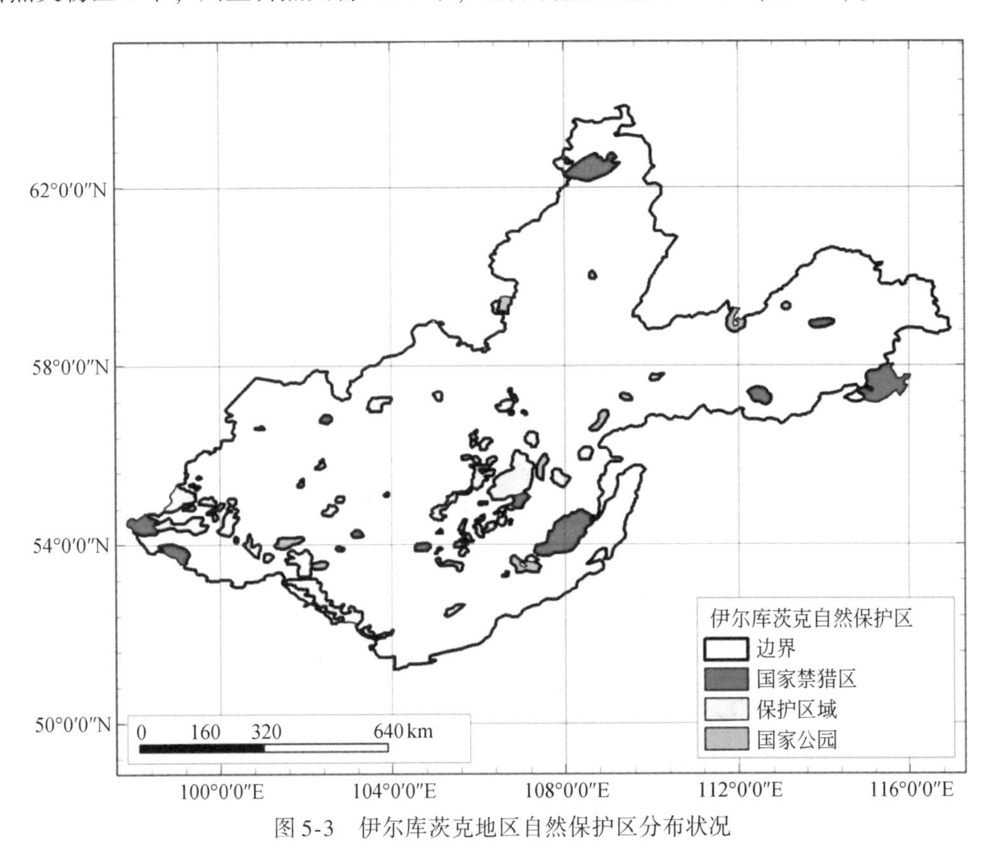

图 5-3　伊尔库茨克地区自然保护区分布状况

5.3　雅库茨克地区自然保护区

雅库茨克位于 62°N，在西伯利亚大陆腹部，冬天气温常降至-60℃，夏天最热可达

40℃，温差100℃，为全世界大陆性气候表现最典型的城市。雅库茨克市是俄罗斯萨哈（雅库特）共和国的首府和科学、文化、经济中心，距北冰洋极近，建于1632年，从莫斯科到雅库茨克市距离为8468km。雅库茨克市内有两个区，分别为十月区和亚拉斯拉夫斯克区，人口22万，居民多以雅库特人为主。雅库茨克属大陆性气候，严寒期长。雅库茨克1月平均气温为-40.9℃，7月平均气温为18.7℃。由于雅库茨克市建于永久冻土层上，因此有“冰城”之称。

勒拿河，起源于中西伯利亚高原以南的贝加尔山脉海拔1640m处，距离贝加尔湖仅20km。先朝东北方向流动，基陵加河和维京河汇入其中。与奥廖克马河会合后，经过最大城市雅库茨克就进入低地区。接着河流转向北方再汇入右支的阿尔丹河。在上扬斯克山脉的阻挡下，河流被迫以取西北途径，再吸纳最重要的左支维柳依河，最后向北注入北冰洋边缘的拉普捷夫海，并在新西伯利亚群岛西南方形成面积18 000km^2的三角洲。河道在那里分成七支，最重要的是最东的Bylov河口。

勒拿河三角洲占据的地理区十分辽阔，面积仅次于美国的密西西比河三角洲。它占地38 073km^2，庞大的河系分成150多条水道。尽管它是最大的永久性冻土区的三角洲水系，大量的泥沙有规律地顺流冲下来，沉积在三角洲地区，这就意味着三角洲处在不断变化之中。三角洲宽400km，每年有七个月冰封成冻原。自5月开始剩下的时间为一片苍翠繁茂的湿地。三角洲的一部分已列为保护区，称为勒拿河三角洲野生生物保护区。

勒拿河三角洲保护区是俄罗斯面积最大的野生动物保护区，是许多西伯利亚野生动物一个重要的避难所和生息地（图5-4）。1985年，勒拿河三角洲的广阔地域被定义为

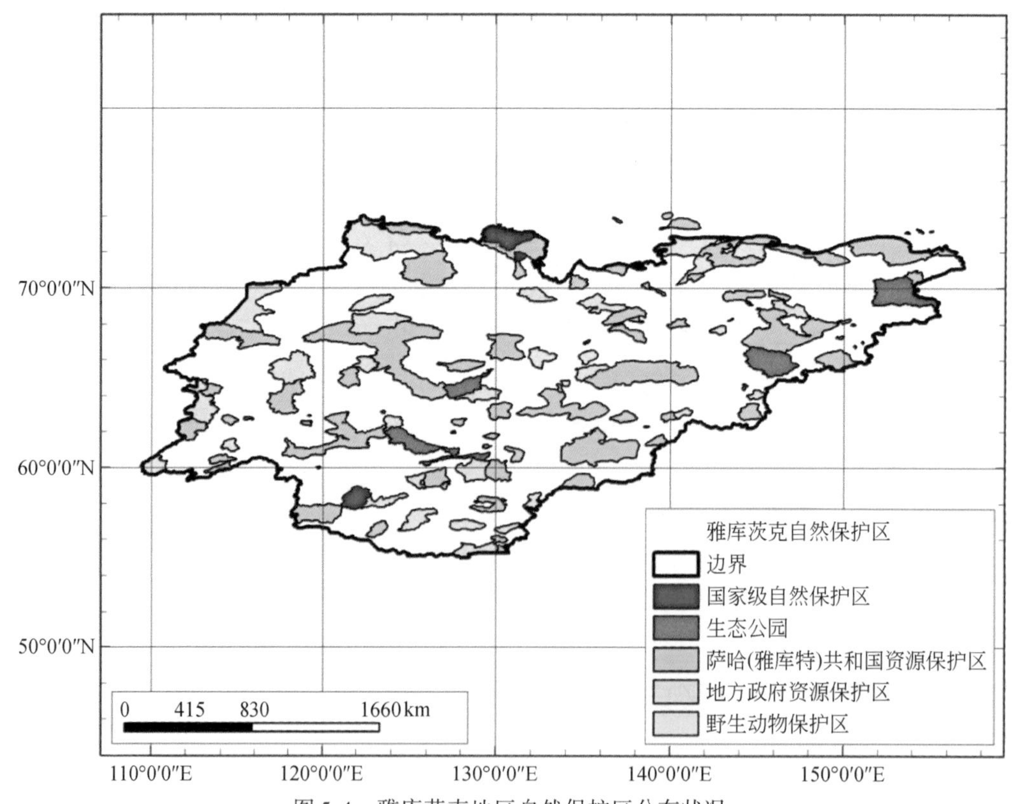

图5-4 雅库茨克地区自然保护区分布状况

乌斯基自然保护区。当时的苏维埃政府设置这一面积达 14 323 km^2的区域来保护 29 种哺乳动物、95 种鸟类、723 种植物，在这为数众多的名单上，有熊、狼、驯鹿、黑貂、西伯利亚鸡貂等，该区域也是贝维基天鹅和罗斯鸥等鸟类的繁殖地。

参考文献

阿达可白克·可尔江，苏德学，杨艳，等. 2006. 乌伦古湖鱼类资源现状及保护与开发对策. 上海水产大学学报，15（3）：308-315.

布里亚特共和国国家统计联邦服务部. 2007. 布里亚特共和国人口年鉴（2007）. 乌兰-乌德.

陈宜瑜，等，1998. 中国动物志硬骨鱼纲鲤形目（中卷）. 北京：科学出版社.

陈宜瑜，陈毅峰，刘焕章. 1996. 青藏高原动物地理区的地位和东部界线问题. 水生生物学报，20（2）：97-103.

成庆泰，周才武. 1997. 山东鱼类志. 济南：山东科学技术出版社.

成庆泰，郑葆珊. 1987. 中国鱼类系统检索（上册、下册）. 北京：科学出版社.

褚新洛，等. 1999. 中国动物志——鲶形目. 北京：科学出版社.

董崇智，李怀明，等. 2001. 中国冷水性鱼类. 哈尔滨：黑龙江科技出版社.

董崇智，等. 2004. 黑龙江、绥芬河、兴凯湖渔业资源. 哈尔滨：黑龙江科技出版社.

董崇智，赵春刚. 1996. 绥芬河鱼类区系初步研究. 中国水产科学，3（4）：124-129.

冯慧，张建军，杨兴中，等. 2008. 黄河龙羊峡——刘家峡河段浮游植物调查及水质的生物评价. 安徽农业科学，36（33）：14716-14717.

关玉明. 1992. 内蒙古锡林郭勒高原东半部内陆水系的鱼类. 内蒙古师范大学学报：自然科学版，（4）：45-49.

河南新乡师范学院生物系鱼类志编写组. 1984. 河南鱼类志. 郑州：河南科学技术出版社.

黄国标. 1999. 气候变化对我国东北国际河流的影响研究. 地理学报，54：152-156.

何雪宝，刘学勤，崔永德，等. 2011. 贝加尔湖沿岸带不同生境底栖动物群落研究. 水生生物学报，35（3）：516-522.

金志民，杨春文，刘铸，等. 2010a. 镜泊湖鱼类资源调查. 国土与自然资源研究，（2）：72-73.

金志民，杨春文，刘铸，等. 2010b. 牡丹江鱼类资源调查. 安徽农业科学，38（3）：1289-1290.

金鑫波. 2006. 中国动物志硬骨鱼纲鲉形目. 北京：科学出版社.

况琪军，胡征宇，周广杰，等. 2004. 香溪河流域浮游植物调查与水质评价. 武汉植物学研究，22（6）：507-513.

乐佩琦，等. 2000. 中国动物志硬骨鱼纲鲤形目（下卷）. 北京：科学出版社.

李尽梅. 2006. 我国额尔齐斯河流域鱼类资源衰退的原因与对策. 中国水产，9：76-78.

李树国，金天明，石玉华. 2000. 内蒙古鱼类资源调查. 哲里木畜牧学院学报，10（3）：24-28.

李明德，杨竹舫. 1992. 河北省鱼类. 北京：海洋出版社.

李生宇，雷加强. 2002. 额尔齐斯河流域生态系统格局及变化. 干旱区研究，19（19）：56-61.

李思忠. 1981. 中国淡水鱼类的分布区划. 北京：科学出版社.

李思忠. 2004. 蒙古国鱼类地理分布简介. 动物学杂志，39（1）：72-75.

李思忠，等. 1995. 中国动物志硬骨鱼纲鲽形目. 北京：科学出版社.

林义浩. 1997. 中国淡水鱼类区系东洋区与古北区分区界限划分的探讨. 鱼类学论文集，6：8-91.

刘栓，叶尚明，陈祺，等. 2001. 额尔齐斯河渔业资源保护及利用探讨. 水利渔业，21（4）：36-37.

陆九韶，夏重志，董崇智. 2004. 我国内陆冷水水域及其资源利用调查研究Ⅰ——黑龙江省冷水水域分布及其资源现状调查. 水产学杂志，17（2）：1-10.

卢玲，刘永，赵彩霞，等. 2002. 黑龙江、绥芬河、兴凯湖渔业水域水质及评价. 水产学杂志，15（2）：69-73.

马正学，宋玉珍，胡春香，等. 1995. 黄河兰州段的藻类调查. 西北师范大学学报（自然科学版），31（3）：67-71.

尼科尔斯基. 1960. 黑龙江流域鱼类. 北京：科学出版社.

陕西省水产研究所，陕西师范大学生物系. 1992. 陕西鱼类志. 西安：陕西科学技术出版社.
唐富江，刘伟，王继隆，等. 2011. 兴凯湖与小兴凯湖鱼类组成及差异分析. 水产学杂志，24（3）：40-47.
赤塔州国家统计委员会. 2007. 俄罗斯联邦西伯利亚联邦区赤塔州和其他所属联邦主体统计数据. 赤塔.
任慕莲，郭焱，张人铭，等. 2002. 我国额尔齐斯河的鱼类及鱼类区系组成. 干旱区研究，19（2）：62-66.
杨友桃，张迎梅. 1991. 河西走廊鱼类区系及其演变的研究. 兰州大学学报（自然科学版），27（4）：141-144.
王鸿媛. 1984. 北京鱼类志. 北京：北京出版社.
王香亭. 1991. 甘肃脊椎动物志. 兰州：甘肃科学技术出版社.
王振升，程同福，刘开华，等. 2000. 乌伦古河流域水资源及其特征. 干旱区地理，2：123-128.
武云飞，吴翠珍. 1992. 青藏高原鱼类. 成都：四川科学技术出版社.
吴兆录，李正玲. 2007. 贝加尔湖地区的植物和植被概况. 云南地理环境研究 19（2）：142-143.
解玉浩. 2007. 东北地区淡水鱼类. 沈阳：辽宁科学技术出版社.
杨秀平，张敏莹，刘焕章. 2002. 中国似鮈属鱼类的形态变异及地理分化研究. 水生生物学报，26（3）：281-285.
杨秀平，张敏莹，刘焕章. 2003. 蛇鮈属鱼类的形态度量学研究. 水生生物学报，27（2）：164-169.
伊尔库茨克州国家统计联邦服务部. 2007. 伊尔库茨克州 70 周年统计汇编. 伊尔库茨克.
张觉民，等. 1986. 黑龙江水系渔业资源. 哈尔滨：黑龙江人民出版社.
张觉民，等. 1995. 黑龙江省鱼类鱼志. 哈尔滨：黑龙江科学技术出版社.
张世义. 2001. 中国动物志硬骨鱼纲鲟形目海鲢目鲱形目鼠鱚目. 北京：科学出版社.
赵春刚，陈军，潘伟志，等. 2007. 绥芬河鱼类区系组成研究. 水产学杂志，20（2）：70-75.
赵铁桥. 1991. 河西阿拉善内流区的鱼类区系和地理区划. 动物学报 37（2）：153-162.
周建成. 2007. 路径选择、私有化与土地市场的演进—俄罗斯土地制度转型十五年的历程与进展. 上海经济研究，3：77-84.
中国科学院动物研究所，等. 1979. 新疆鱼类志. 乌鲁木齐：新疆人民出版社.
朱松泉. 1995. 中国淡水鱼类检索. 南京：江苏科学技术出版社.
朱新英，李政，周波，等. 2008. 新疆额尔齐斯河渔业资源保护与管理的探讨. 水产学杂志，21（1）：95-98.
朱行. 2007. 俄罗斯农业政策最新变化及分析. 世界农业，12：46-47.
Bartalev S A，Belward A S，Erchov D V，et al. 2005. A new SPOT4 - VEGETATION derived land cover map of Northern Eurasia. Int. J. Remote Sensing，24（9）：1977-1982.
Bernatchez L，Wilson C C. 2002. Comparative phylogeography of Nearctic and Palearctic fishes. Mol. Ecol.，7（4）：431-452.
Bredenkamp G J，Spada F，Kaziercak E. 2002. On the origin of northern and southern hemisphere grasslands. Plant Ecology，163：209-229.
Bogutskaya N G，Naseka A M. 2004. Catalog of Agnatha and Fish of Fresh and Brackish Waters of Russia with Nomenclature and Taxonomic Commentaries. Moscow：KMK.
Chernova N. 2011. Distribution patterns and chorological analysis of fish fauna of the Arctic Region. J. Ichthyol.，51（10）：825-924.
Clarke K R，Warwick R M. 2001. Changes in marine communities：an approach to statistical analysis and interpretation，2nd. Plymouth：PRIMER-E.
Dgebuadze Y Y. 1995. The land/inland-water ecotones and fish population of Lake Valley（West Mongolia）. Hydrobiologia，303（1）：235-245.
Ergüden S A，Göksu M Z L. 2012. The fish fauna of the Syehan Dam Lake（ADANA）. J. Fisheries Sci.，6（1）：39-52.
Eschmeyer W E. 1998. Catalog of Fishes. San Francisco，California Academy of Sciences.

Ganbold M D. 1991. Mongolian People ′s Republic. Journal of the South African Institute of Mining and Metallurgy, 289.

Horiuchi K, Minoura K, Hoshino K. 2000. Palaeoenvironmental history of Lake Baikal during the last 23000 years. Palaeogeogr. Palaeocl. , 157 (1): 95-108.

Knizhin I B, Weiss S J, Antonov A L. 2004. Morphological and genetic diversity of Amur Graylings (Thymallus, Thymallidae) . J. Ichthyol. , 44 (1): 52-69.

Knizhin I B, Weiss S J, Bogdanov B. 2008. Graylings (Thymallidae) of water bodies in western Mongolia: Morphological and genetic diversity. J. Ichthyol. , 48 (9): 714-735.

Kontula T, Kirilchik S V, Väinölä R. 2003. Endemic diversification of the monophyletic cottoid fish species flock in Lake Baikal explored with mtDNA sequencing. Mol. Phylogenet. Evol. , 27: 143-155.

Kopp D, Figuerola J, Compin A. 2012. Local extinction and colonisation in native and exotic fish in relation to changes in land use. Mar. Freshwater Res. , 63 (2): 175-179.

Kuzmin M, Karabanov E, Prokopenko A. 2000. Sedimentation processes and new age constraints on rifting stages in Lake Baikal: Results of deep-water drilling. Int. J. Earth Sci. , 89 (2): 183-192.

Martens K. 1997. Speciation in ancient lakes. Trends Ecol. Evol. , 12 (5): 177-182.

Milanova E V, Lioubimtseva E Yu, Tcherkashin P. A, et al. 1999. Land use/cover change in Russia: mapping and GIS. Land Use Policy, 16: 153-159.

Naseka A, Bogutskaya N. 2004. Contribution to taxonomy and nomenclature of freshwater fishes of the Amur drainage area and the Far East (Pisces, Osteichthyes). Zoosystematica-Rossica 12: 279-290.

Ocock J, Baasanjav G, Baillie J E M, et al. 2006. Mongolian Red List of Fishes. Regional Red List Series. vol. 3. zoological society of London, London.

Pavlov D, Mochek A, Borisenko E. 2011. Distribution of fishes in the floodplain-channel complex of the lower reaches of the Irtysh River. Inland Water Biol. , 4 (2): 223-231.

Popov P. 2009. Species composition and pattern of fish distribution in Siberia. J. Ichthyol. , 49 (7): 483-495.

Sherbakov D Y. 1999. Molecular phylogenetic studies on the origin of biodiversity in Lake Baikal. Trends Ecol. Evol. , 14 (3): 92-95.

Sideleva V G. 1994. Speciation of endemic Cottoidei in Lake Baikal//Martens K, Goddeeris B, Coulter E G. Speciation in Ancient Lakes. Arch. Hydrobiol. Beih. Ergebn. Limnol. , Schweizerbart, Stuttgart, 44: 441-450.

Sideleva V G. 2000. The ichthyofauna of Lake Baikal, with special reference to its zoogeographical relations. Adv. Ecol. Res. , 31: 81-96.

Sideleva V G. 2001. List of fishes from Lake Baikal with descriptions of new taxa of cottoid fishes//Pugachev ON, Balushkin AEV. New Contributions to Freshwater Fish Research. Proceedings of the Zoological Institute, vol. 287. St Peterburg: Zoological Institute RAS: 45-79.

Slobodyanyuk S J A, Kirilchik S V, Pavlova M E. 1995. The evolutionary relationships of two families of cottoid fishes of Lake Baikal (East Siberia) as suggested by analysis of mitochondrial DNA. J. Mol. Evol. , 40: 392-399.

Taliev D N. 1955. Bychki-podkamenshchiki Baikala (Cottoidei). Moscow, Leningrad: Izdatelstvo Akademii Nauk SSSR.

Yadrenkina E. 2012. Distribution of alien fish species in lakes within the temperate climatic zone of Western Siberia. Russian J. Biol. Invasions, 3 (2): 145-157.

Yokoyama R, Sideleva V G, Shedko S V. 2008. Broad-scale phylogeography of the Palearctic freshwater fish *Cottus poecilopus* complex (Pisces: Cottidae). Mol. Phylogenet. Evol. , 48 (3): 1244-1251.

附　　图

附图 1　俄罗斯勒拿河鱼类

附图 1-1　西伯利亚鲟 *Acipenser baerii* Brandt 1869

附图 1-2　高白鲑 *Coregonus peled* Gmelin 1789

附图 1-3　秋白鲑 *Coregonus autumnalis* Pallas 1776

附图 1-4　欧白鲑 *Coregonus albula* Linnaeus 1758

附图 1-5　真白鲑 *Coregonus lavaretus pidschian* Gmelin 1789

附图 1-6　白斑狗鱼 *Esox lucius* Linnaeus 1758

附图2 贝加尔湖-色楞格河藻类

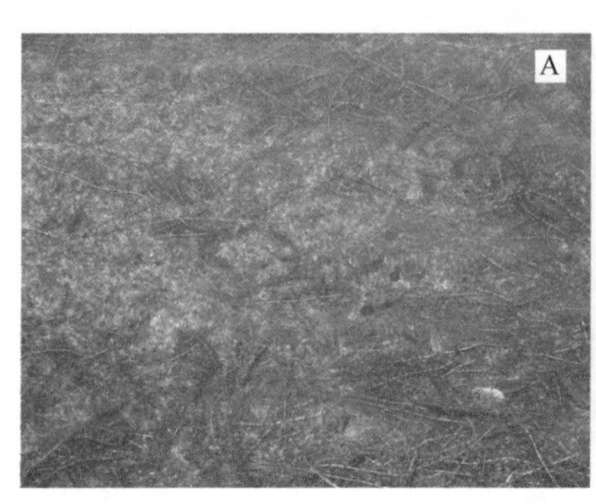

附图 2-1 俄罗斯：湖边的葛仙米

附图 2-2 蒙古：湖边的葛仙米

附图 2-3 俄罗斯：小镇街道边水坑表面形成绿色水华

附图 2-4 俄罗斯 Gusinoozersk 市区马路边积水坑

附图 2-5　俄罗斯：伊尔库茨克路边树林积水坑

附图 2-6　俄罗斯：河边草地暂时性积水坑

附图 2-7　俄罗斯：河边草地永久小水坑

附图 2-8　俄罗斯：贝加尔湖边小池塘

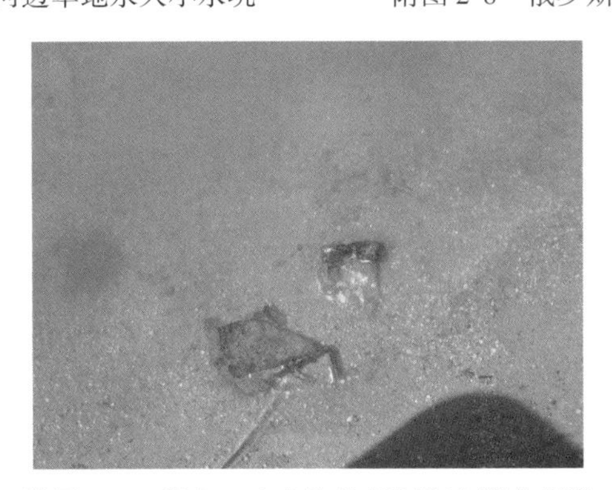

附图 2-9　蒙古：小水坑的塑料瓶上附着藻类

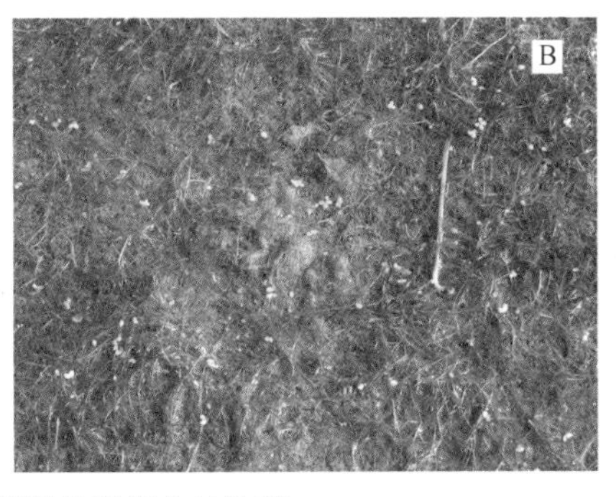

附图 2-10　蒙古：沼泽及沼泽中的浒苔

附图 2-11　俄罗斯贝加尔湖三角洲

附图 2-12　俄罗斯：山谷间小型湖泊

附图 2-13　俄罗斯：Goose 湖

附图 2-14　蒙古：Tsagaan nuur 湖边石块上

附图 2-15　蒙古：Ogii 湖

附图 2-16　俄罗斯：路边小溪

附图 2-17　俄罗斯：溪流

附图 2-18　俄罗斯：温泉及温泉水流水沟

附图 2-19　蒙古 Khanvi 河河边

附图 2-20　俄罗斯：伊尔库茨克市区树下潮湿地表

附图 2-21　俄罗斯：潮湿地表丝状藻类

附图 2-22　蒙古：草原上的小湖泊

附图 2-23　俄罗斯：松树皮上气生藻

附图 3　俄罗斯勒拿河藻类

附图 3-1　季克西-水源地-小湖

附图 3-2　季克西-小湖

附图 3-3　雅库茨克-白湖-微囊藻水华

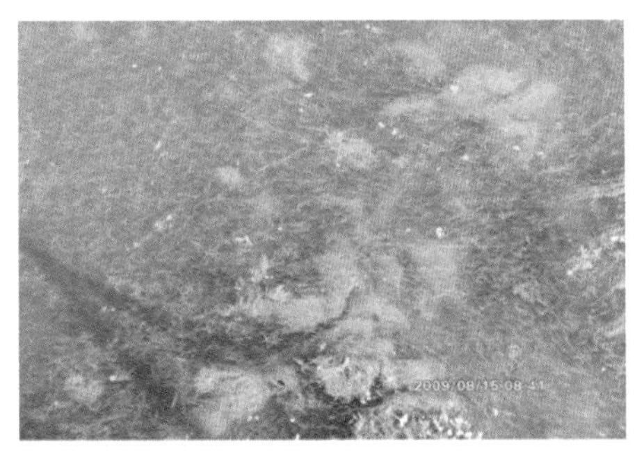

附图 3-4　雅库茨克-小湖-束丝藻水华

附图 3-5　季特阿雷-勒拿河

附图 3-6　雅库茨克-小湖-束丝藻水华

附图 3-7　季克西-草丛-溪草

附图 3-8　日甘斯克-地表-气球藻

附图 3-9　季克西-潮湿水泥表面-链丝藻

附图 3-10　雅库茨克-沼泽-刚毛藻和浒苔

附图 3-11　雅库茨克-沼泽-无隔藻和隐球藻

附图 3-12　季克西-草地小坑-胶毛藻

附图 3-13　日甘斯克-林间小水坑

附图 3-14　日甘斯克-河边水草坑

附图 3-15　季克西-渗水沟-丝藻

附图 3-16　季克西-小溪-竹枝藻

附图 3-17　季克西-小溪-四胞藻

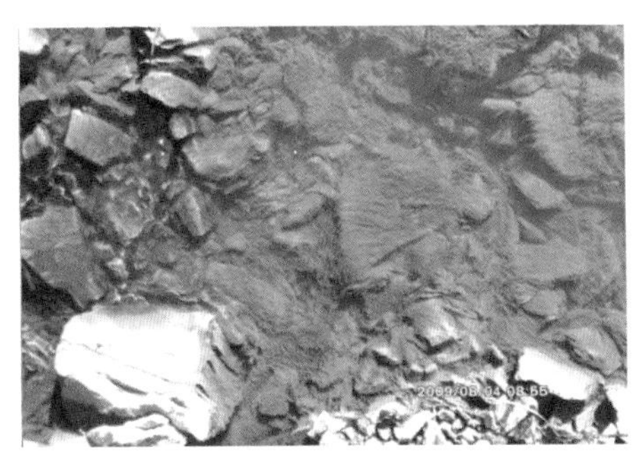

附图 3-18　季克西-小溪-硅藻

附图 3-19　季克西-小溪-无隔藻群落

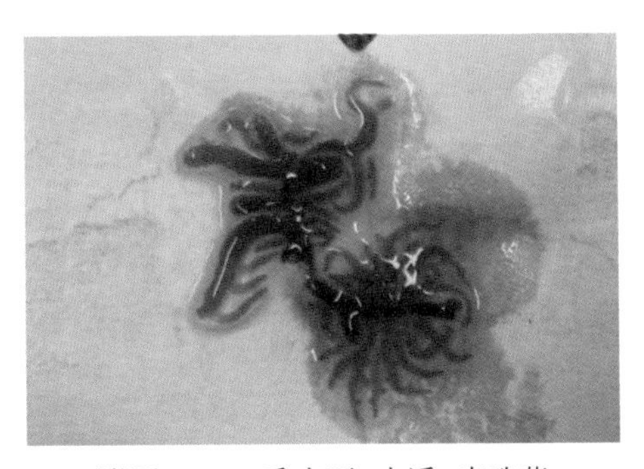

附图 3-20　季克西-小溪-串珠藻

附图 3-21　季特阿雷-勒拿河

附图 3-22　日甘斯克-地表-无隔藻

附图 3-23　雅库茨克-沼泽地小坑

附图 3-24　季克西-渗水-溪菜

附　　表

附表 1　2008 年俄罗斯蒙古联合样点水环境数据

时间	路线	地名	纬度	经度	海拔/m	水化学数据			
						测量时间	水温/℃	溶解氧/（mg/L）	电导率/(μS/cm)
2008-07-29	通津地区阿尔善	某小河	51°40′2. 9″N	102°34′59. 7″E	904	8：33	8. 1	10. 7	215. 3
		伊尔库特河	51°43′2. 10″N	102°34′59. 8″E	729	10：00	14. 9	10. 03	211. 1
2008-07-30	通津地区阿尔善-奥卡地区奥利克	伊尔库特河上游	51°38′40. 4″N	101°25′41. 9″E	916	11：58	13. 9	9. 02	198. 3
		伊尔库特河上游	51°38′40. 4″N	101°25′41. 9″E	1317	14：39	12. 6	7. 56	276
		Urunge-nur（湖）	51°40′2. 13″N	102°34′59. 11″E	1885	16：15	19. 4	9. 12	122. 2
2008-07-31	奥卡地区奥利克	伊尔库特河	52°31′13. 0″N	99°49′24. 2″E	1366	10：17	9. 2	7. 64	280
		伊尔库特河	52°32′48. 7″N	99°44′17. 5″E	1374	14：57	15. 7	9. 33	142. 2
2008-08-01	奥利克-伊斯托米诺	山脚处的小水塘	52°16′29. 2″N	100°14′54. 1″E	1520	11：16	9. 1	9. 95	352
2008-08-02	卡班斯克地区伊斯托米诺	贝加尔湖（近岸浅水处）	52°8′9. 4″N	106°17′38. 8″E	564	9：46	21. 1	7. 03	158. 3
		离岸约 200m 处	52°8′9. 4″N	106°17′38. 8″E	564	16：29	21. 1	10. 04	165. 2
2008-08-03	卡班斯克地区伊斯托米诺-巴尔古津地区马克西米哈	Irrilik（河）	52°8′8. 2″N	106°17′39. 6″E	605	12：43	12	9. 73	81. 5
		Khaim（河）	52°36′17. 7″N	108°5′28. 6″E	591	14：46	14. 1	9. 6	41. 3
		贝加尔湖	52°53′2. 8″N	108°6′48. 5″E	561	16：26	17	8. 54	119. 6
2008-08-04	巴尔古津地区马克西米-巴尔古津地区乌伦奇克	流入贝湖的小溪	53°17′13. 4″N	108°48′22. 3″E	527	9：28	17. 5	7. 67	87. 2
		贝湖边的沼泽				10：40	19. 9	2. 37	90. 6
		贝加尔湖	53°16′14. 9″N	108°42′55. 6″E	454	13：25	18. 7	10. 6	111
		Ust-Barguzin（河）	53°25′30. 1″N	109°1′25. 5″E	456	15：02	21. 5	10. 32	157. 2
		Ust-Barguzin（河）	53°32′29. 3″N	109°25′59. 3″E	471	16：28	19. 8	7. 68	156. 4
2008-08-05	巴尔古津地区巴尔古津-库鲁姆坎地区界内（乌伦奇克周边）	Ust-Barguzin（河）	53°49′13. 7″N	109°55′49. 5″E	501	16：51	20. 5	9. 41	179. 9
		Ust-Barguzin（河）	53°32′30. 3″N	109°25′59. 9″E	501	16：09	21. 1	9. 49	185. 5
		山间小溪	53°50′8. 3″N	109°54′20. 4″E	537	17：36	7. 3	11. 16	80. 8

续表

时间	路线	地名	纬度	经度	海拔/m	水化学数据			
						测量时间	水温/℃	溶解氧/（mg/L）	电导率/(μS/cm)
2008-08-06	巴尔古津地区乌伦奇克-库鲁姆坎地区乌伦汉	Barguzin 边的小池塘	54°19′36.9″N	110°20′39.6″E	491	13：17	18.4	8.09	168.8
		小溪	53°50′3.4″N	109°54′20.2″E	533	14：55	15.7	9.5	103.3
2008-08-07	库鲁姆坎地区乌伦汉-巴尔古津地区乌伦奇克	河流	54°36′32.2″N	110°41′17.4″E	571	9：23	9.6	10.13	172.4
		沼泽	54°43′46.7″N	110°54′4.7″E	565	10：40	15.8	2.85	580
2008-08-08	巴尔古津-乌兰乌德	小湖	52°47′8.1″N	107°59′2.4″E	462	13：12	23.2	11.4	61
2008-08-10	乌兰乌德-古西诺奥焦尔斯克	Orongoi（湖）	51°32′27.2″N	107°2′26″E	543	11：34	25	10.45	5090
		Sagan-Nur（湖）	51°28′53″N	106°45′52.3″E	615	12：25	21.1	14.09	209
		Gusinoe（湖）	51°28′52.3″N	106°45′52.1″E	652	16：33	24.3	10.3	391
		流出 Gusinoe 的小河	51°16′23.8″N	106°22′39.5″E	562	19：34	19.4	7.67	390
2008-08-11	古西诺奥焦尔斯克-恰赫图	Bayan-Gol（小河）	51°2′22.8″N	106°22′24.4″E	548	9：27	19.8	5.22	301
		色楞格河	51°5′38.4″N	106°33′40.6″E	540	10：53	19.1	8.3	200.4
		Chikoi（色楞格河支流）	50°55′18.3″N	106°37′35.4″E	557	11：59	22.2	9.22	73.6
2008-08-13	蒙古色楞格省查干诺尔附近色楞格河边-布尔干省布尔干	色楞格河	50°6′20.2″N	105°47′25.7″E	629	7：58	18.3	8.08	204.4
		沼泽	50°2′9.4″N	105°22′20.1″E	701	9：29	20.8	12.76	631
		色楞格河	53°2′9.3″N	105°22′20.5″E	750	13：10	20.6		209.8
2008-08-14	蒙古布尔干省布尔干市-库苏古尔省木伦	Khanvi River			1252	16：12	17.1		365
		Sharga Lake	48°55′31.2″N	101°59′44.1″E	1284	17：50	20.3		860
2008-08-15	蒙古库苏古尔省木伦-库苏古尔湖	小湖	48°55′30.9″N	101°55′44.4″E	1678	13：05	20.3		1825
		库苏古尔湖	50°30′6.7″N	100°9′52.2″E	1638	17：35	16.2		225
2008-08-17	蒙古库苏古尔省扎尔嘎朗特-后杭爱省车车尔勒格	Ider River	48°35′55.3″N	99°20′22.3″E	1560	8：23	14.2		199.2
		小溪	48°18′30.6″N	99°23′35.8″E	2093	10：34	5		79.8
		Terkhiin Tsasaan（湖）	48°9′42.5″N	99°33′22.5″E	2031	12：20	16		137.6
		入湖河流	48°9′42.6″N	99°38′22.6″E	2202	14：07	13.4		67.4

附表 2 2008 年中国–俄罗斯–蒙古科学考察藻类标本记录

标本编号	采集日期	经度	纬度	生态环境	生长状况	主要种类
ELS–2008–001	2008–07–28			树下潮湿地表砖头上	绿色	
ELS–2008–002	2008–07–28			雨水流过形成低洼潮湿地表	蓝色丝庄体	席藻
ELS–2008–003	2008–07–28	104°04′807″E	52°12′175″N	路边小水坑	绿色丝状体	鞘藻、丝藻
ELS–2008–004	2008–07–28	103°46′557″E	51°41′13″N	路边小溪流中	绿色长丝状体	骈胞藻
ELS–2008–005	2008–07–28	103°46′557″E	51°41′13″N	路边小溪流中	绿色长丝状体	
ELS–2008–006	2008–07–28	103°46′557″E	51°41′13″N	路边小溪流中	绿色长丝状体	无隔藻
ELS–2008–007	2008–07–28	103°46′557″E	51°41′13″N	路边小溪流中	绿色长丝状体	无隔藻
ELS–2008–008	2008–07–29	102°34′59. 7″E	51°40′02. 9″N	山间溪流边潮湿地表	褐色丝状体	
ELS–2008–009	2008–07–29	102°34′59. 7″E	51°40′02. 9″N	山间溪流边漫流地表	草叶上黄色丝状体	
ELS–2008–010	2008–07–29	102°35′22. 44″E	51°42′53. 70″N	河边草地涨水留下临时小水坑	网捞	多甲藻、角藻
ELS–2008–011	2008–07–29	102°35′22. 44″E	51°42′53. 70″N	河边草地涨水留下永久小水坑	网捞	多甲藻、角藻
ELS–2008–012	2008–07–29	102°35′22. 44″E	51°42′53. 70″N	河边草地涨水留下永久小水坑	水草洗液	各种硅藻、鞘藻、水棉
ELS–2008–013	2008–07–29	102°34′59. 7″E	51°40′02″N	温泉喷水流水沟	鲜绿丝状体	毛枝藻
ELS–2008–014	2008–07–29	102°34′59. 7″E	51°40′02″N	温泉喷水流水沟	黄色丝状体	鞘丝藻
ELS–2008–015	2008–07–29	102°34′59. 7″E	51°40′02″N	温泉喷水处	兰绿色丝状体	丝藻
ELS–2008–016	2008–07–30	101°25′41. 9″E	51°38′40. 14″N	急流中石头上	灰绿色壳状	链瘤藻
ELS–2008–017	2008–07–30	101°25′41. 9″E	51°38′40. 14″N	急流中石头上	绿色斑点状	法氏毛枝藻
ELS–2008–018	2008–07–30	101°25′41. 9″E	51°38′40. 14″N	急流中石头上	褐色丝状体	异极藻具长胶柄
ELS–2008–019	2008–07–30	101°25′41. 9″E	51°38′40. 14″N	急流中石头上	绿色分枝丝状体	刚毛藻
ELS–2008–020	2008–07–30	100°40′00. 8″E	51°55′06. 8″N	泥炭藓丛	蓝绿色胶质团块	蓝藻、念珠藻、色球藻
ELS–2008–021	2008–07–30	100°40′00. 8″E	51°55′06. 8″N	湖边	石头上胶质球状	蓝藻
ELS–2008–022	2008–07–30	100°40′00. 8″E	51°55′06. 8″N	湖边网捞	网捞	
ELS–2008–023	2008–07–30	100°40′00. 8″E	51°55′06. 8″N	苔藓丛中	胶质皮块	地木耳
ELS–2008–024	2008–07–30	100°40′00. 8″E	51°55′06. 8″N	山间湖边石头底面	胶质丝状体	串珠藻
ELS–2008–025	2008–07–31	99°49′24″E	52°31′13″N	河滩上		双星藻、颤藻
ELS–2008–026	2008–07–31	99°49′24″E	52°31′13″N	河滩上	毛毡状	*Vaucheria*

续表

标本编号	采集日期	经度	纬度	生态环境	生长状况	主要种类
ELS-2008-027	2008-07-31	99°49′24″E	52°31′13″N	河滩上潮湿地表	绿色丝状体	双星藻
ELS-2008-028	2008-07-31	99°49′24″E	52°31′13″N	河滩上流水石头上附着	绿色丝状体	水绵丝藻
ELS-2008-029	2008-07-31	99°49′24″E	52°31′13″N	河滩上	绿色壳斑状	链瘤藻
ELS-2008-030	2008-08-01	100°14′54. 1″E	52°16′29. 2″N	路边小水坑 流水石头上	绿色胶豆	胶毛藻
ELS-2008-031	2008-08-01	100°14′54. 1″E	52°16′29. 2″N	路边小水坑	水草洗液	各种硅藻
ELS-2008-032	2008-08-01	100°14′54. 1″E	52°16′29. 2″N	路边小水坑	网捞	锥囊藻
ELS-2008-033	2008-08-01	100°14′54. 1″E	52°16′29. 2″N	河边，急流中石头上	绿色丝状体	
ELS-2008-034	2008-08-01	102°07′58″E	51°40′57″N	河边，急流中石头上	绿色毛毡状丝状体	vaucheria
ELS-2008-035	2008-08-02	106°17′38. 8″E	52°08′9. 4″N	贝加尔湖边，水草多	网捞	直链藻、实球藻
ELS-2008-036	2008-08-02	106°17′38. 8″E	52°08′9. 4″N	贝加尔湖边，水草多	水草洗液	各种硅藻
ELS-2008-037	2008-08-02	106°17′38. 8″E	52°08′9. 4″N	贝加尔湖边，水草多	网捞 离岸稍远	
ELS-2008-038	2008-08-03	108°06′48. 5″E	52°53′2. 8″N	贝加尔湖边，风浪大	浪打上来胶质条	四胞藻
ELS-2008-039	2008-08-03	108°06′48. 5″E	52°53′2. 8″N	贝加尔湖边，风浪大	石头上绿色丝状体	环丝藻
ELS-2008-040	2008-08-03	108°06′48. 5″E	52°53′2. 8″N	贝加尔湖边，风浪大	苔藓丛	
ELS-2008-041	2008-08-03	108°06′48. 5″E	52°53′2. 8″N	贝加尔湖边，风浪大	湖边捡绿色丝状体	环丝藻
ELS-2008-042	2008-08-03	108°06′48. 5″E	52°53′2. 8″N	贝加尔湖边，风浪大	湖边捡发黄丝状体	刚毛藻、异极藻、卵形藻
ELS-2008-043	2008-08-03	108°05′28. 6″E	52°36′17. 7″N		坡地地表壳状	地衣
ELS-2008-044	2008-08-03	108°05′28. 6″E	52°36′17. 7″N	林间潮湿树皮	绿色粉状	链丝藻、地衣
ELS-2008-045	2008-08-03	108°05′28. 6″E	52°36′17. 7″N	树下地表潮湿	绿色丝状体	链丝藻
ELS-2008-046	2008-08-03	108°42′55. 6″E	53°16′14. 9″N	贝加尔湖边石头上	短丝状体	环丝藻
ELS-2008-047	2008-08-04	108°42′55. 6″E	53°16′14. 9″N	贝加尔湖边石头上	分枝丝状体	环丝藻
ELS-2008-048	2008-08-04	108°42′55. 6″E	53°16′14. 9″N	湖边池塘流水处	绿色丛状	羽枝藻
ELS-2008-049	2008-08-04	108°42′55. 6″E	53°16′14. 9″N	湖边小池塘	网捞	盘星藻、直链藻、微囊藻
ELS-2008-050	2008-08-04	108°42′55. 6″E	53°16′14. 9″N	湖边，小孩捡	绿色胶质分枝胶条	西伯利亚竹枝藻
ELS-2008-051	2008-08-04	108°42′55. 6″E	53°16′14. 9″N	贝加尔湖边木头上	绿色丝状体	毛枝藻
ELS-2008-052	2008-08-04	108°42′55. 6″E	53°16′14. 9″N	渡口边河滩草丛	绿色胶豆	胶毛藻

续表

标本编号	采集日期	经度	纬度	生态环境	生长状况	主要种类
ELS-2008-053	2008-08-04			小溪中	褐色丝状体	脆杆藻
ELS-2008-054	2008-08-05	109°55′49. 5″E	53°49′13. 7″N	沼泽地草丛	草叶上胶球等	念珠藻、双星藻、胶刺藻
ELS-2008-055	2008-08-05	109°54′20. 4″E	53°50′8. 3″N	山间小溪	苔藓丛	根枝藻
ELS-2008-056	2008-08-07	110°41′17. 4″E	54°36′32. 2″N	小街上路边水坑 牛尿	水华	
ELS-2008-057	2008-08-07	110°41′17. 4″E	54°36′32. 2″N	小街上路边水坑 牛尿	水样沉淀	
ELS-2008-058	2008-08-08			河边草滩	水草茎上 附着胶球	多种蓝藻
ELS-2008-059	2008-08-08			河边草滩	漂浮绿色丝状体团块	双星藻科种类
ELS-2008-060	2008-08-08	107°59′2. 4″E	52°47′8. 1″N	White lake 酸性	胶质团块不定形	菌物?
ELS-2008-061	2008-08-08	107°59′2. 4″E	52°47′8. 1″N	White lake 酸性	水草叶	鞘藻、等片藻
ELS-2008-062	2008-08-08	107°59′2. 4″E	52°47′8. 1″N	White lake 酸性	湖水	
ELS-2008-063	2008-08-09			河边	流水石头上	刚毛藻
ELS-2008-064	2008-08-09			河边	潮湿地表	无隔藻
ELS-2008-065	2008-08-09			河边	潮湿地表	鞘藻
ELS-2008-066	2008-08-10	106°45′52. 1″E	51°28′52. 3″N	湖边，小石块上	胶质丝状体	竹枝藻
ELS-2008-067	2008-08-10	106°45′52. 1″E	51°28′52. 3″N	湖边，小石块上	胶球串	胶毛藻
ELS-2008-068	2008-08-10	106°45′52. 1″E	51°28′52. 3″N	湖边，小石块上	斑点状	毛枝藻
ELS-2008-069	2008-08-10	106°45′52. 1″E	51°28′52. 3″N	湖边	网捞	脆杆藻、星杆藻、鱼腥藻、加顿多甲藻
ELS-2008-070	2008-08-10	106°45′52. 1″E	51°28′52. 3″N	湖边	水草上缠绕丝状体	刚毛藻
ELS-2008-071	2008-08-10	106°45′52. 1″E	51°28′52. 3″N	湖边，	轮藻	轮藻
ELS-2008-072	2008-08-10	107°2′26. 0″E	51°32′27. 2″N	小盐湖	绿色水华状加草茎刚毛藻	衣藻、刚毛藻
ELS-2008-073	2008-08-10	107°2′26. 0″E	51°32′27. 2″N	小盐湖	浅水坑泥水	舟行藻、颤藻
ELS-2008-074	2008-08-10	107°2′26. 0″E	51°32′27. 2″N	小盐湖	轮藻	轮藻
ELS-2008-075	2008-08-10	51°28′53. 0″E	106°45′52. 3″N	小湖	大胶球	葛仙米
ELS-2008-076	2008-08-11	106°33′40. 6″E	51°5′38. 4″N	色楞格河支流	河滩边粗滑丝状体	水绵接合
ELS-2008-077	2008-08-11	106°22′24. 4″E	51°02′22. 8″N	色楞格河边	河坡地表 红色斑点	原管藻

续表

标本编号	采集日期	经度	纬度	生态环境	生长状况	主要种类
ELS-2008-078	2008-08-11			市区马路边积水坑	附着绿色丝状体	鞘藻
MG-2008-001	2008-08-13	105°22′20. 1″E	50°02′9. 4″N	沼泽地水坑边	空管状丝状体	浒苔
MG-2008-002	2008-08-13	105°22′20. 1″E	50°02′9. 4″N	沼泽地水坑边	黄色漂浮团块丝状体	刚毛藻、鞘藻
MG-2008-003	2008-08-14			河流	石头上细丝状体	环丝藻
MG-2008-004	2008-08-14			河流	漂来细管状丝状体	浒苔
MG-2008-005	2008-08-14			河流	皱丝状体	浒苔
MG-2008-006	2008-08-14	101°59′44. 1″E	48°55′31. 2″N	湖泊	沉淀	少量硅藻
MG-2008-007	2008-08-15	101°59′44. 4″E	48°55′30. 9″N	草原积水湖 水浑白色	小石头上丝状体	刚毛藻
MG-2008-008	2008-08-15	101°59′44. 4″E	48°55′30. 9″N	草原坡地	黑色块小	地木耳
MG-2008-009	2008-08-15	100°09′52. 2″E	50°30′6. 7″N	湖边	被淹没草地草上丝状体	异极藻、环丝藻
MG-2008-010	2008-08-15	100°09′52. 2″E	50°30′6. 7″N	湖边	木桩上丝状体 风浪大	环丝藻
MG-2008-011	2008-08-15	100°09′52. 2″E	50°30′6. 7″N	湖边	网捞	双星藻、转板藻
MG-2008-012	2008-08-16				胶块	地木耳
MG-2008-013	2008-08-17	99°20′22. 3″E	48°35′55. 3″N	河边 小坑	小坑网捞	
MG-2008-014	2008-08-17	99°20′22. 3″E	48°35′55. 3″N	河边 小坑	浅水底毛毡丝状体	水绵、刚毛藻
MG-2008-015	2008-08-17	99°20′22. 3″E	48°35′55. 3″N	河边 小坑	浅水底毛毡丝状体	无隔藻
MG-2008-016	2008-08-17	99°23′35. 8″E	48°18′30. 6″N	小溪	苔藓丛	无隔藻
MG-2008-017	2008-08-17	99°33′22. 5″E	48°9′42. 5″N	湖边	丝状体	刚毛藻
MG-2008-018	2008-08-17	99°33′22. 5″E	48°9′42. 5″N	湖边	石块上丝状体	环丝藻
MG-2008-019	2008-08-17	99°33′22. 5″E	48°9′42. 5″N	湖边	石块上短丝状体	鞘藻
MG-2008-020	2008-08-17	99°33′22. 5″E	48°9′42. 5″N	湖边	胶球	葛仙米
MG-2008-021	2008-08-18	99°53′47. 9″E	48°9′13. 2″N	积水坑	塑料瓶轮胎上 短绿色层丝状体	毛枝藻
MG-2008-022	2008-08-18	99°53′47. 10″E	48°9′13. 3″N	积水坑	沉淀	
MG-2008-023	2008-08-18	102°43′49″E	47°45′32. 9″N	湖边	网捞	微囊藻 波兰多甲藻
MG-2008-024	2008-08-18	102°43′49″E	47°45′32. 9″N	湖边	岸边丛毛状 漂浮	单歧藻

附表 3　俄蒙考察鱼类采样情况

时间	路线	地点	渔获物种类	数量	标签号
2008-07-29	通津地区阿尔善	某小河	细鳞鱼	2	酒精整体固定
		伊尔库特河	河鲈	7	807001
			银鲫	36	807002
			湖拟鲤	1	807003
			棒花鱼	13	807004-008
			?	4	807009-011
			西伯利亚花鳅	3	酒精整体固定
2008-07-30	通津地区阿尔善-奥卡地区奥利克	伊尔库特河上游	茴鱼	若干	酒精整体固定
			鳅	若干	酒精整体固定
2008-07-31	奥卡地区奥利克	伊尔库特河	茴鱼	若干	酒精整体固定
			鳅	若干	酒精整体固定
		伊尔库特河	茴鱼	2	
2008-08-01	奥利克-伊斯托米诺	山脚处的小水塘	?	1	
2008-08-02	卡班斯克地区伊斯托米诺	贝加尔湖（近岸浅水处）	河鲈	7	808002-004 808018-021
		离岸约 200m 处	湖拟鲤	27	808005-014 808027-043
			?	3	808015-017
			?	5	808022-026

续表

时间	路线	地点	渔获物种类	数量	标签号
2008-08-04	巴尔古津地区马克西米-巴尔古津地区乌伦奇克	贝加尔湖	?	2	
			西伯利亚花鳅	4	
			雅罗鱼	1	
		Ust-Barguzin（河）	湖拟鲤	4	808051-054
			河鲈	2	808055-056
			?	2	808057-058
2008-08-05	巴尔古津地区巴尔古津-库鲁姆坎地区界内（乌伦奇克周边）	Ust-Barguzin（河）	银鲫	16	酒精整体固定
			鲤	2	酒精整体固定
			鲇	1	808060
			?	3	808064-066
			河鲈	3	808067-069
			白斑狗鱼	1	808059
			?	6	808061-063
		Ust-Barguzin（河）	?	4	808070-073
			?	4	808074-077
			河鲈	5	808078-082
			鲤	11	酒精整体固定
			鲇	3	808083-085

续表

时间	路线	地点	渔获物种类	数量	标签号
2008-08-06	巴尔古津地区乌伦奇克-库鲁姆坎地区乌伦汉	Barguzin 边的小池塘	?	1	808083
			西伯利亚花鳅	1	酒精整体固定
			幼鱼	若干	酒精整体固定
		小溪	真鱥	16	酒精整体固定
2008-08-10	乌兰乌德-古西诺奥焦尔斯克	Sagan-Nur（湖）	鲈塘鳢	2	808088
			西伯利亚花鳅	9	808089
		Gusinoe（湖）	幼鱼	若干	酒精整体固定
2008-08-11	古西诺奥焦尔斯克-恰赫图	Bayan-Gol（小河）	?	12	808090-101
			银鲫	1	808102
			西伯利亚花鳅	12	808103-104，808123-127，808136-137
			鲈塘鳢	8	808128-135
			鲈塘鳢幼鱼	若干	酒精整体固定
		色楞格河	?	10	808105-114
			河鲈	1	808115
			鲈塘鳢	1	808116
			鲇	1	808117
		Chikoi（色楞格河支流）	西伯利亚花鳅	3	

续表

时间	路线	地点	渔获物种类	数量	标签号
2008-08-13	蒙古色楞格省查干诺尔附近色楞格河边-布尔干省布尔干市	色楞格河	河鲈	1	808138
			?	6	808139-144
			西伯利亚花鳅	1	808145
			小鱼	若干	酒精整体固定
		色楞格河	?	6	808146-151
			?	2	808152-153
2008-08-14	蒙古布尔干省布尔干市-库苏古尔省木伦	Khanvi 河	?	4	808154-157
			?	3	808158-160
			?	2	808161-162
			小鱼	若干	酒精整体固定
2008-08-15	蒙古库苏古尔省木伦-库苏古尔湖	库苏古尔湖	北极茴鱼	12	808163-174
2008-08-17	蒙古库苏古尔省扎尔嘎朗特-后杭爱省车车尔勒格	Ider 河	?	1	808175
			细鳞鱼	9	808176-184
		Terkhiin Tsasaan（湖）	小鱼	3	
2008-08-18	后杭爱省车车尔勒格-后杭爱省与布尔干省之间的 Ogii 湖	Ogii nuur（湖）	拟鲤	5	808186-187
			河鲈	21	808188-189
			?	4	808190-193
			小鱼	若干	酒精整体固定

注：? 代表未鉴定或无法确定物种。

附表 4 2009 年勒拿河考察藻类采集记录

编号	采集日期	地点	生境	描述	种类
ELS-001	2009-08-03	雅库茨克	小餐馆前沼泽池塘，养鸭	空管丝状	刚毛藻、窗纹藻、鼓藻、念珠藻、鞘藻
ELS-002	2009-08-03	雅库茨克	小餐馆前沼泽池塘，养鸭	空管丝状	浒苔、附着小桩藻
ELS-123	2009-08-03	雅库茨克	小餐馆前沼泽池塘，养鸭	1.5L 沉淀	藻少
ELS-011	2009-08-04	季克西	溪沟入海口	绿色胶囊状	四胞藻
ELS-019	2009-08-04	季克西	溪沟入海口	石块上附着绿色丝状	丝藻、硅藻
ELS-023	2009-08-04	季克西	宾馆前下坡渗水，流水沟	起泡、粘、绿色丝状	无隔藻
ELS-024	2009-08-04	季克西	滴水石头上刮	深绿	链丝藻、裂丝藻、小球藻
ELS-030	2009-08-04	季克西	流水溪沟	黄色丝状	硅藻
ELS-037	2009-08-04	季克西	宾馆前下坡渗水，流水沟	黄色丝状	硅藻
ELS-038	2009-08-04	季克西	宾馆前下坡渗水，流水沟	皮状、黄色	硅藻
ELS-039	2009-08-04	季克西	宾馆前下坡渗水，流水沟	绿色丝状	丝藻
ELS-043	2009-08-04	季克西	宾馆前地表、草丛，潮湿	干片状	溪菜
ELS-046	2009-08-04	季克西	宾馆前、下坡，潮湿水泥壁	丝状、绿色	链丝藻
ELS-047	2009-08-04	季克西	宾馆前地表、草丛，潮湿	绿色片状、皱	溪菜
ELS-050	2009-08-04	季克西	潮湿砖头上刮		溪菜幼体
ELS-106	2009-08-04	季克西	潮湿地表草丛	毛毡状	无隔藻
ELS-016	2009-08-06	TIT-RAY	岛上沼泽小沟	蓝藻	隐球藻、念珠藻、鞘藻
ELS-017	2009-08-06	TIT-RAY	岛上积水溏	网捞，鲁哥固定	锥囊藻、鱼腥藻、盘星藻
ELS-035	2009-08-06	TIT-RAY	岛上沼泽小沟	苔藓洗液	色球藻
ELS-102	2009-08-06	TIT-RAY	勒拿河	定性	星杆藻、直链藻、脆杆藻、鱼腥藻
ELS-104	2009-08-06	TIT-RAY	岛上积水溏	甲醛固定	
ELS-107/8	2009-08-06	TIT-RAY	勒拿河	定量	7.27×10^6
ELS-003/018	2009-08-07	季克西	水源湖	石头底栖藻定量	
ELS-010	2009-08-07	季克西	水源湖	木棍上丝状绿藻	丝藻
ELS-022	2009-08-07	季克西	草地小水坑	死水草叶	丝藻

续表

编号	采集日期	地点	生境	描述	种类
ELS-025	2009-08-07	季克西	水源湖	定性	毛鞘藻、盘星藻
ELS-026	2009-08-07	季克西	草地小水坑	黄色胶状	念珠藻
ELS-028	2009-08-07	季克西	草地小水坑	水草上胶球	胶毛藻
ELS-029	2009-08-07	季克西	路边草地积水坑	水草叶洗液	鞘藻、骈胞藻、简单四胞藻、毛鞘藻
ELS-040	2009-08-07	季克西	路边积水坑		鼓藻
ELS-101/5	2009-08-07	季克西	水源湖	定量	3.92×10^6
ELS-103	2009-08-07	季克西	水源湖	黄棕色胶块	念珠藻
ELS-009	2009-08-09	季克西	港口边小溪	石块上附着丝状	竹枝藻
ELS-042	2009-08-09	季克西	港口边小溪	石块上附着胶球	胶毛藻
ELS-006	2009-08-12	日甘斯克	小水坑	胶块	四胞藻
ELS-033	2009-08-12	日甘斯克	林间小路流水沟（干）	绿色皮状	
ELS-034	2009-08-12	日甘斯克	水草坑	水草茎叶上附着小球	胶刺藻
ELS-048	2009-08-12	日甘斯克	水草坑	胶块状	四胞藻
ELS-115	2009-08-12	日甘斯克	勒拿河	网捞定性	鱼腥藻、胶网藻
ELS-116	2009-08-12	日甘斯克	水草坑	底泥上生长丝状藻	无隔藻
ELS-119	2009-08-12	日甘斯克	水坑边	潮湿地表	气球藻
ELS-121	2009-08-12	日甘斯克	水草坑	网捞定性	
ELS-134	2009-08-12	日甘斯克	地表		
ELS-020	2009-08-15	雅库茨克	沼泽小坑	漂浮团块丝状	无柄无隔藻、黄丝藻
ELS-021	2009-08-15	雅库茨克	沼泽水坑	篮绿色胶球	隐球藻
ELS-049	2009-08-15	雅库茨克	白湖	水华	微囊藻
ELS-109	2009-08-15	雅库茨克	沼泽小湖	定量	
ELS-120	2009-08-15	雅库茨克	沼泽小坑	漂浮团块丝状	刚毛藻
ELS-125	2009-08-15	雅库茨克	沼泽小湖	水华	束丝藻

附表 5　额尔古纳河鱼类调查名录

物种名	调查方式	备注
鲑形目 Salmoniformes 鲑科 Salmonidae		
哲罗鲑 *Hucho taimen*	访谈	
细鳞鲑 *Brachymystax lenok*	标本采集	
狗鱼科 Esocidae		
黑斑狗鱼 *Esox reicherti*	观察、访谈	
鲤形目 Cypriniformes 鲤科 Cyprinidae		
东北雅罗鱼 *Leuciscus waleckii*	标本采集	
真鱥 *Phoxinus phoxinus*	标本采集	
洛氏鱥 *Phoxinus lagowskii*	标本采集	
花江鱥 *Phoxinus czekanowskii*	标本采集	
贝氏䱗 *Hemiculter bleekeri bleekeri*	标本采集	
红鳍原鲌 *Culter erythropterus*	标本采集	
黑龙江鳑鲏 *Rhodeus sericeus*	标本采集	
大鳍鱊 *Acheilognathus macropterus*	标本采集	
麦穗鱼 *Pseudorasbora parva*	标本采集	
棒花鱼 *Abbottina rivularis*	标本采集	*
犬首鮈 *Gobio cynocephalus*	标本采集	
棒花鮈 *Gobio rivuloides*	标本采集	*
兴凯银鮈 *Squalidus chankaensis*	标本采集	
蛇鮈 *Saurogobio dabryi*	标本采集	
银鲫 *Carassius auratus gibelio*	标本采集	√
草鱼 *Ctenopharyngodon idellus*	观察、访谈	#√
蒙古䱗 *Hemiculter lucidus warpachowskyii*	观察、访谈	○
蒙古鲌 *Culter mongolicus mongolicus*	观察、访谈	
翘嘴鲌 *Culter alburnus*	观察、访谈	
唇䱻 *Hemibarbus labeo*	观察、访谈	
花䱻 *Hemibarbus maculates*	观察、访谈	
高体鮈 *Gobio soldatovi*	观察、访谈	
鲫 *Carassius auratus*	观察、访谈	√
鲢 *Hypophthalmichthys molitrix*	观察、访谈	#√

续表

物种名	调查方式	备注
鳙 *Aristichthys nobilis*	观察、访谈	#√
拟赤梢鱼 *Pseudaspius leptocephalus*	文献记录	
银鮈 *Squalidus argentatus*	文献记录	
团头鲂 *Megalobrama amblycephala*	文献记录	#√
条纹似白鮈 *Paraleucogobio strigatus*	文献记录	
黑鳍鳈 *Sarcocheilichthys nigripinnis*	文献记录	
细体鮈 *Gobio tenuicorpus*	文献记录	
突吻鮈 *Rostrogobio amurensis*	文献记录	
鲤 *Cyprinus carpio*	标本采集	√
鳅科 Cobitidae		
北方花鳅 *Cobitis granoci*	标本采集	
黑龙江泥鳅 *Misgurnus mohoity*	标本采集	*
泥鳅 *Misgurnus anguillicaudatus*	标本采集	
鲇形目 Siluriformes 鲇科 Siluridae		
鲇 *Silurus asotus*	标本采集	
鲈形目 Perciformes 塘鳢科 Eleotridae		
葛氏鲈塘鳢 *Perccottus glehni*	标本采集	*
刺鱼目 Gasterosteiformes 刺鱼科 Gasterosteidae		
中华多刺鱼 *Pungitius sinensis*	文献记录	
鳕形目 Gadiformes 鳕科 Gadidae		
江鳕 *Lota lota*	标本采集	

*，新记录分布种；#，外来引入种；√，养殖种类；○，额尔古纳河特有。

附表 6　绥芬河鱼类名录及分布

物种	东宁	罗子沟	老黑山	双桥子	绥阳	新立	亮子川	特有性
七鳃鳗目 Petromyzoniformes								
七鳃鳗科 Petromyzonidae								
雷氏七鳃鳗 *Lampetra reissneri*								
日本七鳃鳗 *L. japonica*			+	+			+	M
鲑形目 Salmoniformes								
鲑科 Salmonidae								
马苏大麻哈鱼（河川型）*Oncorhynchus masou masou*						+		
马苏大麻哈鱼（陆封型）*O. masou masou*	+					+		M
大麻哈鱼 *O. keta*						+		M
驼背大麻哈鱼 *O. gorbuscha*						+		M
虹鳟 *O. mykiss*	+							I
花羔红点鲑 *Salvelinus malma*		+		+			+	
细鳞鲑 *Brachymystax lenok*		+		+			+	
茴鱼科 Thymallidae								
黑龙江茴鱼 *Thymallus arcticus grubei*				+			+	
胡瓜鱼科 Osmeridae								
池沼公鱼 *Hypomesus olidus*	+							
狗鱼科 Esocidae								
黑斑狗鱼 *Esox reicherti*								
鲤形目 Cypriniformes								
鲤科 Cyprinidae								
马口鱼 *Opsariichthys bidens*					+			
草鱼 *Ctenopharyngodon idellus*	+							I
湖鱥 *Phoxinus percnurus*	+	+	+	+	+	+	+	
花江鱥 *P. czekanowskii*	+		+	+	+			
拉氏鱥 *P. lagowskii*	+	+	+	+	+	+	+	
真鱥 *P. phoxinus phoxinus*		+		+				

续表

物种	东宁	罗子沟	老黑山	双桥子	绥阳	新立	亮子川	特有性
瓦氏雅罗鱼 *Leuciscus waleckii waleckii*	+					+	+	
图们雅罗鱼 *L. waleckii tumensis*	+					+	+	
丁鱥 *Tinca tinca*						+		I
三块鱼 *Tribolodon brandti*	+					+		M
珠星三块鱼 *T. hakonensis*	+					+		M
餐 *Hemiculter leucisculus*	+							
红鳍原鲌 *Culter erythropterus*	+				+			I
大鳍鱊 *Acheilognathus macropterus*	+	+						
兴凯鱊 *A. chankaensis*	+							
黑龙江鳑鲏 *Rhodeus sericeus*	+	+	+		+			
麦穗鱼 *Pseudorasbora parva*	+	+	+	+	+			
克氏鳈 *Sarcocheilichthys czerskii*	+	+						
高体鮈 *Gobio soldatovi*	+	+	+	+	+	+	+	
犬首鮈 *Gobio cynocephalus*	+	+	+	+	+	+	+	
大头鮈 *Gobio macrocephalus*	+	+	+	+	+	+	+	
棒花鱼 *Abbottina rivularis*	+	+	+	+	+			
兴凯银鮈 *Squalidus chankaensis*	+							I
蛇鮈 *Saurogobio dabryi*								
鲤 *Cyprinus carpio*	+	+				+	+	
鲫 *Carassius auratus gibelio*	+	+		+		+	+	
鲢 *Hypophthalmichthys molitrix*	+							I
鳙 *Aristichthys nobilis*	+							I
鳅科 Cobitidae								
北鳅 *Lefua costata*								
北方须鳅 *Barbatula toni*	+	+	+				+	
花斑副沙鳅 *Parabotia fasciata*								
黑龙江鳅 *Cobitis lutheri*	+	+	+	+	+			
北方鳅 *C. granoei*	+	+	+	+	+			
黑龙江泥鳅 *Misgurnus mohoity*	+							
泥鳅 *M. anguillicaudatus*	+							
北方泥鳅 *M. bipartitus*	+							

续表

物种	东宁	罗子沟	老黑山	双桥子	绥阳	新立	亮子川	特有性
鲇形目 Siluriformes								
鲇科 Siluridae								
鲇 *Silurus asotus*	+		+		+	+		
鲿科 Bagridae								
黄颡鱼 *Pelteobagrus fulvidraco*								
刺鱼目 Gasterosteiformes								
刺鱼科 Gasterosteidae								
中华多刺鱼 *Pungitius sinensis*	+	+		+				
鲻形目 Mugiliformes								
鲻科 Mugilidae								
鲻 *Mugil cephalus*								
鲈形目 Perciformes								
丽鱼科 Cichlidae								
尼罗非鲫 *Tilapia nilotica*	+							I
塘鳢科 Eleotridae								
葛氏鲈塘鳢 *Perccottus glehni*	+	+	+		+			
黄黝鱼 *Hypseleotris swinhonis*	+		+	+				
侧扁黄黝鱼 *H. compressocephalus*	+							
鰕虎鱼科 Gobiidae								
褐吻鰕虎鱼 *Rhinogobius brunneus*	+	+		+		+		
鳢科 Channidae								
乌鳢 *Channa argus*						+	+	
鲉形目 Scorpaenifprmes								
杜父鱼科 Cottidae								
燕杜父鱼 *Cottus czerskii*								

+，实际调查采集物种；I，外来鱼类；M，溯河洄游鱼类。

附表 7　黑龙江流域的鱼类

中文名	拉丁名
七鳃鳗目	PETROMYZONIFORMES
七鳃鳗科	Petromyzonidae
七鳃鳗属	*Lampetra* Gray, 1851
雷氏七鳃鳗	*L. reissneri* Dybowsky, 1869
东北七鳃鳗	*L. morii* Berg, 1931
日本七鳃鳗	*L. japonica* Martens, 1868
鲟形目	ACIPENSERIFORMES
鲟科	Acipenseridae
鲟属	*Acipenser* Linnaeus, 1758
史氏鲟	*A. schrenckii* Brandt, 1869
鳇属	*Huso* Brandt, 1896
鳇	*H. dauricus* Georgi, 1775
鲑形目	SALMONIFORMES
鲑科	Salmonidae
大麻哈鱼属	*Oncorhynchus* Suckley, 1860
大麻哈鱼	*O. keta* Walbaum, 1792
红点鲑属	*Salvelinus* Richardson, 1832
白斑红点鲑（远东红点鲑）	*S. leucomaenis* Pallas, 1811
哲罗鱼属	*Hucho* Günther, 1866
哲罗鱼	*H. taimen* Pallas, 1773
细鳞鲑属	*Brachymystax* Günther, 1868
细鳞鲑	*B. lenok lenok* Pallas, 1773
白鲑属	*Coregonus* Linnaeus, 1758
乌苏里白鲑	*C. ussuriensis* Berg, 1906
卡达白鲑	*C. chadary* Dybowsky, 1869
茴鱼科	Thymallidae
茴鱼属	*Thymallus* Cuvier, 1829
黑龙江茴鱼	*T. arcticus grubei* Dybowsky, 1869
胡瓜鱼科	Osmeridae
公鱼属	*Hypomesus* Gill, 1862
池沼公鱼	*H. olidus* Pallas, 1811
西太公鱼	*H. nipponensis* McAllister, 1963
狗鱼科	Esocidae
狗鱼属	*Esox* Linnaeus, 1758
黑斑狗鱼	*E. reicherti* Dybowsky, 1869
鲤形目	CYPRINIFORMES
鲤科	Cyprinidae
马口鱼属	*Opsariichthys* Bleeker, 1863
马口鱼	*O. bidens* Günther, 1873
细鲫属	*Aphyocypris* Günther, 1868

续表

中文名	拉丁名
中华细鲫	*A. chinensis* Günther, 1868
青鱼属	*Mylopharyngodon* Peters, 1880
青鱼	*M. piceus* Richardson, 1846
草鱼属	*Ctenoparyngodon* Steindachner, 1866
草鱼	*C. idellus* Cuvier *et* Valenciennes, 1844
鱥属	*Phoxinus* Agassiz, 1855
湖鱥	*P. percnurus* Pallas, 1811
花江鱥	*P. czekanowskii* Dybowsky, 1869
拉氏鱥	*P. lagowskii* Dybowsky, 1869
真鱥	*P. phoxinus phoxinus* Linnaeus, 1758
雅罗鱼属	*Leuciscus* Cuvier, 1817
瓦氏雅罗鱼	*L. waleckii waleckii* Dybowsky, 1869
拟赤稍鱼属	*Pseudaspius* Dybowsky, 1869
拟赤稍鱼	*P. leptocephalus* Pallas, 1776
赤眼鳟属	*Squaliobarbus* Günther, 1868
赤眼鳟	*S. curriculus* Richardson, 1846
鳡属	*Elopichthys* Bleeker, 1859
鳡	*E. bambusa* Richardson, 1845
䱗属	*Hemiculter* Bleeker, 1859
䱗	*H. leucisculus* Basilewsky, 1855
贝氏䱗	*H. bleekeri* Warpachowsky, 1887
兴凯䱗	*H. bleekeri lucidus* Dybowsky, 1872
蒙古䱗	*H. bleekeri warpachowskii* Nikolsky, 1903
原鲌属	*Cultrichthys* Smith, 1938
红鳍原鲌	*C. erythropterus* Basilewsky, 1855
扁体原鲌	*C. compressocorpus* Yih *et* Chu, 1959
鲌属	*Culter* Basilewsky, 1855
翘嘴鲌	*C. alburnus* Basilewsky, 1855
蒙古鲌	*C. mongolicus mongolicus* Basilewsky, 1855
尖头鲌	*C. oxycephalus* Bleeker, 1871
达氏鲌	*C. dabryi dabryi* Bleeker, 1871
兴凯鲌	*C. dabryi shinkainensis* Yih *et* Chu, 1959
鳊属	*Parabramis* Bleeker, 1865
鳊	*P. pekinensis* Basilewsky, 1855
鲂属	*Megalobrama* Dybowsky, 1872
鲂	*M. skolkovii* Dybowsky, 1872
鲴属	*Xenocypris* Günther, 1868
银鲴	*X. argentea* Günther, 1868
细鳞鲴	*X. microlepis* Bleeker, 1871
似鳊属	*Pseudobrama* Bleeker, 1871
似鳊	*P. simoni* Bleeker, 1864
鱊属	*Acheilognathus* Bleeker, 1859
大鳍鱊	*A. macropterus* Bleeker, 1871
兴凯鱊	*A. chankaensis* Dybowski, 1872

续表

中文名	拉丁名
鳑鲏属	*Rhodeus* Agassiz, 1835
中华鳑鲏	*R. sinensis* Günther, 1868
方氏鳑鲏	*R. fangi* Miao, 1934
黑龙江鳑鲏	*R. sericeus* Pallas, 1776
䱻属	*Hemibarbus* Bleeker, 1860
唇䱻	*H. labeo* Pallas, 1776
花䱻	*H. maculatus* Bleeker, 1871
似白鮈属	*Paraleucogobio* Berg, 1907
条纹似白鮈	*P. strigatus* Regan, 1908
麦穗鱼属	*Pseudorasbora* Bleeker, 1860
麦穗鱼	*P. parva* Temminck *et* Schlegel, 1842
平口鮈属	*Ladislavia* Dybowsky, 1869
平口鮈	*L. taczanowskii* Dybowsky, 1869
鳈属	*Sarcocheilichthys* Bleeker, 1860
东北鳈	*S. lacustris* Dybowsky, 1872
华鳈	*S. sinensis sinensis* Bleeker, 1871
克氏鳈	*S. czerskii* Berg, 1914
鮈属	*Gobio* Cuvier, 1817
高体鮈	*G. soldatovi* Berg, 1914
凌源鮈	*G. lingyuanensis* Mori, 1934
犬首鮈	*G. cynocephalus* Dybowsky, 1869
细体鮈	*G. tenuicorpus* Mori, 1934
颌须鮈属	*Gnathopogon* Bleeker, 1860
东北颌须鮈	*G. mantshuricus* Berg, 1914
银鮈属	*Squalidus* Dybowsky, 1872
兴凯银鮈	*S. chankaensis* Dybowsky, 1872
银鮈	*S. argentatus* Saugage *et* Dabry, 1874
棒花鱼属	*Abbottina* Jordan *et* Fowler, 1903
棒花鱼	*A. rivularis* Basilewsky, 1855
突吻鮈属	*Rostrogobio* Taranetz, 1937
突吻鮈	*R. amurensis* Taranetz, 1937
蛇鮈属	*Saurogobio* Bleeker, 1870
蛇鮈	*S. dabryi* Bleeker, 1871
鲤属	*Cyprinus* Linnaeus, 1758
鲤	*C.* (*C.*) *carpio* Linnaeus, 1758
鲫属	*Carassius* Jarocki, 1822
银鲫	*C. auratus gibelio* Bloch, 1783
鳅鮀属	*Gobiobotia* Kreyenberg, 1911
潘氏鳅鮀	*G.* (*G.*) *pappenheimi* Kreyenberg, 1911
鳙属	*Aristichthys* Oshima, 1919
鳙	*A. nobilis* Richardson, 1844
鲢属	*Hypophthalmichthys* Bleeker, 1860
鲢	*H. molitrix* Cuvier *et* Valenciennes, 1844
鳅科	Cobitidae

续表

中文名	拉丁名
北鳅属	*Lefua* Herzenstein, 1888
北鳅	*L. costata* Kessler, 1876
须鳅属	*Barbatus* Linck, 1790
北方须鳅	*B. barbatula nuda* Bleeker, 1864
高原鳅属	*Triplophysa* Rendahl, 1933
达里湖高原鳅	*T. dalaica* Kessler, 1876
副沙鳅属	*Parabotia* Sauvage *et* Dabry, 1874
花斑副沙鳅	*P. fasciata* Dabry *et* Thiersant, 1872
鳅属	*Cobitis* Linnaeus, 1758
黑龙江鳅	*C. lutheri* Rendahl, 1935
北方鳅	*C. granoei* Rendahl, 1935
泥鳅属	*Misgurnus* Lacépède, 1803
黑龙江泥鳅	*M. mohoity* Dybowski, 1869
北方泥鳅	*M. bipartitus* Sauvage *et* Dabry, 1874
副泥鳅属	*Paramisgurnus* Sauvage, 1878
大鳞副泥鳅	*P. dabryanus* Sauvage, 1878
鲶形目	SILURIFORMES
鲶科	Siluridae
鲇属	*Silurus* Linnaeus, 1758
怀头鲇	*S. soldatovi* Nikolsky *et* Soin, 1948
鲇	*S. asotus*Linnaeus, 1758
鲿科	Bagridae
黄颡鱼属	*Pelteobagrus* Bleeker, 1865
黄颡鱼	*P. fulvidraco* Richardson, 1845
光泽黄颡鱼	*P. nitidus* Sauvage *et* Dabry, 1874
鮠属	*Leiocassis* Bleeker, 1858
长吻鮠	*L. longirostris* Günther, 1864
纵带鮠	*L. argentivittatus* Regan, 1905
拟鲿属	*Pseudobagrus* Bleeker, 1858
乌苏里拟鲿	*P. usseriensis* Dybowsky, 1872
鳉形目	CYPRINODONTIFORMES
鳉科	Cyprinidintidae
青鳉属	*Oryzias* Jordan *et* Snyder, 1906
中华青鳉	*O. latipes sinensis* Chen Uwa *et* Chu, 1989
鳕形目	GADIFORMES
鳕科	Gadidae
江鳕属	*Lota* Oken, 1817
江鳕	*lota* Linnaeus, 1758
刺鱼目	GASTEROSTEIFORMES
刺鱼科	Gasterosteidae
多刺鱼属	*Pungitius* Costa, 1846
中华多刺鱼	*P. sinensis* Guichenot, 1869

续表

中文名	拉丁名
鲈形目	PERCIFORMES
旨科	Serranidae
鳜属	*Siniperca* Gill, 1862
鳜	*S. chuatsi* Basilewsky, 1855
鲈科	Percidae
梭鲈属	*Lucioperca* Cuvier *et* Valenciennes, 1828
梭鲈	*Lucioperca lucioperca* Linnaeus, 1817
塘鳢科	Eleotridae
鲈塘鳢属	Perccottus Dybowski, 1877
葛氏鲈塘鳢	*P. glehni* Dybowski, 1877
黄黝鱼属	*Hypseleotris* Gill, 1863
黄黝鱼	*H. swinhonis* Günther, 1873
鰕虎鱼科	Gobiidae
裸头鰕虎鱼属	*Chaenogobius* Gill, 1859
黄带裸头鰕虎鱼	*C. laevis* Steindachner, 1879
吻鰕虎鱼属	*Rhinogobius* Gill, 1859
褐吻鰕虎鱼	*R. brunneus* Temminck *et* Schlegel, 1845
波氏吻鰕虎鱼	*R. cliffordpopei* Nichols, 1925
斗鱼科	Belontiidae
斗鱼属	*Macropodus* Lacépède, 1802
圆尾斗鱼	*M. chinensis* Bloch, 1790
鳢科	Channidae
鳢属	*Channa* Scopoli, 1777
乌鳢	*C. argus* Cantor, 1842
鲉形目	SCORPAENIFPRMES
杜父鱼科	Cottidae
中杜父鱼属	*Mesocottus* Gratzianov, 1907
中杜父鱼	*M. haitej* Dybowskyi, 1907
杜父鱼属	Cottus Linnaeus, 1758
杂色杜父鱼	*C. poecilopus* Heckel, 1836
燕杜父鱼	*C. czerskii* Berg, 1913
床杜父鱼属	*Myoxocephalus* Tilesius, 1811
床杜父鱼	*M. platycephalus taeniopterus* Kner, 1868

附表 8　黑龙江（阿穆尔河）流域的特有鱼类及其分布

类群	额尔古纳河	上中游	乌苏里江
鲟形目 Acipenseriformes			
鲟科 Acipenseridae			
鲟属 *Acipenser*			
史氏鲟 *A. schrenckii*	+	+	+
鳇属 *Huso*			
鳇 *H. dauricus*	+	+	+
鲑形目 Salmoniformes			
鲑科 Salmonidae			
白鲑属 *Coregonus*			
卡达白鲑 *C. chadary*		+	+

续表

类群	额尔古纳河	上中游	乌苏里江
胡瓜鱼科 Osmeridae 公鱼属 *Hypomesus* 池沼公鱼 *H. olidus*		+	
拟赤稍鱼属 *Pseudaspius* 拟赤稍鱼 *P. leptocephalus*	+	+	+
𩽾属 *Hemiculter* 兴凯𩽾 *H. lucidus lucidus*			+
蒙古𩽾 *H. lucidus warpachowskii*	+		
原鲌属 *Cultrichthys* 扁体原鲌 *C. compressocorpus*		+	+
鲌属 *Culter* 兴凯鲌 *C. dabryi shinkainensis*			+
鳈属 *Sarcocheilichthys* 东北鳈 *S. lacustris*	+	+	+
颌须𬶋属 *Gnathopogon* 东北颌须𬶋 *G. mantshuricus*		+	+
突吻𬶋属 *Rostrogobio* 突吻𬶋 *R. amurensis*	+	+	+

附表9　黄河干流上游、中游、下游及河口鱼类名录、分布和生态习性

种类	生态类型	分布区			
		上游	中游	下游	河口
胡瓜鱼目 Osmeriformes					
银鱼科 Salangidae					
大银鱼 *Protosalanx hyalocranius* *	D，C，U			+	
鲤形目 Cypriniformes					
鲤科 Cyprinidae					
鲤亚科 Cyprininae					
鲤 *Cyprinus carpio*	V，O，De	+	+	+	+
鲫 *Carassius auratus auratus*	V，O，De	+	+	+	+
亚科 Danioniae					
马口鱼 *Opsariichthys bidens*	S-P，P，U		+		
雅罗鱼亚科 Cyprinidae					
草鱼 *Ctenpoharyngodon idellus*	S-P，H，L	+	+	+	
青鱼 *Mylopharyngodon piceus*	S-P，O，De	+	+	+	
赤眼鳟 *Squaliobarbus curriculus*	S-P，O，U	+	+	+	
瓦氏雅罗鱼 *Leuciscus waleckii waleckii*	D，P，U			+	

续表

种类	生态类型	分布区			
		上游	中游	下游	河口
黄河雅罗鱼 *L. chuanchicus*	D，P，U	+			
鲌亚科 Culterinae					
䱗 *Hemiculter leucisculus*	D，O，U	+	+	+	
贝氏䱗 *H. bleekeri*	V，O，U	+	+	+	
红鳍原鲌 *Culterichthys erythropterus*	V，P，U			+	+
翘嘴鲌 *Culter alburnus*	V，P，U		+	+	
蒙古鲌 *C. mongolicus*	V，P，U			+	
鳊 *Parabramis pekinensis*	S-P，H，L	+	+	+	+
团头鲂 *Megalobrama amblycephala*	V，H，L		+	+	
鲴亚科 Xenocyprinae					
似鳊 *Pseudobrama simoni*	S-P，O，U		+	+	+
鲢亚科 *Hypophthalmichthyinae*					
鲢 *Hypophthalmichthys molitrix*	S-P，H，U	+	+	+	+
鳙 *Aristichthys nobilis*	S-P，C，U	+	+	+	+
鮈亚科 Gobioninae					
花䱻 *Hemibarbus maculatus*	V，C，De		+	+	
麦穗鱼 *Pseudorasbora parva*	D，O，L	+	+	+	+
黄河鮈 *Gobio huanghensis*	S-P，O，L	+	+		
棒花鮈 *G. rivuloides*	D，O，De		+	+	
中间银鮈 *Squalidus intermedius*	S-P，O，L			+	
大鼻吻鮈 *Rhinogobio nasutus*	D，C，De		+		
棒花鱼 *Abbottina rivularis*	D，O，De	+	+	+	
似鮈 *Pseudogobio vaillanti*	S-P，O，L			+	
蛇鮈 *Saurogobio dabryi*	S-P，O，L		+	+	
鱊亚科 Acheilognathinae					
大鳍鱊 *Acheilognathus macropterus*	D，O，U			+	
兴凯鱊 *A. chankaensis*	D，O，U			+	
高体鳑鲏 *Rhodeus ocellatus*	D，O，U			+	
鳅鮀亚科 Gobiobotinae					
宜昌鳅鮀 *Gobiobotia filifer*	S-P，C，De		+		
潘氏鳅鮀 *G. pappenheimi*	S-P，C，De			+	
鳅科 Cobitidae					
中华花鳅 *Cobitis sinensis*	S-P，H，De		+	+	
泥鳅 *Misgurnus anguillicaudatus*	D，O，De	+	+	+	
北方泥鳅 *M. mohoity*	D，O，De	+	+		

续表

种类	生态类型	分布区			
		上游	中游	下游	河口
黄河高原鳅 *Triplophysa pappenheimi*	D，O，De	+			
斯氏高原鳅 *T. stoliczkai*	D，O，De	+			
鲇形目 Siluriformes					
胡子鲇科 Clariidae					
胡子鲇 *Clarias fuscus*	D，P，L			+	
鲇科 Siluridae					
鲇 *Silurus atotus*	D，P，L	+	+	+	+
兰州鲇 *S. lanzhouensis*	D，P，L	+			
鲿科 Bagridae					
黄颡鱼 *Pelteobagrus fulvidraco*	D，O，De		+	+	+
光泽黄颡鱼 *P. nitidus*	D，O，De		+	+	
瓦氏黄颡鱼 *P. vachelli*	D，O，De			+	
盎堂拟鲿 *Pseudobagrus ondan*	D，O，De			+	
颌针鱼目 Beloniformes					
鱵科 Hemiramphidae					
间下鱵鱼 *Hyporhamphus intermedius* *	D，C，U			+	+
合鳃鱼目 Synbranchiformes					
合鳃鱼科 Synbranchidae					
黄鳝 *Monopterus albus*	D，C，De		+	+	
鲈形目 Perciformes					
鮨科 Serranidae					
鳜 *Siniperca chuatsi*	S-P，P，U			+	
鲈鱼 *Lateolabrax japonicus* *	V，P，U				+
塘鳢科 Eleotridae					
小黄黝鱼 *Micropercops swinhonis*	D，C，De		+	+	+
鰕虎鱼科 Goiidae					
子陵吻鰕虎鱼 *Rhinogobius giurinus*	D，P，De			+	+
黄鳍刺鰕虎鱼 *Acanthogobius flavimanus* **	D，P，De				+
鳢科 Channidae					
乌鳢 *Channa argus*	P，P，De		+	+	+
鲻形目 Mugiliformes					
鲻科 Mugilidae					
梭鱼 *Mugil soiuy* *	P，O，U				+
合计		20	30	41	17

* 过河口洄游性鱼类；** 河口半咸水鱼类。

注：D，沉性卵；V，黏性卵；P，浮性卵；S-P，漂流性卵；C，肉食性；O，杂食性；P，鱼食性；H，植食性；U，中上层；L，中下层；De，底栖。

附表 10　考察区鱼类分布

类群	鄂毕河	额尔齐斯河	叶尼塞	贝加尔湖	勒拿河	科雷马河	河西走廊-戈壁内流区	阿尔泰-新疆乌伦古湖内流区	蒙古国西部内流区	蒙古国色楞格河	额尔古纳河	石勒喀河	黑龙江中游	黑龙江下游（阿穆尔河）	松花江	乌苏里江	辽河上游	辽河下游	黄河中下游	黄河上游（龙羊峡以上河段）	黄河上游（龙羊峡以下河段）	绥芬河
七鳃鳗目 Petromyzoniformes	2	2	2		1	1						1	2	2	2	2		2				2
七鳃鳗科 Petromyzonidae	2	2	2		1	1						1	2	2	2	2		2				2
七鳃鳗属 *Lampetra* Gray 1851	2	2	2		1	1						1	2	2	2	2		2				2
鲟形目 Acipenseriformes	2	2	2	1	1	1				1	1	2	2	3	2	2			1			
鲟科 Acipenseridae	2	2	2	1	1	1				1	1	2	2	3	2	2						
鲟属 *Acipenser* Linnaeus 1758	2	2	2	1	1	1				1		1	1	2	1	1						
鳇属 *Huso* Brandt *et* Ratzeburg 1833											1	1	1	1	1	1						
匙吻鲟科 Polyodontidae																			1			
白鲟属 *Psephurus* Günther 1873																			1			
鲑形目 Salmoniformes	14	5	16	7	16	16			2	7	4	6	14	27	8	11		5	7			9
鲑科 Salmonidae	3	2	3	2	3	2				2	2	2	5	11	4	6		1	1			5
细鳞鲑属 *Brachymystax* Günther 1868	1	1	1	1	1	1				1	1	1	2	2	1	2		1	1			1
哲罗鱼属 *Hucho* Günther 1866	1	1	1	1	1					1	1	1	1	1	1	1						
大麻哈鱼属 *Oncorhynchus* Suckley 1860													1	6	1	1						3
红点鲑属 *Salvelinus* Richardson 1832	1		1		1	1							1	2	1	2						1

续表

类群	鄂毕河	额尔齐斯河	叶尼塞	贝加尔湖	勒拿河	科雷马河	河西走廊-戈壁内流区	阿尔泰-新疆乌伦古湖内流区	蒙古国西部内流区	蒙古国色楞格河	额尔古纳河	石勒喀河	黑龙江中游	黑龙江下游（阿穆尔河）	松花江	乌苏里江	辽河上游	辽河下游	黄河中下游	黄河上游（龙羊峡以上河段）	黄河上游（龙羊峡以下河段）	绥芬河
白鲑科 Coregonidae	8	1	1	2	9	8				2		1	2	2	1	1			1			
白鲑属 *Coregonus* Linnaeus 1758	7		8	2	7	6				2		1	2	2	1	1			1			
柱白鲑属 *Prosopium* Pennant 1784			1		1	1																
北鲑属 *Stenodus* Richardson 1836	1	1	1		1	1																
茴鱼科 Thymallidae	1	1	1	2	2	1			2	2	1	2	3	3	1	3						1
茴鱼属 *Thymallus* Linck 1790	1	1	1	2	2	1			2	2	1	2	3	3	1	3						1
香鱼科 Plecoglossidae																		1				
香鱼属 *Plecoglossus* Temminck *et* Schlegel 1846																		1				
胡瓜鱼科 Osmeridae	1		1		1	4							3	3	1							1
公鱼属 *Hypomesus* Gill 1862						2							2	2	1							1
胡瓜鱼属 *Osmerus* Linnaeus 1758	1		1		1	2							1	1								
银鱼科 Salangidae														7				3	5			1
日本银鱼属 *Salangichthys* Bleeker 1860														1								1
新银鱼属 *Neosalanx* Wakiya *et* Takahasi 1937														3				1	2			
大银鱼属 *Protosalanx* Regan 1908														1				1	1			

续表

类群	鄂毕河	额尔齐斯河	叶尼塞	贝加尔湖	勒拿河	科雷马河	河西走廊 - 戈壁内流区	阿尔泰 - 新疆乌伦古湖内流区	蒙古国西部内流区	蒙古国色楞格河	额尔古纳河	石勒喀河	黑龙江中游	黑龙江下游（阿穆尔河）	松花江	乌苏里江	辽河上游	辽河下游	黄河中下游	黄河上游（龙羊峡以上河段）	黄河上游（龙羊峡以下河段）	绥芬河
间银鱼属 *Hemisalanx* Regan 1908														1					1			
银鱼属 *Salanx* Cuvier 1817														1				1	1			
狗鱼科 Esocidae	1	1	1	1	1	1				1	1	1	1	1	1	1						1
狗鱼属 *Esox* Linnaeus 1758	1	1	1	1	1	1				1	1	1	1	1	1	1						1
鲤形目 Cypriniformes	14	14	11	1	11	7	14	9	5	1	39	26	53	51	62	56	21	6	8	26	32	3
鲤科 Cyprinidae	12	1	9	8	9	5	4	7	3	8	31	22	44	42	51	46	17	53	64	9	19	22
马口鱼属 *Opsariichthys* Bleeker 1863											1	1	1	1	1	1	1	1	1			1
鱲属 *Zacco* Jordan *et* Evermann 1902																		1	1			
细鲫属 *Aphyocypris* Günther 1868											1	1	1	1	1	1	1	1	1			
青鱼属 *Mylopharyngodon* Peters 1880													1	1	1	1			1			
草鱼属 *Ctenoparyngodon* Steindachner 1866											1		1	1	1	1		1	1			
鱥属 *Phoxinus* Agassiz 1855	3	2	3	2	4	3		1		3	4	3	5	5	5	5	1	1	2		1	4
雅罗鱼属 *Leuciscus* Cuvier 1817	2	2	2	2	2	1		3		2	1	1	1	1	1	1		1	2		1	2
山雅罗鱼属 *OreoleuciscusKessler* 1879	2						1		3	1												
拟鲤属 *Rutilus* Linnaeus 1758	1	1	1	1	1					1												

续表

类群	鄂毕河	额尔齐斯河	叶尼塞	贝加尔湖	勒拿河	科雷马河	河西走廊-戈壁内流区	尔泰-新疆乌伦古湖内流区	蒙古国西部内流区	蒙古国色楞格河	额尔古纳河	石勒喀河	黑龙江中游	黑龙江下游（阿穆尔河）	松花江	乌苏里江	辽河上游	辽河下游	黄河中下游	黄河上游（龙羊峡以上河段）	黄河上游（龙羊峡以下河段）	绥芬河
丁鱥属 *Tinca* Linnaeus 1758	1	1	1	1				1														
赤眼鳟属 *Squaliobarbus* Günther 1868																	1	1	1		1	
三块鱼属 *Tribolodon* Sauvage 1883														1	1	1						2
鲢属 *Hypophthalmichthys* Bleeker 1860													1	1	1	1	1	1	1		1	
鳙属 *Aristichthys* Oshima 1919																	1	1	1		1	
鳡属 *Elopichthys* Bleeker 1859													1	1	1	1	1		1			
飘鱼属 *Pseudolaubuca* Bleeker 1865																		2	2			
似鲚属 *Toxabramis* Günther 1873																		1	1			
䱗属 *Hemiculter* Bleeker 1859											2	1	2	2	2	2	1	2	2		1	1
原鲌属 *Cultrichthys* Smith 1938											1		1		3	2	1	1	1			
鲌属 *Culter* Basilewsky 1855											2		2	1	4	2		3	2			
鳊属 *Parabramis* Bleeker 1865													1	1	1	1		1	1			
鲂属 *Megalobrama* Dybowsky 1872													1	1	1	1		1	1			
拟赤稍鱼属 *Pseudaspius* Dybowsky 1869											1	1	1	1	1	1						
鲴属 *Xenocypris* Günther 1868													2	2	2	2		2	3			

续表

类群	鄂毕河	额尔齐斯河	叶尼塞	贝加尔湖	勒拿河	科雷马河	河西走廊-戈壁内流区	阿尔泰-新疆乌伦古湖内流区	蒙古国西部内流区	蒙古国色楞格河	额尔古纳河	石勒喀河	黑龙江中游	黑龙江下游（阿穆尔河）	松花江	乌苏里江	辽河上游	辽河下游	黄河中下游	黄河上游（龙羊峡以上河段）	黄河上游（龙羊峡以下河段）	绥芬河
圆吻鲴属 *Distoechodon* Peters 1880																			1			
似鳊属 *Pseudobrama* Bleeker 1871															1			1	1			
鱊属 *Acheilognathus* Bleeker 1859											1	1	2	2	3	2	1	4	4			2
副鱊属 *Paracheilognathus* Bleeker 1863																			1			
鳑鲏属 *Rhodeus* Agassiz 1835											1	1	1	2	2	1		4	3			1
棒花鱼属 *Abbottina* Jordan *et* Fowler 1903											1		1	1	1	1	1	2	1		1	1
颌须鮈属 *Gnathopogon* Bleeker 1860												1	1	1	1	1			1			
似白鮈属 *Paraleucogobio* Berg 1907																		1	2			
鮈属 *Gobio* Cuvier 1816	2	2	1	1	1			1			3	3	3	3	3	3	1	3	3		2	3
鳅鮀属 *Gobiobotia* Kreyenberg 1911													1	1	1	1	1		3		1	
䱻属 *Hemibarbus* Bleeker 1859											2	1	2	2	2	2		3	2			
平口鮈属 *Ladislavia* Dybowsky 1869											1	1	1	1	1	1						
麦穗鱼属 *Pseudorasbora* Bleeker 1859											1	1	1	1	1	1	1	1	1		1	1
鳈属 *Sarcocheilichthys* Bleeker 1859											1	1	3	2	3	3		1	2			1
蛇鮈属 *Saurogobio* Bleeker 1870											1		1	1	1	1	1	2	2			1

续表

类群	鄂毕河	额尔齐斯河	叶尼塞	贝加尔湖	勒拿河	科雷马河	河西走廊-戈壁内流区	阿尔泰-新疆乌伦古湖内流区	蒙古国西部内流区	蒙古国色楞格河	额尔古纳河	石勒喀河	黑龙江中游	黑龙江下游（阿穆尔河）	松花江	乌苏里江	辽河上游	辽河下游	黄河中下游	黄河上游（龙羊峡以上河段）	黄河上游（龙羊峡以下河段）	绥芬河
银鮈属 *Squalidus* Dybowsky 1872											2	1	2	1	1	2		3	4			
铜鱼属 *Coreius* Jordan et Starks 1905																			2		1	
吻鮈属 *Rhinogobio* Bleeker 1871																			1		1	
突吻鮈属 *Rostrogobio* Taranetz 1937											1		1	1	1	1		1				
小鳔鮈 *Microphysogobio* Mori 1934												1						1				
胡鮈属 *Huigobio* Fang 1938																		1	1			
似鮈属 *Pseudogobio* Bleeker 1860																		1				
刺鮈属 *Acanthogobio* Herzenstein 1892																				1	1	
白甲鱼属 *Onychostoma* Günther 1896																			1			
裸重唇鱼属 *Gymnodiptychus* Kessler 1874		1																		1	1	
裸鲤属 *Gymnocypris* Kessler 1876							1													3	1	
裸裂尻鱼属 *Schizopygopsis* Steindachner 1866							1													2	1	
黄河鱼属 *Chuanchia* Herzenstein 1891																				1		
扁咽齿鱼属 *Platypharodon* Herzenstein 1891																				1		
鲤属 *Cyprinus* Linnaeus 1758											1	1	1	1	1	1	1	1	1		1	1

续表

类群	鄂毕河	额尔齐斯河	叶尼塞	贝加尔湖	勒拿河	科雷马河	河西走廊 - 戈壁内流区	阿尔泰 - 新疆乌伦古湖内流区	蒙古国西部内流区	蒙古国色楞格河	额尔古纳河	石勒喀河	黑龙江中游	黑龙江下游（阿穆尔河）	松花江	乌苏里江	辽河上游	辽河下游	黄河中下游	黄河上游（龙羊峡以上河段）	黄河上游（龙羊峡以下河段）	绥芬河
鲫属 *Carassius* Jarocki 1822	1	1	1	1	1	1	1	1		1	1	1	1	1	1	1	1	1	1		1	1
亚口鱼科 Catostomidae						1																
亚口鱼属 *Catostomus* Forster 1773						1																
鳅科 Cobitidae	2	4	2	2	2	1	1	2	2	2	8	4	9	9	11	1	4	7	16	17	13	8
北鳅属 *Lefua* Kessler 1876											1		1	1	1	2	1	1	1			1
须鳅属 *Barbatus* Linck 1790	1	1	1	1	1	1	1	1	1	1	2	2	2	2	2	2	1	1				1
副鳅属 *Paracobitis* Bleeker 1863																			1			
高原鳅属 *Triplophysa* Rendahl 1933		2					8		1										7	16	12	
赫氏鳅属 *Hedinichthys* Day 1877							1															
薄鳅 *Leptobotia* Bleeker 1870														1	1	1			1			
副沙鳅属 *Parabotia* Sauvage *et* Dabry 1874																		1	1			1
鳅属 *Cobitis* Linnaeus 1758	1	1	1	1	1			1		1	3	1	4	3	4	3	1	2	3	1	1	2
泥鳅属 *Misgurnus* Lac épède 1803											2	1	2	2	3	2	1	1	1			3
副泥鳅属 *Paramisgurnus* Sauvage 1878																		1	1			
鲇形目 Siluriformes											1	4	6	6	7	7	3	8	9		2	3

续表

类群	鄂毕河	额尔齐斯河	叶尼塞	贝加尔湖	勒拿河	科雷马河	河西走廊-戈壁内流区	阿尔泰-新疆乌伦古湖内流区	蒙古国西部内流区	蒙古国色楞格河	额尔古纳河	石勒喀河	黑龙江中游	黑龙江下游（阿穆尔河）	松花江	乌苏里江	辽河上游	辽河下游	黄河中下游	黄河上游（龙羊峡以上河段）	黄河上游（龙羊峡以下河段）	绥芬河
鲇科 Siluridae											1	1	2	2	2	2	1	3	1		2	1
鲇属 *Silurus* Linnaeus 1758											1	1	2	2	2	2	1	3	1		2	1
鲿科 Bagridae												3	4	4	5	5	2	5	8			2
黄颡鱼属 *Pelteobagrus* Bleeker 1865													2	1	2	2	1	3	2			2
鮠属 *Leiocassis* Bleeker 1858												1		1	1	1		1	2			
拟鲿属 *Pseudobagrus* Bleeker 1858												2	2	2	2	2	1	1	4			
鲈形目 Perciformes	3	2	3	2	2	2		1		1	1		5	5	7	6	4	2	13		1	7
鮨鲈科 Percichthyidae													1	1	1	1		3	3			
鳜属 *Siniperca* Gill 1862													1	1	1	1		2	2			
花鲈属 *Lateolabrax* Bleeker 1857																		1	1			
鲈科 Percidae	2	2	2	1	2	2		1		1			1			1						
梭鲈属 *Lucioperca* Cuvier *et* Valenciennes 1828													1			1						
黏鲈属 *Gymnocephalus* Linnaeus 1758	1	1	1		1	1																
鲈属 *Perca* Linnaeus 1758	1	1	1	1	1	1		1		1												
沙塘鳢科 Odontobutidae	1		1	1							1		1	1	2	1		3	1			3

续表

类群	鄂毕河	额尔齐斯河	叶尼塞	贝加尔湖	勒拿河	科雷马河	河西走廊 - 戈壁内流区	阿尔泰 - 新疆乌伦古湖内流区	蒙古国西部内流区	蒙古国色楞格河	额尔古纳河	石勒喀河	黑龙江中游	黑龙江下游（阿穆尔河）	松花江	乌苏里江	辽河上游	辽河下游	黄河中下游	黄河上游（龙羊峡以上河段）	黄河上游（龙羊峡以下河段）	绥芬河
鲈塘鳢属 *Perccottus* Dybowski 1877	1		1	1							1		1	1	1	1		1				1
黄黝鱼属 *Hypseleotris* Gill 1863															1			1	1			2
沙塘鳢属 *Odontobutis* Bleeker 1874																		1				
鰕虎鱼科 Gobiidae													1	2	2	2	3	11	6		1	3
裸头鰕虎鱼属 *Chaenogobius* Gill 1859																1		2				1
吻鰕虎鱼属 *Rhinogobius* Gill 1859													1	1	2	1	3	2	1		1	1
裸身鰕虎鱼属 *Gymnogobius* Gill 1863														1								
髭鰕虎鱼属 *Triaenopogon* Bleeker 1874																		1	1			
矛尾鰕虎鱼属 *Chaeturichthys*																			1			
刺鰕虎鱼属 *Acanthogobius* Gill 1859																		2	2			
蜂巢鰕虎鱼属 *Favonigobius* Whitley 193																		1				
复鰕虎鱼属 *Synechogobius* Gill 1863																						
缟鰕虎鱼属 *Tridentiger* Gill 1859																		2	1			1
蝌蚪鰕虎鱼属 *Lophiogobius* Günther 1873																		1				
丝足鲈科 Osphronemidae															1			1	1			

续表

类群	鄂毕河	额尔齐斯河	叶尼塞	贝加尔湖	勒拿河	科雷马河	河西走廊-戈壁内流区	阿尔泰-新疆乌伦古湖内流区	蒙古国西部内流区	蒙古国色楞格河	额尔古纳河	石勒喀河	黑龙江中游	黑龙江下游（阿穆尔河）	松花江	乌苏里江	辽河上游	辽河下游	黄河中下游	黄河上游（龙羊峡以上河段）	黄河上游（龙羊峡以下河段）	绥芬河
斗鱼属 *Macropodus* Lacépède 1801															1			1	1			
鳢科 Channidae													1	1	1	1	1	1	1			1
鳢属 *Channa* Scopoli 1777													1	1	1	1	1	1	1			1
刺鳅科 Mastacembeloidei																		1	1			
刺鳅属 *Mastacembelus* Scopoli 1777																		1	1			
鳉形目 Cyprinodontiformes															1		1	1	1			
鳉科 Cyprinidintidae															1		1	1	1			
青鳉属 *Oryzias* Jordan *et* Snyder 1906															1		1	1	1			
鳕形目 Gadiformes	4	1	3	1	3	2				1	1	1	1	1	1	1						1
鳕科 Gadidae	4	1	3	1	3	2				1	1	1	1	1	1	1						1
江鳕属 *Lota* Oken 1817	1	1	1	1	1	1				1	1	1	1	1	1	1						
宽突鳕属 *Eleginus* Cuvier 1830	1																					1
北鳕属 *Boreogadus* Günther 1962	1		1		1	1																
极鳕属 *Arctogadus* Dryagin 1932	1		1		1																	
刺鱼目 Gasterosteiformes	1	1	1		1	1					1			5	1	3	1	2	1			1

续表

类群	鄂毕河	额尔齐斯河	叶尼塞	贝加尔湖	勒拿河	科雷马河	河西走廊-戈壁内流区	阿尔泰-新疆乌伦古湖内流区	蒙古国西部内流区	蒙古国色楞格河	额尔古纳河	石勒喀河	黑龙江中游	黑龙江下游（阿穆尔河）	松花江	乌苏里江	辽河上游	辽河下游	黄河中下游	黄河上游（龙羊峡以上河段）	黄河上游（龙羊峡以下河段）	绥芬河
刺鱼科 Gasterosteidae	1	1	1		1	1					1			5	1	3	1	1				1
多刺鱼属 *Pungitius* Costa 1846	1	1	1		1	1					1			4	1	3	1	1				1
刺鱼属 *Gasterosteus* Linnaeus 1758														1								
海龙科 Syngnathidae																		1	1			
海龙属 *Syngnathus* Linnaeus 1758																		1	1			
鲉形目 Scorpaenifprmes	3	2	5	35	3	2				2	2	2	2	3	2	2		2	1			2
杜父鱼科 Cottidae	3	2	3		3	2				1	2	2	2	3	2	2		2	1			2
杜父鱼属 *Cottus* Linnaeus 1758	2	2	2		2	1				1	1	1	1	1	1	1		1				2
大杜父鱼 *Megalocottus* Pallas 1814														1								
中杜父鱼属 *Mesocottus* Dybowski 1869											1	1	1	1	1	1						
松江鲈属 *Trachidermus* Heckel 1840																		1	1			
红目杜父鱼属 *Triglopsis* Linnaeus 1758	1		1		1	1																
贝湖鱼科 Cottocomephoridae			2	9						1												
蛙头杜父鱼属 *Batrachocottus* Dybowski 1874				4																		
贝湖鱼属 *Cottocomephorus* Jakovlev 1890				3																		

续表

类群	鄂毕河	额尔齐斯河	叶尼塞	贝加尔湖	勒拿河	科雷马河	河西走廊-戈壁内流区	阿尔泰-新疆乌伦古湖内流区	蒙古国西部内流区	蒙古国色楞格河	额尔古纳河	石勒喀河	黑龙江中游	黑龙江下游（阿穆尔河）	松花江	乌苏里江	辽河上游	辽河下游	黄河中下游	黄河上游（龙羊峡以上河段）	黄河上游（龙羊峡以下河段）	绥芬河
凯氏杜父鱼属 *Leocottus* Dybowski 1874			1	1						1												
副杜父鱼属 *Paracottus* Dybowski 1874			1	1																		
胎生贝湖鱼科 Comephoridae				2																		
胎生贝湖鱼属 *Comephorus* Pallas 1776				2																		
深杜父鱼科 Abyssocottidae				24																		
渊杜父鱼属 *Abyssocottus* Berg 1906				3																		
粗杜父鱼属 *Asprocottus* Berg 1906				8																		
仔杜父鱼属 *Cottinella* Berg 1906				1																		
湖杜父鱼 *Cyphocottus* Gratzianov 1902				2																		
湖杜父鱼属 *Limnocottus* Dybowski 1874				4																		
新杜父鱼属 *Neocottus* Taliev 1935				2																		
原杜父鱼属 *Procottus* Dybowski 1874				4																		
鲻形目 Mugiliformes														2				2	2			1
鲻科 Mugilidae														2				2	2			1
鲻属 *Mugil* Linnaeus 1758														1				1	1			1

续表

类群	鄂毕河	额尔齐斯河	叶尼塞	贝加尔湖	勒拿河	科雷马河	河西走廊-戈壁内流区	阿尔泰-新疆乌伦古湖内流区	蒙古国西部内流区	蒙古国色楞格河	额尔古纳河	石勒喀河	黑龙江中游	黑龙江下游（阿穆尔河）	松花江	乌苏里江	辽河上游	辽河下游	黄河中下游	黄河上游（龙羊峡以上河段）	黄河上游（龙羊峡以下河段）	绥芬河
鲮属 *Liza* Jordan *et* Swain 1884														1				1	1			
鲽形目 Pleuronectiformes														1				1	1			
鲽科 Pleuronectidae														1				1	1			
川鲽属 *Platichthys* Girard 1854														1								
石鲽属 *Kareius* Jordan *et* Snyder 1901																		1	1			
颌针鱼目 Beloniformes																		3	2			
鱵科 Hemiramphidae																		3	2			
鱵鱼属 *Hemiramphus* Cuvier 1817																		2				
下鱵鱼属 *Hyporhamphus* Gill 1860																		1	1			
柱颌针鱼属 *Strongylura* Valenciennes 1846																			1			
合鳃鱼目 Synbranchiformes																		1	1			
合鳃鱼科 Synbranchidae																		1	1			
黄鳝属 *Monopterus* Lacépède 1800																		1	1			
鳗鲡目 Anguilliformes																		1	1			
鳗鲡科 Anguillidae																		1	1			

续表

类群	鄂毕河	额尔齐斯河	叶尼塞	贝加尔湖	勒拿河	科雷马河	河西走廊-戈壁内流区	阿尔泰-新疆乌伦古湖内流区	蒙古国西部内流区	蒙古国色楞格河	额尔古纳河	石勒喀河	黑龙江中游	黑龙江下游（阿穆尔河）	松花江	乌苏里江	辽河上游	辽河下游	黄河中下游	黄河上游（龙羊峡以上河段）	黄河上游（龙羊峡以下河段）	绥芬河
鳗鲡属 *Anguilla* Shaw 1803																		1	1			
鲱形目 Clupeiformes																		7	5			
鲱科 Clupeidae																		2	1			
斑鰶属 *Konosirus* Jorden *et* Snyder 1900																		1	1			
鳓属 *Ilisha* Richardson 1846																		1				
鳀科 Engraulidae																		5	4			
棱鳀属 *Thrissa* Cuvier 1817																		2	1			
黄鲫属 *Setipinna* wainson 1839																		1	1			
鲚属 *Coilia* Gray 1831																		2	2